中国轻工业“十三五”规划教材

鞋类设计与工艺专业校企合作系列教材

鞋材与应用

主　编　卢行芳

副主编　徐冬梅　王再学

参　编　郭永刚　刘　淼

中国轻工业出版社

图书在版编目（CIP）数据

鞋材与应用/卢行芳主编. —北京：中国轻工业出版社，2024.1

鞋类设计与工艺专业校企合作系列教材

ISBN 978-7-5184-2714-7

Ⅰ.①鞋… Ⅱ.①卢… Ⅲ.①制鞋-原料-高等学校-教材 Ⅳ.①TS943.4

中国版本图书馆CIP数据核字（2019）第245657号

责任编辑：李建华　杜宇芳　陈　萍

策划编辑：李建华　　责任终审：滕炎福　　封面设计：锋尚设计

版式设计：霸　州　　责任校对：吴大鹏　　责任监印：张　可

出版发行：中国轻工业出版社（北京鲁谷东街5号，邮编：100040）

印　　刷：三河市万龙印装有限公司

经　　销：各地新华书店

版　　次：2024年1月第1版第3次印刷

开　　本：787×1092　1/16　印张：12.75

字　　数：294千字

书　　号：ISBN 978-7-5184-2714-7　定价：39.00元

邮购电话：010-85119873

发行电话：010-85119832　010-85119912

网　　址：http://www.chlip.com.cn

Email：club@chlip.com.cn

如发现图书残缺请与我社邮购联系调换

232206J2C103ZBW

前　言

鞋材料的质量和性能直接影响着成鞋的质量和性能。随着我国科学技术的发展，鞋材料的品种在不断增加，性能也在不断提升，科学、合理地选择和使用鞋材料，对于设计、制作出穿着舒适、有利于健康的鞋产品具有重要的意义。本书在高职教育鞋类设计与工艺专业多年开展校企合作育人的基础上，结合鞋材料发展现状，对目前市场上较为活跃的鞋用材料的性能和应用情况进行详细介绍，同时对主要鞋材料的生产工艺进行了简要介绍。希望本书内容能使学生充分了解和掌握鞋材料的种类、特征以及使用中应关注的问题，开拓学生的知识视野、扩大学生的技能范围，为以后从事鞋类设计、鞋类生产管理、鞋材采购、鞋材检测检验等工作奠定基础。本书同样适合从事鞋类行业的工作者和技术人员学习与参考。

全书共分 8 个部分：绪论；第 1 章鞋用皮革，讲解了天然皮革的种类、结构、生产工艺和成品质量检验与性能要求，同时对再生革的性能与制造工艺进行了介绍；第 2 章鞋用人工革，讲解了人工革的概念、生产工艺、成品性能要求以及鉴别方法；第 3 章鞋用橡胶，讲解了橡胶的概念、种类、加工工艺以及各种橡胶的性能特征，并对各种橡胶在鞋业中的应用进行了介绍；第 4 章鞋用塑料，讲解了塑料的概念、种类、加工工艺以及各种塑料的性能特征，并对塑料在鞋业中的应用进行了介绍；第 5 章鞋用胶粘剂，讲解了胶粘剂的概念、胶粘理论、胶接接头破坏以及影响胶粘强度的因素，并对常见的鞋用胶粘剂进行了介绍；第 6 章鞋用织物、金属及其他材料，讲解了鞋用织物的概念、种类、性能要求，并对鞋用金属及其他辅助材料的种类、性能特征和用途进行了介绍；第 7 章鞋用修饰材料，讲解了鞋表面修饰的概念和鞋用修饰材料的组成、作用、使用要求等。

本书编写人员由橡胶领域、塑料领域和鞋业领域的教师和企业技术人员组成。本书绪论和第 1 章、第 2 章、第 5 章至第 7 章由卢行芳教授编写完成，第 3 章由王再学副教授编写完成，第 4 章由徐冬梅教授编写完成，全书由卢行芳统稿。郭永刚总工审核了与鞋材应用相关的内容且提供了部分应用案例，刘淼做了大量的文字整理工作。

本书参考了诸多作者的著作和研究论文，在此真诚地向大家表示感谢。

由于时间仓促，加之编写者水平有限，疏忽及错误在所难免，恳请广大学习、参考者批评指正。

编者

2019 年 7 月

目　　录

INTRODUCTION

绪　论

鞋材料是用于制鞋的所有物理材料和化学材料的总称。

在人类社会前期，人们赤脚而行。仰韶文化时期出现了鞋，但唯一的鞋材料是兽皮。原始社会后期，鞋的材料为兽皮和布料。随着社会的进步和科技的发展，现在的鞋材料品种众多，有皮、布、藤、甲、塑胶、橡胶等。

面对众多的鞋材料，为了便于进行质量管理、科学研究和合理应用，可以按照不同的依据对其进行分类。按鞋的结构可分为面料、里料、底料、帮底结合材料、辅料等。按鞋的部件可分为鞋帮材料、鞋底材料、鞋主跟包头和鞋跟、鞋用胶、鞋用板材、定型布、鞋垫、缝线、配饰件（如天皮钉、沿条、鞋花、鞋链、鞋带、鞋扣）等。按性质可分为物理材料（在制鞋过程中结构和性质不会发生变化）和化学材料（在制鞋过程中结构和性质会发生变化）。

鞋材料与成鞋之间有着密切的联系，主要表现在以下几方面：

① 鞋材料的质量影响成鞋的质量。鞋的质量依赖于制鞋材料的质量，对于制鞋材料来说，鞋是它的最终产品，材料是实现最终产品的基本条件。

② 鞋材料的性能影响成鞋的舒适性。舒适性是产品的使用性能表现之一，它是使用者在使用产品过程中的感官感觉，包括动态感觉和静态感觉，有生理方面的（吸湿排汗性、透气性、保暖性等），也有力学方面的（动作实现性、身体保护性、稳定性等）。

③ 材料特性影响成鞋的形态。产品形态的"形"指的是产品外形，产品形态的"态"则指产品可感觉的外观。形状和神态，也可以理解为产品外观的表情因素，产品形态展示着产品的功能，传递着产品的使用信息，帮助人们对产品的产生感知和认知。材料的感觉性、视觉性、化学稳定性、加工成型性、表面工艺性、力学性能（强度、弹性、塑性、脆性、韧性、硬度、耐磨性等）、热性能、耐久性、电性能、磁性能、光性能均影响成品的形态。

④ 材料对产品生产成本的影响。材料的价格、利用率、资源多少直接影响成鞋成本。

鉴于鞋材料与成鞋之间的上述联系，对鞋材料应提出相应的要求，这些要求包括以下几个方面。

1. 满足鞋基本功能要求

（1）实用功能

鞋的实用功能就是人脚的穿用和维护，并对人脚的各种活动和工作提供帮助，如走路、运动、旅游、登山、涉水、踏雪、溜冰、舞蹈、表演，以及支持人的各种工作。

（2）审美功能

即装饰和时尚功能，甚至能成为人的代言品。

（3）特殊功能

鞋能够满足特殊需要，如防静电鞋、专业运动鞋、专业表演鞋等。

2. 满足舒适性要求

这是指穿用、行动时脚部感觉非常舒适、温馨，没有任何不舒爽的感觉。鞋舒适性源自于脚及身体的生理要求和感受，有良好舒适性的鞋对人们来说无疑具有很大的吸引力。影响鞋舒适性的主要有形态、材料和结构三个方面。鞋的舒适性具体包含以下内容：

（1）合脚性

鞋的合脚性对鞋的舒适性影响最大，也就是说合脚性是鞋的穿着者能否感觉舒服最关键的因素。鞋过紧、过松等不合脚现象都会使穿鞋者感到不舒服。有时即使较小的不适，也会因为长时间穿着而感到非常不舒服，而且不合脚的鞋，还使穿着者对捂脚（闷脚）或寒冷、潮湿等其他不舒适感感觉更加明显，并且会引起不良的生理反应。鞋的合脚性通常要具备以下条件：

① 鞋内腔形态与脚、脚腕和小腿的形态相对应。

② 鞋帮部件不能顶着或硌着脚的某个部位。

③ 鞋内腔要有足够的长度以保证脚趾自由伸缩。

④ 鞋帮面材料应采用柔软和延伸性强的材料，以使其能够适应不同的脚型。

⑤ 鞋前部应当是柔韧的，后部应当是紧实的。

⑥ 当人负重时，鞋前部应有足够的宽度容纳变宽的前脚掌。

⑦ 鞋跟高度应以脚掌能做适当弯曲为准。

（2）透气性

皮肤具有呼吸性，透气性差的鞋使人觉得脚部憋闷，很不舒适，并且透气性差常常伴随吸湿性也差，这种情况下鞋内极易产生臭气和滋生细菌，造成各种脚病。

（3）吸湿性

人的脚部同身体其他部位一样，以蒸汽的形式向外排出一定数量的水分。当内部或外界有一定刺激或运动加剧的情况下，脚便会分泌出较多的水分——汗液，汗液中有多种化学成分，对鞋、袜都有较强的腐蚀作用，在寒冷环境下，湿冷的鞋使脚部感到极不舒适，并容易造成冻伤。因此，应选择和使用吸湿性较好的材料，尽量保持鞋腔内干燥。另外，鞋内部潮湿、闷热会导致霉菌快速滋长，霉菌是产生脚臭的主要原因，霉菌滋长得越多，脚的恶臭现象也就越严重。

（4）减震性

鞋的减震性也称为吸震性、缓冲性或避震性。人们通过试验发现，在剧烈的运动中，减震性差的鞋会对关节和后背造成一定的损伤，即使一般的行走，如果鞋后跟很硬并踩在坚硬的路面上，时间长了也会对人的身体造成伤害，使头部、腰部、前脚掌和后脚跟感到不舒服。因而，应通过对鞋内底、中底或外底的材料和结构上的设计来减轻或消除这种震荡（动）对人体的伤害和不舒适感。

（5）曲挠性

鞋的曲挠性对鞋的舒适性有很大影响，曲挠性不好的鞋就是平日常说的“板脚”，使人脚跖趾部位正常屈伸功能受阻，行走、跑步都受到很大影响。有人曾做过一个实验，当把一个薄钢片插入跑鞋的外底和中底之间的时候，人穿上这双鞋奔跑所耗能量要比不加入钢片的跑鞋多出5%，很容易疲劳，并使腿部肌肉容易产生酸痛感。当鞋底过硬或过厚的时候，人基本上是“拖着鞋行走”，同样使人感到不舒适。

（6）轻便性

鞋的轻便性对人体能量消耗有很大影响。人们通过生物力学测试发现，鞋每增加质量100g，人的运动能量消耗便会增加1%。这对于从事能量消耗大的活动的人来说，鞋越轻，他们便会感觉越舒适。旅游鞋、跑鞋、劳保鞋、军用靴、休闲鞋等鞋类减轻质量对于使用产品的人来说有很大的实际意义。

（7）柔软性

鞋舒适性构成中的柔软性因素包括帮面材料和鞋底材料的柔软性。帮面材料在不影响其他实用功能（强度和质感等）的基础上越软越好。穿坚硬鞋底的人走路时间和站立时间稍长便会脚掌疼痛，因此有一定柔软度的鞋底会让人感到更舒适。

（8）压力分散均匀性

人受地球引力的作用，在站立或行走时双脚总要承受来自自身体重的压力，当鞋跟不是很高时，身体压力主要集中于脚跟，如果鞋跟很细，就会使压力和重心过于集中于脚跟狭小的面积上，使人在站立和走路时间稍长的情况下脚跟产生痛感，并容易造成整个身体的疲劳。因此将鞋跟面积加大或用无跟的整体鞋底（包括楔形底），使压力分散，会让脚部感觉较为舒服。

（9）摩擦性

鞋的内部与脚之间要存在一定的摩擦性。如果鞋内底很光滑（在没有鞋垫的情况），人穿着这种鞋走路便会多消耗能量，前脚掌和身体容易感觉到疲劳，这就相当于车轮在打滑的路面上行驶。如果是后帮主跟处鞋内里光滑，缺乏摩擦性，鞋的跟脚性就会差一些。因此，鞋的舒适性中应该包括脚与鞋之间的这种摩擦性。

（10）阻隔性

鞋的阻隔性是指鞋大底在隔热和防硌脚方面的功能。一般情况下，较薄的鞋底导热比较快，踩在硬物上脚会被硌得不舒服，因此，在一定条件下鞋的阻隔性也是鞋舒适性因素之一。

3. 满足时尚性要求

无论在实用功能方面还是在审美功能方面，鞋类产品都要跟上时代的发展和进步，符合时代性，与时俱进。

4. 满足生态性要求

鞋用材料的选择和使用是鞋产品质量高低的根本，更是鞋产品是否生态环保的最初决定因素。

鞋用物理材料的选择和使用，应确保无毒、无重金属、无偶氮、无醛，以及可生物降解。例如天然皮革因其加工技术的因素，有可能残留五氯苯酚、全氟辛酸、全氟辛烷磺酸、烷基酚聚氧乙烯醚类化合物、芳香胺类有毒物质、有机挥发溶剂、甲醛、六价铬、有毒重金属等，这些有害成分都应严格控制。近年来新型鞋用材料逐步被开发，例如，拜尔公司利用天然可再生原料制成的聚氨酯，天然可再生原料成分占70%，具有良好的生态环保特点。也有人提出将竹、天丝和汉麻生态纤维应用于制鞋领域，发挥其天然的、良好的吸湿、透气性能，可保持鞋腔微环境干爽。

鞋用化工材料的选择和使用，应确保无毒、无环境危害（使用过程中不产生有害挥发物）。例如，水性聚氨酯胶粘剂、热熔胶、水性鞋面修饰材料等均具有环境友好特点。

另外，随着科技的发展，对材料的要求也会发生变化。例如利用3D打印技术，就用不到皮革、胶粘剂等材料，从而不需要考虑这些材料的生态环保性，但是会对打印用的高分子材料有要求，例如高分子材料不能对皮肤造成伤害，不能对环境产生危害，而且要有适当的弹性和柔韧性等。

CHAPTER 1

第1章 鞋用皮革

【学习目标】

1. 熟悉皮革的概念及分类，了解皮革的结构及其性质，并懂得它们之间的关系。
2. 掌握常见几类皮革的结构特点、基本性能和质量要求，并知道如何进行质量鉴定。
3. 熟悉皮革常见缺陷及其成因，了解其检验方法。
4. 了解并掌握鞋用皮革的品种和要求。

【案例与分析】

案例： 一位男士给自己上高中的儿子买了一双旅游皮鞋，儿子很高兴地穿上它去上学，被同学看到后都赞赏鞋的款式时尚，其中有一位同学也穿着自己的旅游皮鞋，二人一比较发现鞋面皮料的表面不一样，正在谈论中就听到边上有人说会不会买到假皮鞋了。为了弄清楚，两个穿旅游皮鞋的学生约了几个同学在周末去附近一个皮鞋护理店请教。皮鞋护理店的技术人员看了以后告诉他们，两双鞋都是真皮鞋，只不过有一双是头层皮做的，另一双是二层皮做的。

分析： 本案例是关于头层皮和二层皮的区别问题。制革中常常通过剖层，制成两层或者三层皮革，其中头层皮（就是挨着毛的那层）品质最好，其次是二层皮，再次是三层皮。好的头层皮表面涂层较薄，能看到毛孔和皮面粒纹；二层皮涂层较厚，没有毛孔（即使是通过机械压花压出毛孔，鞋在穿用中脚趾用力往前顶时也会使压出的毛孔消失）；三层很少有涂层，大多用于制作劳保用品。

1.1 概述

材料是构成皮鞋的物质基础。皮鞋所使用的材料非常广泛，可用于制作皮鞋帮面的材料品种也很多，经常使用的材料主要有天然皮革、人造革、合成革、纺织材料等。皮革是皮鞋的主要原材料之一，而且是高档皮鞋帮面常用的原料。

长期以来，天然皮革以它所具有的自然皮纹、柔软性、透气性、耐磨性、强度高等优点受到人们的青睐，其中高吸湿性和透水汽性（即卫生性能）以及天然的粒纹是其他材料所无法比拟的。

天然皮革具有良好的耐温性，可用于-20～85℃的环境，因此多适用于制鞋的冷粘工艺和模压工艺，而不适合于热硫化工艺（硫化温度为120℃左右）。天然皮革的主要缺点是存在较大的部位差，有表面伤残，力学性能具有明显的异向性，厚薄不够均匀等。

1.1.1 生皮的基本概念

生皮与熟皮对应。生皮系皮革厂常用术语。

狭义地讲，生皮是指从动物身上剥下来的体表组织、未经任何化学和物理机械处理的皮，是制革的原料皮。在外观上，生皮可分为毛层（毛被）和皮层（皮板）两大部分。制革原料皮指的是供皮革工业加工的动物皮，包括鲜皮、甜干皮、盐湿皮及盐干皮等。

广义地讲，生皮是未经鞣制（或类似鞣制）加工的皮，它干燥以后会变硬，耐湿热性差。

1.1.2 皮革的概念

皮革：有狭义和广义之分。狭义的皮革是指动物身上剥下来的皮（即生皮），经过脱毛和鞣制等物理、化学加工一系列处理后，所得到的耐化学作用（即耐酸、碱、盐、溶剂等）、耐细菌作用、耐一定的机械作用，即固定的、不易腐烂、不易损坏的物质，即天然革。广义的皮革定义包括天然革和代用革。

1.1.3 真皮标志

为了区别皮革与人造革、合成革等仿革材料，通常把皮革又称为天然皮革。在中高档天然皮革、毛皮及其制品上可使用“真皮标志”标识，而有资格使用“真皮标志”证明商标的各种成品革一般又可称之为“真皮标志生态皮革”，这类皮革除了符合目前相应的国家或行业标准之外，还要对皮革中与生态环境相关的四项特殊化学物质——铬粉、染料、加脂剂、合成复鞣剂——进行限量规定，达到《真皮标志生态皮革产品规范》的要求和相关规定。因此使用“真皮标志”标识的皮鞋、皮衣制品，分别被称为“真皮标志皮鞋”“真皮标志皮革服装”等，而对于皮革和毛皮则更突出其与生态环境相关的四项特殊化学指标，将符合要求的皮革或毛皮称为“真皮标志生态皮革”“真皮标志生态毛皮”。

“真皮标志皮鞋”“真皮标志皮革服装”采用佩挂“真皮标志”挂牌的方法，对于“真皮标志生态皮革（生态毛皮）”则采用全皮在臀部背面背脊线右侧5cm处盖“真皮标志生态皮革”印章，单片皮在臀部背面背脊线左侧5cm处盖章，除了“真皮标志”标识外，还突出其“生态”字样。

“真皮标志”是中国皮革工业协会于1994年10月14日正式启用的，其注册商标图案是由一只全羊、一对牛角、一张皮型组成的艺术变形图案。图案整体呈圆形鼓状，主体颜色为白底黑色，只有三个字母为红色。该图案寓意为：牛、猪、羊是皮革制品的三种主要天然皮革原料。图案呈圆形鼓状，一方面象征制革工业的主要加工设备转动，另一方面象征皮革工业滚滚向前发展。每个佩挂“真皮标志”标识的生产企业有一个专用编码，其编号为8位数，其中包括产品类型、生产企业、行政区域分布、商标、生产年度等参数，是真皮产品的凭证。

“真皮标志生态皮革”印章由中国皮革工业协会统一制作、发放，印章是真皮标志生态皮革的唯一凭证。印章图案由真皮标识图案、真皮标志生态皮革的英文及编码三部分组成，其中编码以“E00000（牛）”构成。字母E代表生态，后面两位数字代表制革厂所在省份，这个两位数为3的倍数，从03、06一直到93，代表我国31个省、市、自治区，如03代表北京，12代表河北省，33代表浙江，48代表山东，51代表河南等；随后的三位数字代表厂家，该数字与厂家申请表的编号，后括号中的牛、猪、羊表明“真皮标志生态皮革”的原料种类。

1.1.4　天然皮革的应用

天然皮革被广泛地应用于人们的日常生活中，如衣帽、鞋、皮带、箱包等。我国的制鞋业有着悠久的历史，从制革和制鞋的发展过程来看，皮鞋工业是随着制革业的发展而发展的。

用于制鞋的天然皮革称为鞋用革，一般在制鞋业中使用的皮革根据材料用途可分为鞋面革、鞋里革和鞋底用革三大类。鞋类产品在造型、款式、结构、功能、原料、加工工艺等方面存在着多样性，种类也是多种多样的。鞋类产品按穿用季节分有皮凉鞋、满帮皮鞋、皮棉鞋（靴）等；按制鞋工艺又可以分为线缝鞋、胶粘鞋、模压鞋、硫化鞋和注压鞋等；还可以按用途、穿着对象、穿用场合、穿用方法、年龄性别等进行分类。

1.2　生皮的组织构造特点

生皮是一种很复杂的生物组织，在动物生活时具有保护肌体、调节体温、新陈代谢、排泄分泌物和感觉等作用。而皮革的制造工艺、性质、皮革表面特征、用途等都与生皮的组织构造有着直接的关系。鞋用皮革材料不仅有脱毛后制成的革，还有不脱毛制成的毛皮（例如马皮、小山羊皮）。因此，了解鞋用皮革需要从生皮的组织构造开始。

1.2.1　生皮的组织构造

生皮在外观上分为毛被和皮板两大部分。毛皮生产用的生皮首先注意毛被质量和特点，其次是皮板的质量。制革生产过程中要去掉毛被，皮板的质量和特点决定着皮革的质量和特性，所以主要考虑皮板的质量和特点。

1.2.1.1　毛被的组织构造

（1）毛被的组成

所有生长在皮板上的毛统称为毛被。动物的毛被，由锋毛、针毛、绒毛这三种不同类型的毛按一定的比例成束、成组地排列组成。也有的毛被由一种或两种类型的毛组成。

① 锋毛：呈锥形或圆柱形，如图1-1（a）所示，是毛被中最粗、最长、最直的毛，也称箭毛。

锋毛弹性很好，因与神经触觉小体紧密接触，在动物体上起着传导感觉及定向的作用。在每一组毛中只有一根锋毛，所以在毛被中数量很少，一般占毛总数的0.1%～0.5%。

② 针毛：呈纺锤形或柳叶刀形，如图1-1（b）所示，比绒毛长，将绒毛遮盖住，所

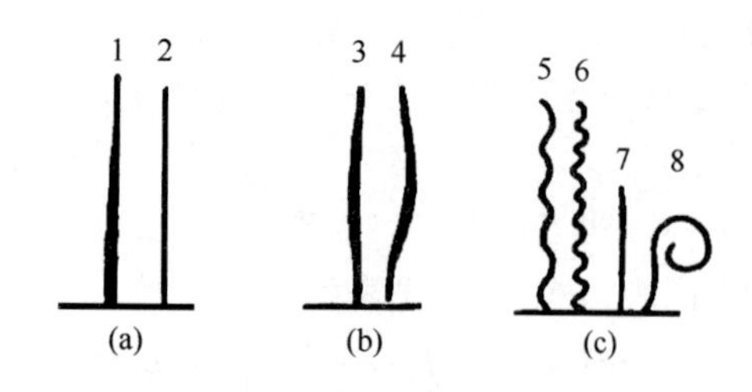

图 1-1 毛的形状

（a）锋毛 （b）针毛 （c）绒毛

1—锥形 2—圆柱形 3—纺锤形 4—柳叶刀形 5—弯曲形 6—螺旋形 7—直形 8—卷曲形

以也称盖毛。针毛比锋毛短、细、弹性好，颜色和光泽明显。有些动物的针毛还有色节，使毛被形成特殊的颜色。

针毛起着防湿和保护绒毛使绒毛不易黏结的作用。因此，针毛的质量、数量、分布状况决定了毛被的美观性和耐磨性，是影响毛被质量的重要因素。针毛在毛被中占毛总数的 2%～4%。

③ 绒毛：上下粗细基本相同，是毛被中最短、最细、最柔软、数量最多的毛，通常带有不同类型的弯曲，如图 1-1（c）所示。绒毛的明度、饱和度差，色调一致。

在毛被中，绒毛在动物体和外界之间形成一个体温不易散失、外界空气不易侵入的隔热层，是毛皮御寒的重要因素。人们就利用毛皮的这个性能制裘御寒。绒毛在整个毛被中占毛总数的 95%～98%。

（2）毛被的形态

毛被的外观形态多种多样，这主要是因为动物的种类不同。即使同一种动物皮，由于动物身体的部位或动物生长条件的不同，毛的长度、细度、弯曲、颜色也不一样。

动物毛被按不同的组成情况，可分为三种形态。

① 具有三种毛型的毛被：毛被由锋毛、针毛、绒毛组成。这类动物很少，如草兔、山兔、麝鼠等。

② 具有两种毛型的毛被：毛被由针毛、绒毛组成。这类动物较多，如水貂、黄鼠狼、家兔、家猫、狗等。

③ 具有一种毛型的毛被：毛被只由绒毛或针毛组成。如美利奴羊皮只有绒毛，鹿皮只有针毛。这类动物较少。

（3）毛的分布

毛的分布大致有四种类型。

① 单毛分布型：毛一根一根地分布在皮板上，每根毛各有自己的毛囊。例如牛、马、骡、驴皮等。

② 简单组分布型：毛按一定的形状排列成毛组，每组中有数根毛，每根针毛各有自己的毛囊。例如山羊皮。

③ 束状分布型：若干绒毛或若干绒毛带一根针毛组成毛束，长在一个毛囊里。例如家猫皮。

④ 复杂组分布型：若干绒毛带一根针毛组成毛束，若干毛束又围绕着一根锋毛组成毛组。如草兔、草猫、麝鼠等。

1.2.1.2 毛的组织构造

毛是哺乳动物特有的皮肤衍生物，为表皮角质化的产物。不同动物毛的形态结构存在或多或少的差异。

沿长度哺乳动物的毛分为两部分：露在皮外面的部分称为毛干，其中尖端称为毛尖（也称毛梢或毛峰）。位于皮内的部分称为毛根，其中底部的膨大部分称毛球，如图1-2所示。

毛干和毛根都是由角质化的不能繁殖的细胞组成。

沿毛干的横切面，哺乳动物的毛一般有鳞片层、皮质层、髓质层三层同心结构（图1-3），均由角质化的上皮细胞构成。针毛都是有髓毛，有三层结构，而有的动物毛是无髓毛，只有两层结构，例如，海豹毛和细毛羊均无髓质层。鹿科动物的躯干冬皮皮质层极薄。毛尖和成熟毛的根部均缺乏髓质，鳞片层很薄，皮质层和髓质层占毛直径的比例差异较大。

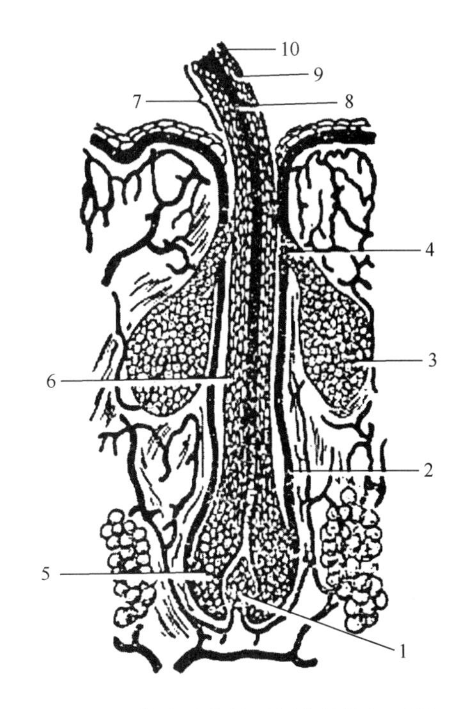

图1-2　羊毛及其邻近部分的纵切面图
1—毛乳头　2—毛鞘　3—皮脂腺　4—皮脂腺分泌管　5—毛球　6—毛根　7—毛干　8—毛的髓层　9—毛的皮质层　10—毛的鳞片层

（1）鳞片层

鳞片层是毛的最外层，由一层到多层透明的、扁平的、完全角质化的鳞片细胞构成，是毛的保护层。其厚度为0.3～0.5μm，仅占毛直径的1%～2%，无色素，无核细胞。鳞片的形状随毛的细度、动物种类的不同而不同，常见的形状有环形、非环形、砌形等（图1-4）。不同的鳞片排列会产生不同的作用。鳞片越宽扁、排列越密集，则毛的表面越光滑，对光的反射作用就越强，有助于增强毛的光泽。粗毛或针毛的鳞片排列密集，且紧贴于毛干，使毛的光泽强、缩绒性小。

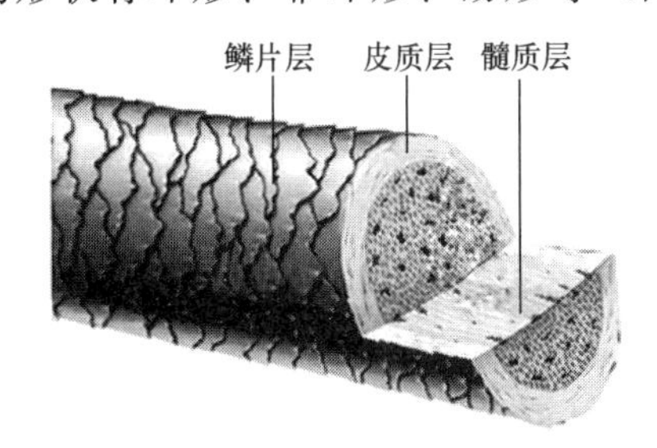

图1-3　毛的横截面示意图

鳞片层的密实外层可以保护毛不受各种物理、化学作用的侵害，防止水渗入毛干。

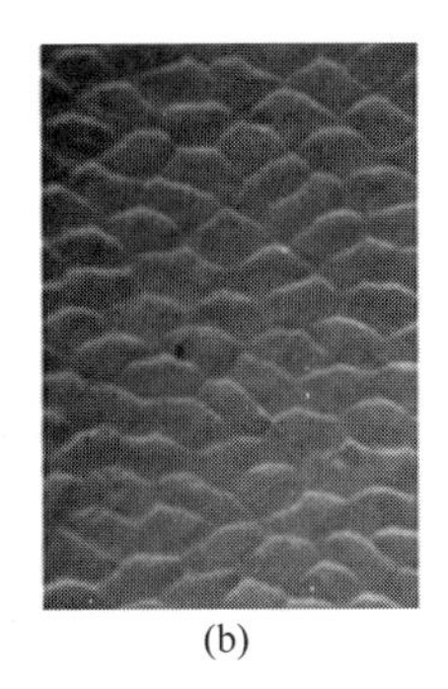
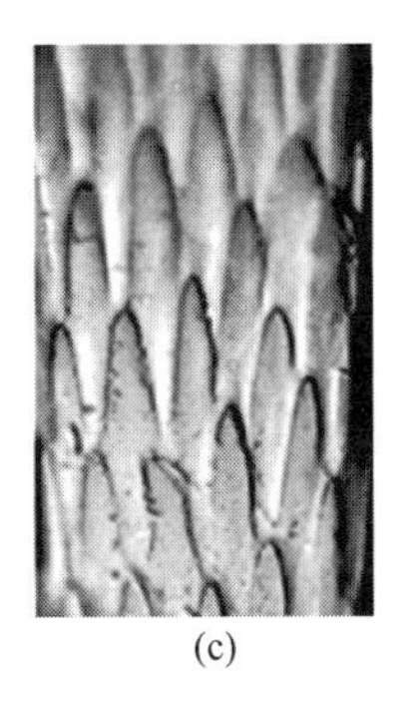
(a)　(b)　(c)

图1-4　毛鳞片的形状
（a）环形　（b）非环形　（c）砌形

(2) 皮质层

皮质层位于鳞片层里面，由几层多角形或梭形细胞构成。其发达程度决定着毛的抗张强度和弹性大小。在无髓毛中与鳞片层构成了毛的全部结构。

皮质层含有色素，它决定毛的颜色。

皮质层的发达程度决定着毛的机械强度、弹性大小和容纳染料的能力。皮质层越发达，毛的韧性和弹性越好。草兔毛的皮质层不如紫貂毛的皮质层发达，故草兔毛的弹性、强度较紫貂毛差，容易断裂。

(3) 髓质层

有髓毛才有髓质层。髓质层又称毛髓，位于毛的中心部分，由结构疏松、充满空气的薄壁细胞组成。毛的保暖性由这层决定，髓质层发达的毛保暖性强。髓质层中也含有色素颗粒。

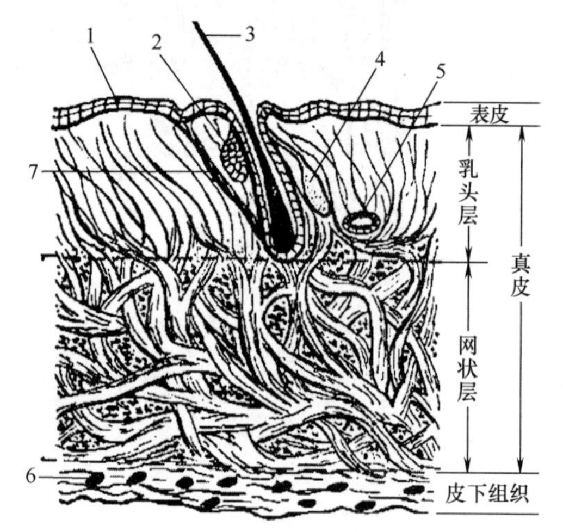

图 1-5　生皮的纵切面示意图

1—表皮　2—汗腺　3—毛　4—脂腺　5—血管　6—脂肪细胞　7—竖毛肌

1.2.2　皮板的组织构造

生皮的皮板沿纵切面可分为三层：上层叫表皮，中层叫真皮，下层叫皮下组织。表皮层最薄，真皮层最厚，如图 1-5 所示。

1.2.2.1　表皮

表皮位于毛被之下，紧贴在真皮上面，是皮板的最外面一层，由不同的表皮细胞排列组成。表皮厚度随动物种类的不同而异，是皮板组成中最薄的一层，表 1-1 列出了制革常见生皮表皮占皮板厚度的比例。表皮的厚度随动物的种类、肥瘦、部位等不同而异，一般家畜皮有毛的部位表皮厚 10～20μm，没有毛的部位表皮层比长毛部位的厚些。毛被稠密，不经常承重的部位，表皮薄；毛被稀疏部位特别是经常承重和摩擦的部位如背部，表皮厚些。

表 1-1　制革常见生皮表皮占皮板厚度的比例　单位：%

种类	牛皮	绵羊皮和山羊皮	猪皮
所占比例	0.5～1.5	2～3	2～5

厚的表皮可分为五层，从上到下分别为真角质层、透明层、粒状层、棘状层和基底层。薄的表皮则只能分为两层，角质层（真角质层、透明层）和黏液层（粒状层、棘状层、基底层）。如图 1-6 所示。

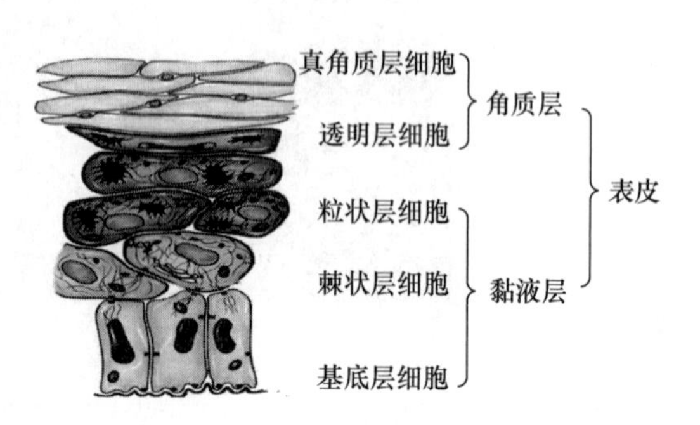

图 1-6　表皮各层细胞演变示意图

(1) 黏液层

厚的表皮可细分三层：粒状层、棘状层、基底层。

① 基底层：是表皮最下一层，紧黏

于真皮外面。由1～2列柱形或立方形细胞组成。这层细胞是活的，能分裂繁殖。由于与真皮相距很近，可不断从微血管中吸收养料和水分。细胞核特别肥大明显，细胞间的相互界限清楚。

② 棘状层：位于基底层之上，由4～8层多角形细胞构成。此层虽是活细胞，但无繁殖能力。

③ 粒状层：位于棘状层上面，细胞变扁平，细胞浆中有许多小颗粒，由透明角质的特殊蛋白组成，称为粒状层。

黏液层细胞之间的相互连接主要借助于类黏蛋白的黏合作用来实现。如果破坏这些黏蛋白，削弱表皮和毛与真皮的结合，就可以将毛和表皮从真皮上除去。

（2）角质层

角质层位于黏液层之上，由死亡了的硬化程度不同的细胞构成。根据细胞硬化程度不同分为透明层和真角质层。

① 透明层：透明层位于粒状层之上，很薄，一般由2～4层彼此重叠的细胞构成。细胞中没有细胞核，细胞浆中的透明角质颗粒已扩散、黏化而转变成黏稠状的透明物质，故称为透明层。

② 真角质层：真角质层为完全角质化的片状细胞层，由角蛋白组成，彼此连接紧密。这层细胞继续向上推移，形成皮屑脱落。这层角质层对酶、酸、碱等化学药品的侵蚀有一定的抵抗能力。

表皮尽管很薄，但对皮板很重要。在生产之前若表皮受损，细菌易侵入真皮造成生皮腐烂，从而影响皮革质量。所以在生皮初步加工、贮存及运输过程中都要保护好表皮。

1.2.2.2　真皮

真皮位于表皮之下，介于表皮与皮下组织之间，是生皮的主要部分，重量或厚度占生皮的90%以上，主要由纤维成分和非纤维成分组成。革由真皮加工而成，革的许多特征都是由这层的构造决定的。

根据纤维在真皮中的粗细、编织紧密程度和编织形式，可将真皮分为乳头层（又称粒面层）和网状层两层。乳头层与表皮相连，网状层与皮下组织相连。两层的分界线一般以皮内毛根底部的毛球和汗腺分泌部位所在的水平面为基准（猪皮例外）。

在制革过程中，控制不当就会削弱乳头层和网状层交界处的连接而导致皮革松面的现象发生，所以在加工过程中要注意保护，还要采用复鞣填充进行弥补。

（1）真皮的乳头层和网状层

乳头层的表面与表皮下层相互嵌合，表皮除去后乳头层表面呈现乳头状突起，因而称为乳头层。

乳头层的表面叫粒面，该层含有神经乳头、毛根、脂腺、微血管、汗腺、竖毛肌等，其胶原蛋白纤维束较细，故质地柔软。神经乳头和毛孔使粒面呈现凹凸的皮纹，可根据皮纹特征的不同辨别原料皮的种类。牛皮的毛孔均匀分散，羊、马皮的毛孔呈波浪形排列。幼畜皮的毛孔小而密，神经乳头不发达，纤维束细致，因此粒面光滑平整；壮畜皮的皮纹比较明显；老畜皮的粒面粗糙。

网状层是位于乳头层下方的较厚的致密结缔组织，由较粗的胶原蛋白质纤维束交织成网状结构，其上方和下方的纤维束都较细，中间部分由最粗大的纤维束组成。纤维束交织越紧密，皮的力学强度越高，一般背部和臀部的纤维束编织紧密，而腹部较为疏松。网状层赋予皮板较大的弹性和韧性。

不同的动物皮，乳头层占真皮厚度的比例不同。牛皮乳头层为皮厚的25％～35％，马皮乳头层约为皮厚的40％，山羊皮乳头层为皮厚的40％～65％，绵羊皮乳头层为皮厚的50％～70％。图1-7为制革常见动物皮的乳头层和网状层厚度示意图。

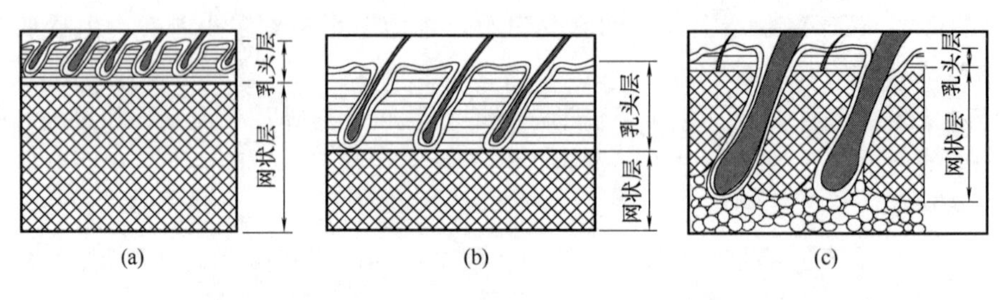

图1-7　制革常见动物皮的乳头层和网状层厚度示意图

（a）牛皮　（b）山羊皮　（c）猪皮

由于乳头层中汗腺、毛囊和血管等的存在，使得其结构较为空松，与网状层结合薄弱，因而易受损伤而造成两层分离，轻者称“松面”，重者称“管皱”。

乳头层中的胶原纤维细小，编织疏松，但乳头层表面形成革粒面的胶原纤维束却编织很紧密。网状层纤维比乳头层纤维粗大，编织成紧密的网，一般不含汗腺、脂腺、毛囊等组织，弹性纤维和脂肪细胞很少，力学强度高，是真皮中最结实的一层。网状层越发达，纤维编织越紧密，真皮的力学性能就越高。

织角代表大多数纤维的主要方向，生皮的纵向切面纤维束与水平面的夹角称为织角。织角大，皮板物理力学性能高。织角随生皮部位不同而变化。

可以通过三个方面来衡量一张皮的质量：纤维粗细、纤维编织松紧和织角。

在制革生产中，对于硬度要求大的底革来说，除采用编织紧密和织角大的生皮外，还可以通过增大织角来提高力学性能。例如，在裸皮轻微膨胀时利用栲胶鞣制便可使其在较大织角情况下定型。

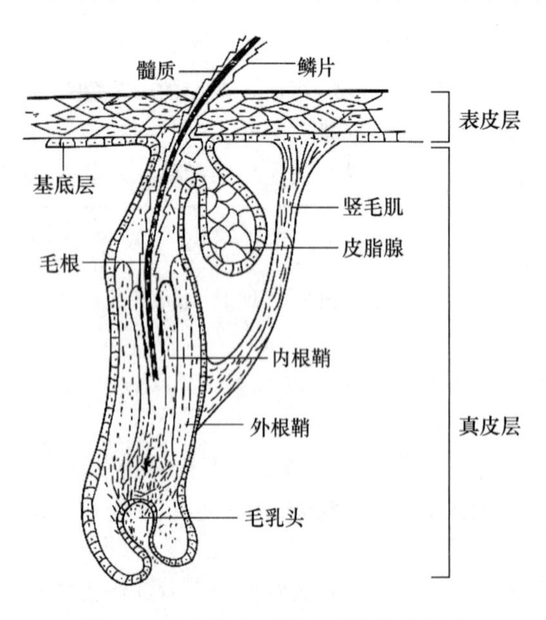

图1-8　生长期的毛及毛囊结构示意图

（2）毛根与毛囊

① 毛根的构造：毛根包在由皮和结缔组织组成的毛囊内。毛根和毛囊的下端合为一体，成为膨大的毛球，毛球底面向内凹陷，包着毛乳头，如图1-8所示。

毛乳头中有丰富的微血管和淋巴管，供给毛球底部细胞养料，以维持其生命并进行繁殖，逐渐构成毛根以上部分。毛球表面细胞硬化成为鳞片层，内层变成皮质层。而附在毛乳头上端的细胞则皱缩干燥形成毛髓。

在换毛季节，毛乳头萎缩，毛球上部

和中部细胞逐渐硬化，与附着在毛乳头上的毛球基部活细胞分离。此时毛囊收缩，毛根上移直至脱落。在旧毛脱落之前，毛乳头细胞又开始繁殖形成新毛。

毛囊中有两代毛——新毛和旧毛。

从毛的组织构造可以得知，毛之所以能牢固地生长在皮板中，其原因除了毛乳头与毛球紧密相连以外，还有毛囊紧密包围毛根、毛球以及在毛根与毛囊之间充满的纤维间质所起的黏结作用。另外，毛球的形态也会对毛的牢固性产生影响，有些动物的毛球大，有些动物的毛球小，毛球大的毛不易脱落。

② 毛囊的构造：毛囊分为两层，外层叫毛袋，由胶原纤维和弹性纤维组成；内层叫毛根鞘，由表皮细胞组成。表皮凹入真皮内形成凹陷部分，毛根位于其中。毛的发生和成长都在毛囊内进行。毛囊倾斜长在皮内，与真皮表面形成一定的夹角。毛囊上有导管与脂腺相连，竖毛肌长在毛囊底部。

a. 毛袋　毛袋上胶原纤维细小，排列紧密，向两个方向分布。环状纤维包围着整个毛囊，纵向纤维顺着毛囊轴向排列，分布在周围的弹性纤维和网状纤维则支撑着这个胶原纤维网。在毛囊最下端，毛袋凸入毛球内形成毛乳头。

b. 毛根鞘　毛根鞘分内毛根鞘和外毛根鞘。外毛根鞘由表皮细胞构成，是进入毛囊深处的表皮细胞的延伸部分，其上部是包括角质层在内的各层组织，其下部的组成和表皮的黏液层相似。内毛根鞘也是表皮的延伸部分，其组成和表皮的角质层相似。

毛由于被毛囊紧紧包住，毛球和毛乳头又紧密相连，因而牢固地长在毛囊里。所以无论是酶脱毛还是灰碱法脱毛，都是破坏和削弱毛球和毛乳头的联系。

(3) 真皮的成分组成

真皮主要由纤维成分和非纤维成分组成。

纤维成分包括胶原纤维、弹性纤维、网状纤维；非纤维成分包括纤维间质、血管、汗腺、脂腺、毛囊、肌肉、淋巴管、神经和脂肪细胞等。

① 纤维成分：

a. 胶原纤维　胶原纤维是真皮中的主要纤维，由胶原蛋白构成，占纤维质量的95%～98%。在水中长期熬煮后胶原分子降解，形成明胶，所以称为胶原纤维，意思是“胶之来源”。根据微观结构研究可知，胶原纤维的细致结构为：肽链→初原纤维→纤维丝→原纤维→微纤维→纤维→纤维束。

胶原纤维在真皮中相互穿插交织。较粗的纤维有时分成几束较细的纤维束，这些较细的纤维束又和其他纤维束合并成较大纤维束（图1-9）。如此不断地分而合、合而再分，纵横交错，形成特殊的立体网状结构，使得生皮及制品成革具有很高的力学强度。

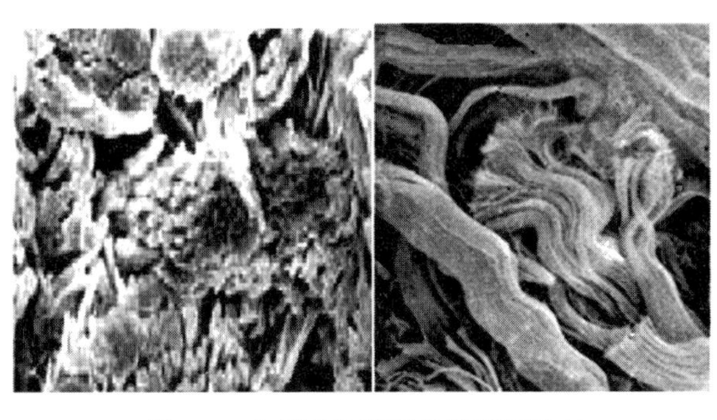

图1-9　电子显微镜下的胶原纤维束

胶原纤维能够成束是其特性之一。

胶原纤维的编织形式和紧密程度及强度与动物的种类、性别、年龄、饲养条件及身体的不同部位有关，即使是同一部位，胶原纤维束的粗细、紧密程度、编织形式也不完全一样。越靠近表皮的胶原纤维束越细小而疏松，但它延伸至粒面处。这些越来越细小的纤维紧密地编织，最后构成非常致密的粒面。

胶原纤维不耐酸碱，长期水煮会变成明胶。

b. 弹性纤维　弹性纤维量很少，占皮质量的 0.1%～1%，很细，直径 8.0μm，由弹性蛋白组成。弹性纤维主要分布在乳头层、毛囊、脂腺、汗腺、血管和竖毛肌周围。与胶原纤维不同之处是有分枝但不形成纤维束，有点像没有树叶的树枝。弹性纤维弹性很大，有一定的耐酸、碱性和热湿热性，煮后不会变成胶。

弹性纤维起支撑和骨架的作用，像建筑物的钢筋一样，对成革的柔软度有不利影响。在生产过程中破坏毛囊周围的弹性纤维对脱毛有一定帮助。

c. 网状纤维　网状纤维含量较少，由网硬蛋白组成。网状纤维分布在真皮和表皮交界处，形成非常稠密的网膜，并在胶原纤维束表面形成一个疏松的网套，套住并保护胶原纤维束。网状纤维也有分支和联合，在性质上同胶原纤维有相似之处。有人认为网状纤维是一种“变异”的胶原纤维。

② 非纤维成分：

a. 纤维间质　纤维间质是填充在真皮纤维之间的一种胶状物质，主要由白蛋白、球蛋白、黏蛋白、类黏蛋白和碳水化合物等构成。纤维间质具有将皮中各构造部分连接在一起和润滑的作用。生皮干燥后，纤维间质失水变硬，把皮纤维紧紧黏结起来，使皮变得非常坚硬。同时纤维间质的大量存在，阻碍着化工材料向皮内渗透，故在制革准备工段中必须将大部分纤维间质除去。

b. 汗腺　汗腺分为分泌部分和导管部分，分泌部分较粗大，它分泌的汗液经过弯曲的导管，通过真皮和表皮排出。汗腺大都集中长在真皮上层的乳头层内，占据不少空间，使得这些部位的组织空松、软弱，容易引起革松面。

c. 脂腺　脂腺是一种像一簇葡萄状的小细胞，紧贴在毛囊上，以一个细管与毛囊相通，分泌脂类物质。脂类物质先储存在脂腺内，然后沿着导管流入毛囊，并从毛囊流到表面，被称作皮脂，类似于头油，润滑毛干和表皮。脂腺结构如图 1-10 所示。

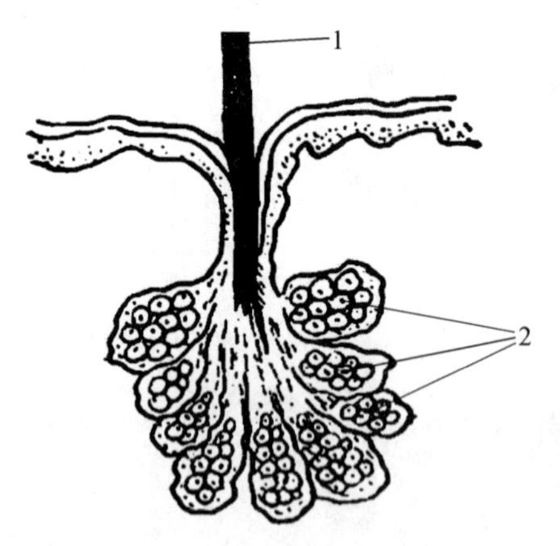

图 1-10　脂腺结构示意图
1—在毛根鞘中的毛　2—皮脂腺的油囊

脂腺除去后也留有空洞，同汗腺一起使乳头层和网状层联系变得松弛，革因此容易产生松面。

d. 脂肪细胞　真皮内的脂肪细胞大多为圆形或椭圆形，其内充满脂肪，多集中在皮下组织，也有分散在真皮胶原纤维之间和毛囊周围的。脂肪细胞的大量存在，严重影响化工材料向皮内渗透和革的表面修饰。所以加工时先除去皮下组织。对于脂肪细胞发达和多脂肪的原料皮，如猪皮、绵羊皮，要进行“脱脂”处理。

e. 肌肉组织　真皮中含有少量的竖毛肌，竖毛肌位于汗腺之下，是一条狭长平滑肌纤维束，一端附着于毛囊，另一端终止在真皮乳头层处。动物受突然刺激、骤冷和惊恐等，竖毛肌收缩，改变毛囊角度使毛竖立，也就是“鸡皮疙瘩”。它的收缩程度影响粒面粗细，因此加工中应避免竖毛肌强烈收缩。

f. 毛囊　表皮层沿着凹凸不平的表面在有毛生长的地方陷入真皮内形成管状鞘囊，称为毛鞘，它与毛袋构成毛囊。毛囊内有毛根和毛球，毛囊的构造与脱毛关系很大。

g. 血管和淋巴管　生皮内有许多枝状的血管，它们在皮内三个地方形成血管网：皮下组织和网状层交界处、乳状层和网状层交界处、乳头层内。脂腺、汗腺周围也布满血管网，乳头层处还有淋巴毛细管网。

血液和淋巴液容易腐败，从而对真皮产生破坏，也妨碍防腐时食盐的渗入，应先洗尽血污。对于枯瘦的原料皮，若加工不当，则易在粒面上出现“血筋”。

1.2.2.3　皮下组织

皮下组织由与生皮表面平行、编织疏松的胶原纤维和一部分弹性纤维组成。皮下组织中还有血管、淋巴管和神经，并有大量脂肪组织，是动物皮开剥的部位层。

皮下组织对制革是无用的，妨碍加工过程中化工材料向皮内渗透，所以一开始就用机械方法除去。

1.3　常用皮革原料皮的种类与特征

1.3.1　常用皮革原料皮的种类

原料皮是指从动物体上剥下来而具有实际经济价值的动物皮。一般情况下，制革、制裘、裘革两用的动物皮通称为原料皮。

1.3.1.1　按用途分类

按照原料皮的不同用途，原料皮可分为制革原料皮和制裘原料皮。

制革原料皮一般毛绒稀疏、较粗，皮板较厚、大而坚韧。

制裘原料皮一般是指毛绒丰足，保暖性强，适合于毛板兼用而制裘的一类动物皮。

1.3.1.2　按来源分类

按来源，原料皮可分为：

家畜类——猪皮、黄牛皮、水牛皮、牦牛皮、山羊皮、绵羊皮、骡皮、马皮、驴皮、骆驼皮、家犬皮。

野兽类——鹿皮、麂皮、野猪皮、黄羊皮、羚羊皮。

海兽类——海豹皮。

鱼类——鲨鱼皮、鲸鱼皮。

爬行类——蛇皮、蟒皮。

两栖类——鳄鱼皮。

鸟类——鸵鸟皮。

1.3.1.3　按防腐方式分类

按防腐方式可将原料皮分为：

鲜皮——从动物身上刚剥下来的皮，又称血皮。

盐湿皮——经盐腌制但未经干燥处理的生皮。

盐干皮——经盐腌制后经干燥处理的生皮。

淡干皮——不经化学防腐剂的处理，直接晒干的生皮。

冷冻皮——为防止细菌侵蚀而进行了冷冻处理的生鲜皮。

陈板皮——放置多年干燥过度的生皮。

蓝湿皮——经铬鞣处理并带有水分的皮。

酸皮——经浸酸处理过的生皮。

1.3.2 常用皮革原料皮的特征

1.3.2.1 猪皮原料皮的特征

(1) 猪皮的组织结构特点

① 粒面粗糙。猪毛以三根为一组呈“品”字形排列，毛粗（尤其颈部鬃毛），毛孔大，粒面乳头突起明显。

② 部位差大。臀部最厚、腹部次之、肷部最薄，臀腹部的厚度比为（4～5）∶1。国产猪皮最厚部分在整张皮上形成一个以尾根部为底、以背脊线为中线的长把梨形三角区。

③ 纤维编织差异大。纤维编织程度主要指胶原纤维束的粗细程度和编织紧密程度。纤维编织程度的差异决定了猪皮各部位软硬程度的差异。猪皮臀部纤维粗壮，十字形编织紧密；边腹部纤维束纤细，波浪形编织疏松；颈部斜交形编织，编织程度介于臀部和边腹部之间。

④ 粒面差异大。各部位毛孔和粒纹有明显的差异。

⑤ 脂肪含量高。猪皮的皮下脂肪特别发达。

⑥ 肌肉组织和弹性纤维比较发达。

⑦ 粒面层与网状层无明显界限。通常以粒面表层下胶原纤维束细小部分作为上层；以靠近皮下组织纤维束较细的部分作为下层；上下层之间为中层，该层纤维粗壮、编织紧密。

(2) 猪皮资源的分布和特点

① 华北猪：生长在东北、西北、华北、内蒙古地区。著名的有河北定县猪、哈尔滨白猪。

特点：猪皮厚度不匀（臀腹部的厚度比为 5∶1），部位差大，粒面粗糙，皮下脂肪厚，皮板伤残多。

② 华中猪：生长于长江流域（四川、浙江、江苏）。著名的有金华猪、宁乡猪、内江猪、荣昌猪。

特点：张幅小，皮薄，粒面细，部位差小［臀腹部的厚度比为（3～4）∶1］，皮下脂肪少。

③ 华南猪：生长于珠江流域，著名的有广东梅花猪和广西陆川猪。

特点：毛稀，绒少，脂肪层薄，皮板伤残少。

1.3.2.2 黄牛原料皮的特征

(1) 黄牛皮的组织结构特点

① 粒面细致。毛孔细密，粒面乳头细小，粒面光润，皱纹少。

② 粒面层与网状层界限分明。毛根底部是粒面层与网状层的分界线，粒面层薄、纤维细、编织疏松，网状层厚纤维粗壮、编织疏松。

③ 脂肪含量少。皮下组织脂肪含量少，皮内脂腺不发达，游离脂肪细胞少。

④ 部位差小。黄牛皮颈部最厚，臀部次之，腹部较薄，肷部最薄（肷部：颈部=1：2)。纤维编织程度的差别比牦牛皮和猪皮小，黄牛皮臀背部的胶原纤维束编织最紧密，腹肩部疏松，肷部最松。

（2）黄牛皮资源的分布和特点

① 北路皮：产于东北、西北、华北北部。

特点：张幅小，毛长、有绒毛，皮板枯薄、部位差大、颈肩部皱纹深、伤残多。

② 中路皮：产于黄河下游和长江中下游之间的地区。

特点：张幅大，毛短、无绒毛，皮板丰满、厚度均匀、伤残少。

③ 南路皮：长江流域以南广大地区的牛皮。

特点：皮张小，虫伤多。

1.3.2.3　山羊原料皮的特征

（1）山羊皮的组织结构特点

① 粒面较细。针毛5～6根一组呈瓦楞状排列，毛孔比黄牛皮稍大，粒面细致。

② 粒面层与网状层界限分明。以针毛毛根底部为界限，粒面层和网状层的厚度各占1/2。粒面层纤维编织紧密，网状层疏松。

③ 脂肪含量少。皮下脂肪少，脂腺少，游离脂肪细胞少。脂肪含量比黄牛皮稍多。

④ 部位差较大。颈部特别厚且胶原纤维编织紧密，臀部次之，腹肷部薄且胶原纤维编织疏松。部位间厚度比为颈脊：臀部：腹部=3.0：1.7：1.0。

（2）山羊皮资源的分布和特点

① 四川路：张幅大，皮板好，部位差小，质量最好。成都、重庆的山羊皮质量最好。

② 汉口路：产于河南、安徽、江苏、湖北、福建、江西、浙江。皮板中厚，张幅中大，仅次于四川路。

③ 华北路：产于西北、华北、东北地区，以陕西关中的皮质量最好。张幅大，粒面粗糙，脂肪含量高，部位差大。

④ 济宁路：产于鲁西一带。皮张薄、小，粒面细致。

⑤ 云贵路：产于云贵、广西西部、四川南部一带，质量最次。毛孔大，粒面糙，皮板薄，部位差大，伤残多。

⑥ 新疆路：主要产于新疆，与华北路西部皮的质量接近。毛粗长，毛色不一，张幅较大，皮板厚重，粒面粗糙。

1.4　天然皮革制造基本知识

原料皮不能直接用于制作皮制品，必须经过鞣制加工成革后才能使用，经过处理后的革在尽量保留原有特性的基础上，增强了耐用性和防腐性等，这一过程称为鞣革或制革。

一般而言，在将动物皮加工成革的过程中，要除去皮上的毛，但也可有意地不除去。皮革也可由剖成数层的生皮或其皮片制成，剖层可在鞣制前或鞣制后进行。

皮革的性质与生皮有着本质的不同，主要表现在以下几个方面：

① 干燥后可以用机械的方法使之柔软。

② 在热水中发生收缩时的温度一般都在65℃以上。

③ 比生皮更耐微生物的作用。

④ 比生皮更耐化学药品的作用。

⑤ 具有良好的卫生性能，即透气性、透水汽性能比生皮好。

⑥ 具有良好的曲挠强度，不易断裂。

1.4.1 皮革制造基本知识

所谓制革就是将生皮进行系统的化学处理，并辅以适当的物理机械作用使之成革的过程。这一加工过程大致可分为湿加工和干加工两大部分，包括鞣前准备、鞣制和后整理加工三大工段。

1.4.1.1 鞣前准备工段

鞣前准备过程的特点是原料皮（生皮）在水、酸、碱溶液中经过处理，去除不能成革的组织和成革意义不大的组织，去除贮存过程中的防腐剂，适当分离胶原纤维束以便化学试剂的渗入。准备工段的操作对成革的质量有很大的影响。其主要工序一般为：浸水—脱脂—脱毛浸灰—脱灰—浸酸、脱酸。

（1）浸水

原料皮一般都含有泥污、血污、防腐剂等污物，而且经防腐处理后，皮内水分散失严重，鲜皮的含水量在75%左右，干皮的含水量仅为其1/6左右。

浸水的主要目的是原皮重新充水回软，尽量使原皮接近鲜皮状态，以利于水和化学药剂的渗入。生皮由于吸收了水分而会逐渐增厚，由僵硬变得柔软，这就是生皮充水。生皮在酸和碱溶液中会发生充水膨胀作用而变得厚硬而有弹性，其原因是生皮的胶原纤维因大量吸收水分而使其长度缩短，直径变粗。

浸水时间要适度，时间过长粒面易受细菌作用而产生针孔、缺口等疵点，皮蛋白也会水解而使成革空松；时间过短充水不足，整张皮充水不均匀，纤维间质溶解不好，皮纤维分离差，成革僵硬。

（2）脱脂

猪皮、绵羊皮中的脂肪含量较多，其存在会影响化工材料的均匀渗透而影响加工质量。应进行专门的脱脂，除去皮下组织层的大量脂肪以及表皮层、真皮层中的脂肪，以利于其后各工序的化工材料的渗入和结合，防止产生铬皂而导致染色时产生色花、僵硬、粘皮、油霜等。

脱脂方法一般有机械法、皂化法、乳液法、有机溶液法、脂肪酶法等。

（3）脱毛、浸灰

脱毛、浸灰在制革工艺中是不能截然分开的两个工艺过程，是湿加工过程的重要工序之一，也叫碱膨胀。脱毛的目的是除去表皮、毛和毛根，使粒面裸露，使成革光滑美观。浸灰的目的是使纤维间质溶解，松散皮内纤维，皂化皮内脂肪，使皮纤维发生膨胀和分离。

（4）脱碱和酶软化

浸灰的生皮虽经水洗，皮内pH仍在10以上，不利于鞣制，因此在准备过程中均需脱碱。脱碱又称脱灰，其目的是除去裸皮中的石灰，降低pH，降低裸皮的膨胀，以利于鞣制时鞣剂的渗透和结合。其方法首先是水洗，洗掉皮中1/3的碱或灰，余下2/3的碱或灰采用中和的办法除去。脱碱用的酸多为弱酸及酸式盐，国外多采用有机酸，效力好，皮垢易于去除，粒面清洁、细腻，皮革更加柔软。

酶软化的作用主要是清除皮垢，溶解部分皮蛋白质，使成革柔软，是制造软革的一项重要工序。

（5）浸酸和去酸

脱灰、软化之后，要用酸和盐溶液处理裸皮，这一过程称为浸酸。其目的是降低裸皮的pH，改变裸皮表面电荷性质，以利于鞣剂的透入。一般铬鞣和鞣浴的pH最初要求是2.5～3.0，浸酸多用硫酸，也可用盐酸或有机酸。目前，多采用甲酸或醋酸与硫酸合用，成革粒面细致，革身柔软。

去酸是为了加速鞣制过程中铬盐的结合，一般在鞣制猪革时采用。

1.4.1.2 鞣制工段

原料皮经过准备工段的一系列处理之后，生皮中对制革无用的组织和成分基本被除去，这时纤维编织结构变得很疏松，胶原纤维肽链之间的一些交联键（氢键、盐键、共价键等）被破坏，生皮的稳定性变得很低。鞣制就是要用能够与皮胶原蛋白结合并能够在肽链产生交联缝合作用的鞣剂与胶原反应，在胶原肽链之间形成新的更牢固的交联，使皮板结构的稳定性大幅提高，进而将生皮转化成熟皮的过程。

鞣剂种类不同，其化学结构也不一样，因而与胶原官能团的作用也不相同，但它们的共同点是能使皮胶原发生某种不可逆的变化。

按照鞣制方法的不同，天然革可分为植鞣革、铬鞣革、结合鞣革（重植轻铬、重铬轻植）油鞣革等。

（1）铬鞣法

铬鞣法是用铬的化合物鞣制裸皮，使之成为成品革的加工方法。用铬鞣法加工的成品革称为“轻革”，所谓“轻革”，就是以面积来计量的革。

传统的铬鞣方法有一浴法、二浴法和变型二浴法，其中以一浴法铬鞣最为普遍。用三价铬的化合物直接鞣制的方法称为一浴法；把透入皮内的六价铬的化合物用还原剂还原成三价铬的化合物，使之与皮结合的鞣制称为二浴法。二浴法鞣制的革，粒面特别细致，革身柔软，但操作比较繁琐，红矾浪费大，反应复杂不易控制，后来被一浴法代替，目前已很少使用，只在鞣制极细腻的山羊皮面革时才采用。变型二浴法又名一浴二浴联合铬鞣法，它具有一浴法和二浴法的优点。

铬鞣制过程一般分为两个步骤，第一个过程是鞣剂向裸皮渗透，第二个过程是渗透进裸皮内的鞣质与裸皮的活性基结合，两个过程同时进行。

制备铬鞣液所使用的铬盐有重铬酸盐、铬明矾和碱式硫酸铬等。常使用的重铬酸盐是六价重铬酸钠，又称为红矾钠，为橙红色的粉状结晶，含有两分子结晶水，分子式为$Na_2Cr_2O_7 \cdot 2H_2O$。六价的铬无鞣制作用，需还原为三价的铬后才有鞣制能力。

铬鞣革呈青绿色，成革丰满，皮质柔软，弹性好。铬鞣革的缺点是成革略空松，易吸收水分，易打滑，纤维疏松，切口不光滑。

（2）植鞣法

植鞣法是利用植物鞣剂鞣制裸皮的一种方法，又称为植物鞣法，是鞣制底革、轮带革的基本方法。用植鞣法加工的成品革称为“重革”，所谓“重革”，就是以重量来计量的革。

植物鞣质含于某些植物的根、茎、叶、皮、果实以及果皮的组织细胞中。含有植物鞣质的原料，称为植物鞣料。一些新的植物鞣料不断被开发出来，大大增强了制革工业的制革水平。

植鞣革呈棕黄色，质地丰满，主要特点是组织紧密，抗水性强，潮湿后不滑溜，伸缩性小，不易变形，不受汗水的影响，切口光滑。其缺点是抗张强度小，耐磨性、抗热性和透气性较差，贮存过程中较易变质。

（3）结合鞣法

结合鞣法是指同时采用两种或多种鞣法进行鞣制，即将裸皮在不同的鞣剂中逐次鞣制成革的方法，常用的结合鞣法有铬植鞣法。铬植鞣法又分为先铬后植鞣法、先植后铬鞣法、重铬轻植鞣法、重植轻铬鞣法。

铬植鞣法生产的面革成革较重，革身丰满、坚实，适于苯胺染料染色，较容易修饰，出裁率高，所制作的皮鞋、皮靴对湿、热更稳定，不易变形。但过度复鞣，会削弱粒面层的强度。

（4）油鞣法

油鞣是古老的鞣制方法之一，人类开始制革的鞣料就是油脂。油鞣法虽然古老，但现在仍然在用。如用于过滤航空汽油的皮革，揩拭高级光学仪器镜头的皮块等，都是用高度不饱和鱼油或其他油脂鞣制的，所得的成品柔软、细致，可塑性和透气性好，耐水洗，而且干后不变性。

1.4.1.3 后整理加工工段

准备是基础，鞣制是关键，要在整理上下功夫。经过鞣制以后的皮虽然性质已经比较稳定，但还不能满足使用要求。皮革后整理加工的目的是使皮革具有与用途相适应的外形和性质。一般有染色、加脂、填充、干燥、整饰等工序，分为湿整理和干整理。

（1）染色

染色是制革生产中的一个重要环节，染色使用的是染料的水溶液。除底革、工业革和本色革外，大多数轻革在鞣制后都要进行染色。染色能改善皮革的外观，提高使用性能，满足不同用途的需要。

常见的染色方法有鼓染、刷染、喷染和浸染等。其中鼓染有利于染料的渗透，染色均匀，是目前最主要的染色方式。

（2）加脂、填充

在染色后要进行加脂填充操作，对皮革进行加脂的主要目的是使皮革吸收适量的脂类，将原纤维分隔开以防干燥后发生黏结，使革丰满柔软，提高抗张强度，减少褶纹，降低吸湿性，同时也可以适当克服松面现象。加脂材料有各种动物油、植物油、矿物油、合成油脂以及多功能加脂剂等。

对于植鞣革，在加脂的同时加入填充剂硫酸镁和葡萄糖，使革身饱满而具有弹性，增强革的耐热性。

（3）干燥

干燥是皮革整理的重要工序，实际上包括挤水、平展、干燥、回潮、滚压、刮软等工序。通过干燥除去革内的一部分水分，以达到品种的质量要求，它不是简单地除去水分，而是使鞣剂与皮质进一步结合，使皮革定性、定形。

轻革干燥的方法有挂晾干燥、推板干燥、钉板干燥、绷板干燥、贴板干燥以及真空干燥等。重革一般采用在干燥室内挂晾干燥，同时要注意调节室温、空气的相对湿度、对流等来控制干燥速度和鞣革质量。成品革的含水量一般在14%～18%。

(4) 整饰

整饰不仅能增强革面的美观，丰富成革的花色品种，而且可以通过加工来掩饰皮革的伤痕和缺陷，改善皮革的外观和耐用性等，进一步提高皮革的等级和出裁率。进行整饰的皮革有粒面革、修面革、二层革等，整饰包括涂饰、防水处理、打光、磨面、烫平、压花、搓纹等工序。加工后的皮革产品通常可分为压花革、搓纹革、移膜革、苯胺革、漆革、印花革、纳巴革、打光革、特殊效应革等。

1.4.2 毛皮制造基本知识

由于在鞋类产品中会用到毛皮材料，故在此对毛皮制造的基本知识进行简要介绍。

与皮革制造过程一样，毛皮制造过程也分为三个工段：鞣前准备、鞣制和后整理加工。

1.4.2.1 鞣前准备工段

鞣前准备包括组织生产批、前处理、浸水、去肉、脱脂、软化、浸酸等工序，个别产品还包括拔针毛或剪毛等。

1.4.2.2 鞣制

从鞣制方法来说，可以将毛皮鞣制分为无机鞣剂鞣（包括铬鞣、铝鞣以及它们的结合鞣等）、醛鞣（包括甲醛鞣、戊二醛鞣、改性戊二醛鞣等）和油鞣等几大类鞣法。合成鞣剂、植物鞣剂在毛皮鞣制中的应用也在发展之中。鞣制后，毛皮应软、轻、薄，耐热、抗水、无油腻感，毛被松散、光亮，无异味。

(1) 无机鞣

① 铬鞣：铬鞣毛皮最大的特点是皮板手感丰满、柔软、有弹性，耐湿热稳定性高，防腐性能好，卫生性好，强度高，耐贮存，耐水洗，不容易脱鞣等，此外铬鞣毛皮还具有良好的染色、磨皮、涂饰性能、耐酸碱性能。在所有鞣制方法中，铬鞣毛皮的收缩温度最高（可以在100℃以上）。但是铬鞣毛皮不耐氧化剂作用，皮板相对于铝鞣、醛鞣稍有偏重。铬鞣工艺成熟，操作简单，加工成本适中，应用广泛。

② 铝鞣：铝鞣是古老的鞣法之一，在铬鞣法发明以前，毛皮生产一般都采用铝盐鞣制。铝鞣皮的特点为纯白色、柔软且延伸性优良，故铝盐为毛皮鞣制的优良鞣料之一。但由于铝鞣皮板不耐水，遇水或在水中洗涤时，就会将鞣剂除去，造成皮板干后变硬。所以尽管铝鞣毛皮具有上述优点，且铝盐储量又丰富，但至今仍未获得广泛利用。

(2) 有机鞣

① 甲醛鞣：甲醛是分子最小、结构最简单的鞣剂。毛皮生产中主要应用浓度为36%～40%的甲醛水溶液，商品名称为福尔马林，是无色液体，具有强烈的刺激气味。用甲醛鞣制的毛皮颜色纯白，重量轻，而且耐汗、耐碱、耐氧化作用，收缩温度也比较高（可达90℃）。

因为甲醛有防腐作用和耐氧化剂的性能，所以当处理被细菌侵蚀的皮和需要用过氧化氢漂白毛被时，使用甲醛鞣制比较合适。

② 戊二醛和改性戊二醛鞣：戊二醛鞣制的毛皮皮板收缩温度高（85℃以上），丰满柔软，并且可以长期保持其柔软性。戊二醛鞣毛皮具有良好的耐皂洗、耐汗、耐化学溶剂、耐酸碱和耐氧化剂性能，是其他鞣剂所不及的，其透水汽性也优于铬鞣毛皮，所以可用戊二醛鞣制医用毛皮。戊二醛鞣剂的另一个优点是容易与其他鞣剂配合使用。戊二醛鞣制的缺点是成本高，鞣制的毛皮颜色发黄，鞣剂用量大时皮板强度下降。所以更多的是使用改性戊二醛。

改性戊二醛具备戊二醛的基本特点，其鞣性类似于戊二醛，鞣制的皮板丰满、柔软，具有优异的耐洗、耐汗、耐化学溶剂、耐酸碱和耐氧化剂性能。此外，改性戊二醛鞣制还有以下特点：成本低，刺激性小，水溶性好，性质稳定，不聚合变色和变浑，不易氧化，耐贮存性能好，鞣制的毛皮颜色洁白，皮板细腻，鞣制反应温和，不易产生粗面。

③ 油脂鞣：油鞣毛皮的特点是皮板孔隙度大，密度小，柔软度高，丰满性和各向延伸性好，具有非常良好的卫生性能和耐水洗、耐皂洗性能，所以非常适合鞣制珍贵毛皮。但是油鞣消耗的化工材料成本高，要求有专用设备，生产周期长，工艺比较烦琐，皮板收缩温度低（70℃左右），力学强度不高。此法费工费时，所以应用不普遍，一些细皮如水貂皮、狐狸皮、黄狼皮、各类鼠皮等沿用油鞣。

1.4.2.3 后整理加工工段

后整理加工包括湿整理和干整理两大部分，其中湿整理加工主要包括复鞣、染色、漂白、退色、拔色、加油等，干整理主要包括干燥、做软（铲软、拉软、摔软等）、磨皮、剪毛、直毛、烫毛、涂饰等。毛皮的品种不同，后整理工艺差异很大。

（1）复鞣

复鞣即用铬、铝、醛等鞣剂对毛皮再进行鞣制。其作用如下：

① 补充初鞣的不足。在现代经营模式中，染整与皮坯制作可能不在同一个企业进行，作为染整企业收购的皮坯不一定完全符合后续加工的要求，通过复鞣，使皮坯达到所需要的统一质量标准，以避免染整中出现质量事故，提高产品质量，例如初鞣采用非铬鞣法（油、铝、醛、合成鞣剂鞣制等），皮板收缩温度比较低，染整中需要在比较高的温度下酸性染色或要烫毛或需要汽蒸拔色，则必须先进行铬复鞣，提高皮板的收缩温度。

② 提高皮坯耐化学作用的稳定性。包括耐酸、耐碱、耐氧化剂、耐还原剂、耐水洗、耐皂洗、耐汗性等。

③ 有利于后续整理操作。如后工序需要磨皮、染板、涂饰等加工，就需要复鞣甚至填充，减少部位差，改善皮板性能，满足后续操作要求。对于毛革一体产品，复鞣操作尤其重要。

（2）漂白与退色

漂白是将白色毛被中的轻微色素消退以提高毛被白度的过程。退色是将天然深色毛被通过化学作用变成浅色或白色毛被的过程。大量的杂色毛皮如貉子皮、兔皮等，由于毛色不美观而影响其价值。对这类皮可通过漂白退色除去杂色，使之变成非常浅淡的颜色或白色，退色后的毛皮可染成所需要的颜色或仿制珍贵毛皮。一些珍贵皮张如水貂皮通过退色得到更多的花色，也可以进行染色提升其经济价值。另外，退色或漂白可以满足人们的审美要求。

漂白和退色方法有还原法和氧化法。

（3）染色

① 染色的目的：

a. 改善低级毛皮的颜色，仿制高级的珍贵毛皮。如白兔皮可仿制银鼠皮、家兔皮可仿制海豹或貂皮等。

b. 改善和修整珍贵的毛皮（如黑貂、水貂、狐皮等）的天然颜色。消除天然毛皮的某些缺陷（如色斑、污点等）。

② 染色的总体要求：

毛皮染色既包含毛被染色，也包含皮板染色。

a. 颜色鲜艳、均匀、饱满、纯正、清晰、美观。

b. 无混浊感。

c. 毛坚牢，毛被松散、光亮，皮板强度高，无油腻感。

d. 具有好的耐光、耐晒、耐水洗、耐汗渍、耐干湿性能。

e. 不同光照条件下色调都符合样品要求。

f. 禁止使用含24种致癌芳香胺的染料。

另外，各种染色产品还有特殊要求。例如，羊剪绒的染色要经得起甲醛、甲酸及高温处理而不掉色；毛革两用皮要染透，并且耐水洗坚牢度好；印花图案清晰，各种色不互相干扰等。

（4）加脂

所用的加脂剂有天然油及其改性产品、合成加脂剂等。毛皮加脂不能污染毛被，不能影响皮板的轻、薄、软等特点。一般采用乳液加脂方法。

（5）干燥

干燥方法很多，有自然晾干、钉板干燥、绷板干燥等。

除以上工序外，个别产品还有其他加工工序。例如，羊剪绒皮还有剪绒操作，在染色前或染色后，对毛被进行化学处理（涂刷甲酸、酒精、甲醛和水等）和机械加工（拉伸、剪毛、熨烫），使弯曲的毛被伸直、固定并剪平。剪绒后要求毛被平齐、松散、有光泽，皮板柔软，不裂面；对于毛革两用皮（包括绒面毛革和光面毛革），要对毛被和皮板两面均进行加工，要求毛被松散、有光泽，皮板软、轻、薄，颜色均匀，涂层滑爽、热不黏、冷不脆、耐老化、耐有机溶剂。

1.5 天然皮革的分类和命名

1.5.1 天然皮革的分类

天然皮革因其独特的性能，应用于生活、生产、国防等多个领域。依据不同的方法，可以对天然皮革进行分类。

（1）按照动物种类分类

按照原料皮的动物种类，可将皮革分为猪皮革、牛皮革、羊皮革、马皮革、驴皮革和袋鼠皮革等，另有少量的鱼皮革、爬行类动物皮革、两栖类动物皮革、鸵鸟皮革等。

(2) 按鞣制方法分类

按照鞣制方法，皮革可以分为铬鞣革、植鞣革、油鞣革、醛鞣革、结合鞣革、无铬鞣革等。

(3) 按照皮革的轻重大小分类

按照成革的轻重大小，可将皮革分为轻革和重革。一般用于鞋面、服装、手套等的革，称为轻革，按面积计量；用较厚的动物皮经植物鞣制或结合鞣制，用于皮鞋内、外底及工业配件等的革称为重革，按质量计量。

(4) 按照用途分类

按照用途可将皮革分为生活用革、国防用革、工农业用革、文化体育用品革等。

(5) 按照层次分类

按照层次，皮革可分为头层革、二层革和三层革等，其中头层革有全粒面革和修面革；二层革又有猪二层革和牛二层革；三层革主要有猪三层革等。

(6) 按照皮革制品分类

按照皮革制品可将皮革分为鞋底革、鞋面革、服装革、箱包革、手套革、擦拭革、篮球革等。

(7) 按照皮革表面状态分类

按照皮革表面状态，可将皮革分为：

① 全粒面革：是指动物皮原有粒面的自然花纹保持完整、天然毛孔清晰可见的皮革。全粒面革伤残较少，特点是完整保留天然粒面，涂层薄，能充分展现原料皮的自然花纹美，耐磨，有良好的透气性，在诸多皮革品种中全粒面革位居榜首。

② 轻修面革：是指将坯革的粒面轻轻地磨去一部分，但仍在整张革面上保留未磨掉的部分粒面，因而，粒面上仍可见到天然毛孔和纹理的皮革。轻修面革是由等级较差的原料皮经机械加工修磨成只有一半的粒面。这种皮革保留了天然皮革的部分风格，因其工艺的特殊性使得其表面无伤残且利用率较高，属中档皮革，其制成品稳定性较好，不易变形。

③ 修饰面革：简称修面革，是指将粒面较差的头层皮坯表面进行抛光处理，磨去表面的疤痕和血筋痕，使其光滑平坦，如图 1-11 所示，用各种流行色涂饰剂喷涂后，压成粒面或光面效果的皮革。这种皮革涂层厚，防水性好，表面污垢易于除去。但由于其耐曲挠性差，用其做成的鞋应经常上油以保持皮革外涂层的柔韧性。修面皮革宜选用乳液型鞋油。

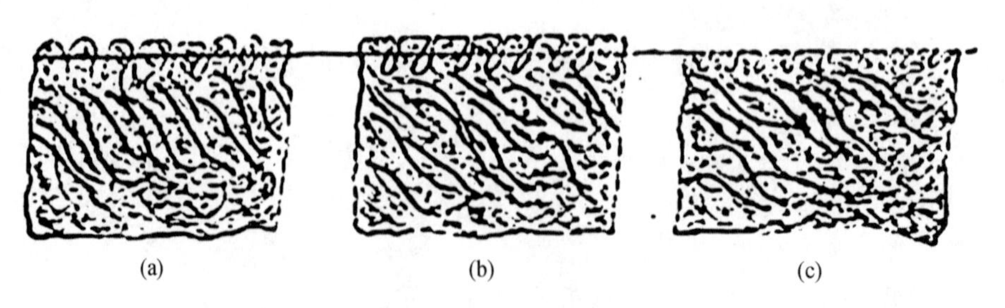

图 1-11 皮革磨面示意图

(a) 磨面前 (b) 轻度磨面 (c) 深度磨面

④ 二层革：是将厚皮用剖层机进行剖层而得。由于没有粒面，需经重涂饰、贴膜和压花处理等系列工序仿制出各种粒面花纹（如黄牛纹、鳄鱼纹、蛇皮纹等）。它的自然美及卫生性能均不及头层革，其牢度耐磨性较差，相对于头层革比较廉价。

⑤ 正绒面革：是指在粒面磨出天鹅绒般细绒的皮革，绒毛细致并隐约可见毛孔。

⑥ 反绒面革：是指在肉面磨绒的皮革。这种皮革质地柔软，穿着舒适，卫生性能好，但不易保养。一般正绒革属中高档面料，反绒和二层绒面革属低档皮鞋面料。

⑦ 反毛面革：是指肉面向外使用且不磨绒的皮革。

⑧ 磨砂革：将皮革表面进行抛光处理，并将粒面疤痕或粗糙的纤维磨蚀，露出整齐均匀的皮革纤维组织后再染成各种流行颜色而成的头层或二层革。

⑨ 带毛革：是指有意保留毛而鞣制成的皮革，革面带有经过整饰的短毛。

⑩ 毛革两用革：又称毛革一体，是指毛面按毛皮整饰、肉面涂饰或起绒的皮革。一面是毛，一面是革，可以两面穿用。

（8）按照整饰方法分类

按照整饰方法，可将皮革分为：

① 压花革：是指用机器在革面上压成凹凸的图纹或其他动物粒面花纹的皮革。

② 搓纹革：又叫搓花革，是指用手工搓皮板或机器在皮革粒面上搓出不同花纹的皮革。

③ 皱纹革：是指用化学药剂使革起皱的皮革。

④ 摔纹革：是指在转鼓内干摔出皱纹的皮革。

⑤ 摩洛哥革：是指一种植鞣的并在革面上搓出特殊碎石纹的精致山羊皮革。

⑥ 移膜革：又称贴膜革，是将预制成的涂饰膜黏附于革面的皮革。

⑦ 颜料涂饰革：又叫颜料革，主要是指用不透明颜料的混合物涂饰的皮革。

⑧ 苯胺革：是指不用颜料只用苯胺效应的染料涂饰的皮革。

⑨ 半苯胺革：是指以苯胺染料为主，掺加少量颜料，修饰后仍具有一定苯胺效应的皮革。

⑩ 消光革：是指用消光剂涂饰革面产生消光效果的皮革。

⑪ 压花磨面革：是指坯革经压花后再磨去一部分凸起的花纹，使革面呈现出不同的颜色及花纹的皮革，例如石磨蓝革。

⑫ 漆革：又称镜面革，是指以亚麻籽油、硝化纤维、聚氨酯或其他合成树脂为基料，由一层或多层漆料涂饰或移膜而制成的一种革面如镜的皮革。漆革的衍生品种主要有皱纹漆革、印花漆革等。

⑬ 金属色革：是指在革面粘贴金属箔片或在涂饰剂中掺加金属粉末使革面呈现金属光泽的皮革，例如金色革、银色革等。

⑭ 双色效应革：是指经整饰加工使革面呈现双色效应的皮革。

⑮ 多色调革：是指经整饰加工使革面呈现多种色调效应的皮革。

⑯ 珠光革：是指用珠光材料涂饰使革面呈现多种色调效应的皮革。

⑰ 荧光革：是指用荧光材料涂饰使革面呈现珍珠光泽的皮革。

⑱ 变色革：又称为变色效应革，是指坯革经特制的变色油处理后，当皮革受力弯折或拉伸时革面颜色变浅，而恢复平展时革面颜色复原的皮革。

⑲ 擦色革：又叫擦色效应革，是指经过专门涂饰材料和方法处理的皮革，制成鞋面或皮件后，经过擦拭使革面颜色呈现出底色的效应革。

⑳ 印花或烙花革：是用手工或机器在坯革的粒面或肉面印刷或烫烙出各种花纹或图案的头层或二层皮革。

㉑ 美术染花革：是指采用拔染、扎染或蜡染等方法赋予坯革粒面以独特花纹的皮革。

㉒ 美术革：是指利用皮革本身美观独特的粒面或通过特殊加工整饰出具有美学或艺术欣赏价值的皮革。这类皮革一般用于制作高档女包以及精致手袋等。

㉓ 照相革：又称感光革，是指在革面呈现照相图像的皮革。

㉔ 仿旧革：是指采用特殊的涂饰方法使革面呈现陈旧感觉效果的皮革。

㉕ 仿古革：是指通过采用特殊的整饰工艺赋予革面以很不规则的纹理图案并使革面凹凸部分形成对比色以构造出双色效应的皮革。这种皮革的纹理图案一般是通过压花、搓纹等工艺方法模拟古彩效应而得到的。

㉖ 纳巴革：以往是指用铬鞣或结合鞣法鞣制并以转鼓染色的绵羊皮或小山羊皮手套革，现在泛指由动物皮制成的全粒面软面革、服装革。

㉗ 打光革：是指经打光机打光而使粒面呈现高度光亮和平滑的皮革。打光革的特点是光泽强，表面呈平滑微妙的底层。由于打光革本身不含颜料，可以呈现真皮的表面粒纹，真皮感强。

㉘ 激光革（皮）：也叫镭射革（皮），是运用激光技术在皮革表面蚀刻各种花纹图案的最新皮革品种。

（9）按照革的颜色分类

按照革的颜色，皮革可以分为黑色革、棕色革、紫色革、白色革等。

1.5.2 天然皮革的命名

天然皮革的命名原则：

① 说明鞣法：铬鞣、植鞣、醛鞣、结合鞣等。

② 说明原料皮的产地及路分：汉口路、济宁路、华北路、华中路等。

③ 说明动物的名称：猪、黄牛、山羊等。

④ 说明皮革的颜色：黑、白、棕等。

⑤ 说明皮革的表面状态：正面、修饰面、绒面、二层等。

⑥ 说明整饰方法和革面色彩效应：苯胺、印花、搓纹等。

⑦ 说明革的厚薄、软硬等风格：如薄型、软型。

⑧ 说明革的用途：如鞋面、服装、箱包等。

⑨ 最后加“革”字。

例如：铬鞣汉口路山羊棕色苯胺服装革；铬鞣黄牛二层压花箱包革；铬鞣黄牛棕色正面压花鞋面革；铬鞣黄牛黑色二层压花箱包革；铬鞣黄牛白色正绒鞋面革。

1.6 成品革的部位划分及纤维走向

1.6.1 成品革的部位划分

成品革的部位可按照原料皮的结构部位划分，鞋面革和鞋底革又可根据使用特点按照不同部位的质量差异划分。

1.6.1.1　按原料皮结构部位划分

原料皮完整的结构可分为以下几个部位：臀部、背部、肩部、颈部、头部、尾部、四肢、腹部和肷部，如图1-12所示。

1.6.1.2　按成品革结构部位划分

生皮在准备工段时，根据情况已去掉了对制革意义不大的组织。大张的牛皮保留得较完整，羊皮、猪皮去掉较多，所以成品革结构部位划分时与原料皮略有区别。

黄牛革、水牛革结构部位划分如图1-13所示，羊革结构部位划分如图1-14所示，猪革结构部位划分如图1-15所示。

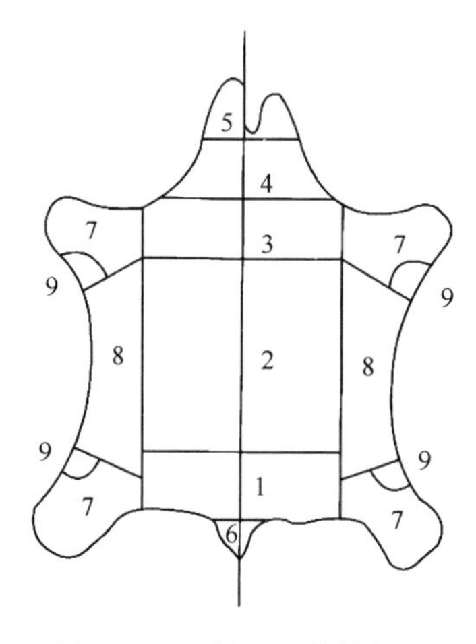

图1-12　原料皮的结构部位

1—臀部　2—背部　3—肩部　4—颈部　5—头部　6—尾部　7—四肢　8—腹部　9—肷部

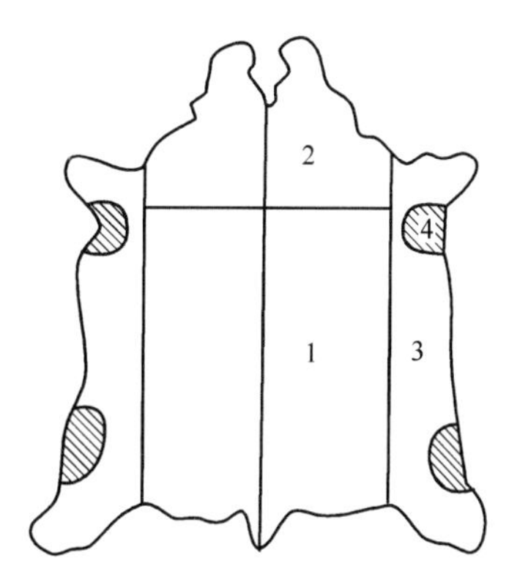

图1-13　黄牛革、水牛革结构部位划分

1—臀背部　2—肩部　3—腹部　4—肷部

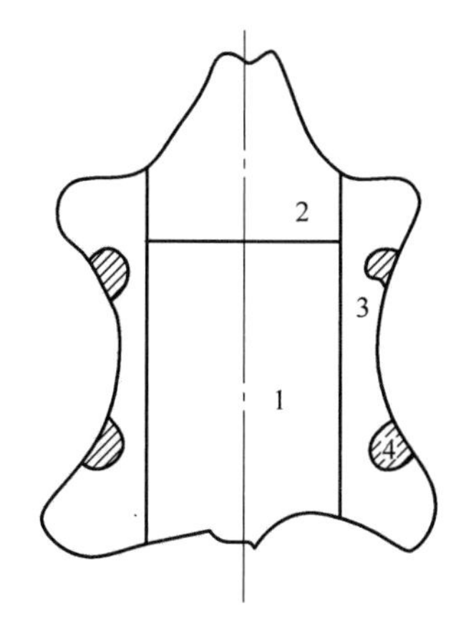

图1-14　羊革结构部位划分

1—臀背部　2—肩部　3—腹部　4—肷部

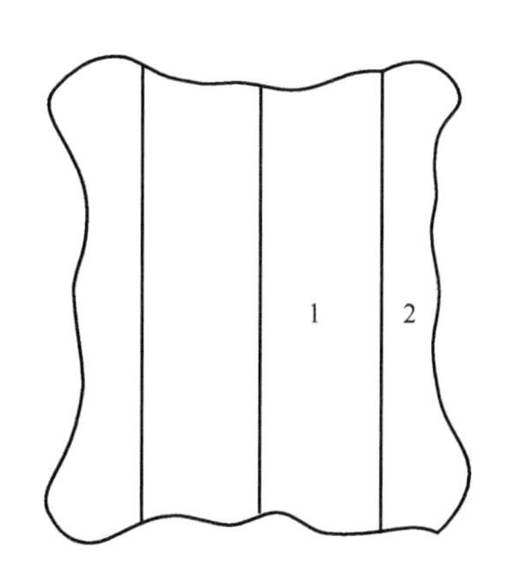

图1-15　猪革结构部位划分

1—肩背部　2—腹部

1.6.1.3　按鞋用革质量部位划分

裁断鞋面革和鞋底革时，需要考虑帮底部件在鞋中所处的位置和受力不同而有不同的质量要求。皮革本身由于部位不同而造成了质量上的差异。因此，按皮革质量部位划分，对划料裁断就显得既实用又方便。

(1) 按鞋面革的质量划分

鞋面革按纤维的抗张强度和延伸性的不同大致分为四类。Ⅰ类部位最好，Ⅳ类部位最差，如图 1-16 所示。

Ⅰ类部位：此部位是纤维编织最紧密、抗张强度最大的部位，延伸性最小。

Ⅱ类部位：此部位的抗张强度次于Ⅰ类部位。

Ⅲ类部位：此部位抗张强度次于Ⅱ类部位。

Ⅳ类部位：此部位纤维编织最疏松，抗张强度最低，延伸性最大。

(2) 按鞋底革的质量部位划分

鞋底革的质量部位大致分成三类，Ⅰ类质量最好，Ⅲ类质量最差，如图 1-17 所示。

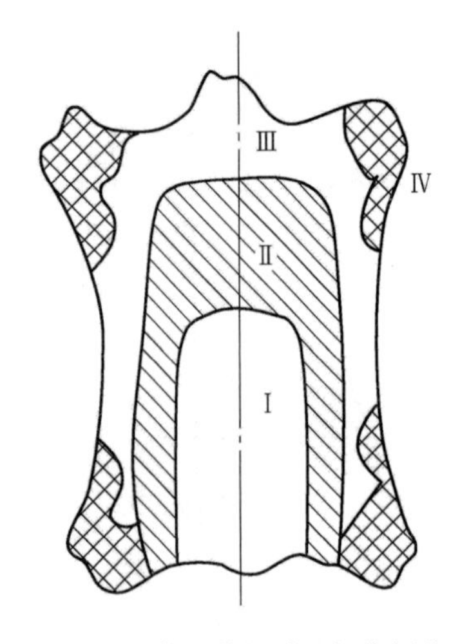

图 1-16　鞋面革的质量部位划分

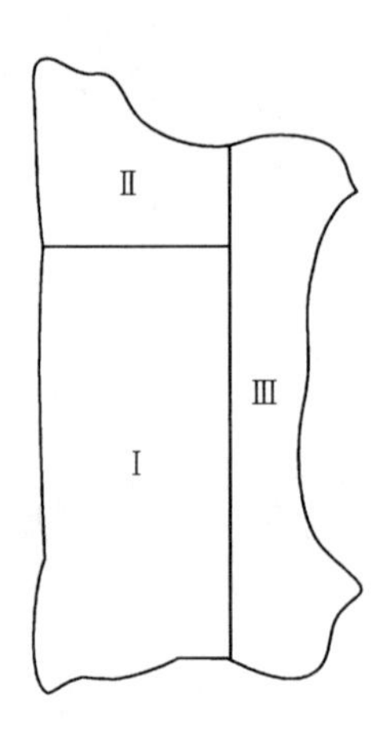

图 1-17　鞋底革的质量部位划分

Ⅰ类部位：属于革的臀背部，纤维粗大，编织紧密，革身坚韧、平整富有弹性，是全张革中最好的部位。

Ⅱ类部位：属于革的肩颈部，皮质次于臀部，纤维较Ⅰ类疏松，但具有一定的强度和弹性，表面皱纹大。

Ⅲ类部位：属于革的腹肷部，纤维较细，编织疏松，革身松软、缺乏弹性、延伸性较大。

1.6.2　成品革的纤维走向

皮革中的胶原纤维是互相交织穿插在一起的。从整体上看，胶原纤维束在某一方向上的编织起主导作用，则这个方向上的抗张强度较大，延伸性比较小，定为主纤维束方向。在与主纤维束方向垂直的方向上，抗张强度较小，延伸性较大。成品革与原皮的主纤维方向是一致的。皮革的臀背部和腹部（腹部边沿除外）的主纤维方向与背脊线相同，其余部位与背脊线大约成 45°角，如图 1-18 所示。

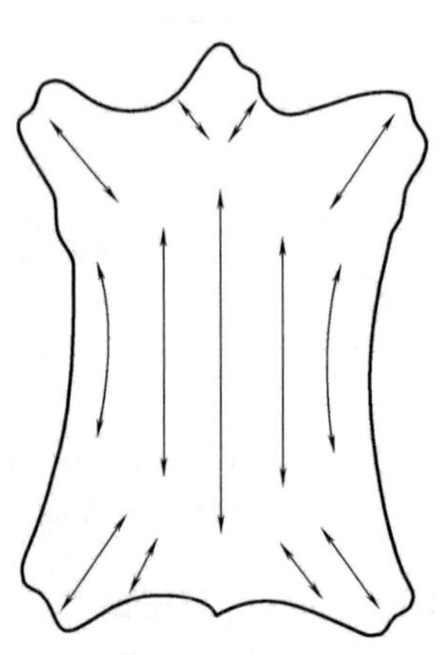

图 1-18　皮革主纤维束方向

1.7 皮革的质量及检验

1.7.1 皮革的缺陷及外观检验

由于原料皮本身的不均一性、制革工艺的复杂性和生产周期长等原因，成革不可避免地存在这样或那样的缺陷。归纳起来，成革缺陷主要分为以下三类。

1.7.1.1 由原料皮伤残造成的缺陷

原料皮的来源较广，种类繁多，并受气候、地域、饲养条件等影响，因而造成各种原料皮伤残，且成革后仍不同程度地留在革上，形成革的缺陷。这些伤残有的是寄生虫在动物皮上侵蚀的结果，有的是动物在生活期遭受机械损伤及咬伤的结果，还有的是由于屠宰、剥皮和原皮保管过程中造成的。它们或多或少地影响着成革的质量，尤其影响成革的剪裁取用。原料皮带来的、在制革过程中无法消除的缺陷主要有：

① 虻眼：牛在饲养期中，牛虻的幼虫穿透皮层所形成的小孔。虻眼多集中在臀背部。有愈合的和未愈合的两种。愈合的是牛虻幼虫钻出后又逐渐长愈，在革的表面上仍留有不平的小坑痕迹，称之为虻底或虻点；未愈合的在皮层上形成孔眼称为虻眼，西北牛皮和山区南牛多见此缺陷，野生的麂子皮也多受其害。这种缺陷对成革质量影响较大。

② 虱疔：虱疔是一种寄生虫寄生在牲畜体表面并咬伤粒面所造成的伤残。虱疔分平疔和凹疔。平疔在革的粒面上显光滑状，凹疔在粒面上有下陷现象或呈针刺的小孔，但其肉面组织尚无差异。

③ 癣癞：由于牲畜生癣使皮脱毛并生脓壳，在成革上呈现小眼或结疤，使革的粒面粗糙，在革的两面均显不平的形状。

④ 伤疤：伤疤是由于牲畜的各种皮肤病愈合后所产生的结疤。

⑤ 鞭花：鞭花是用鞭子打伤的痕迹，呈条纹状，但不破裂。成革粒面上条纹较亮，它对革质影响不大。

⑥ 剥洞：剥皮时刀穿透皮层粒面产生大小不同形状的孔洞。

⑦ 描刀伤：剥皮时，刀深入皮层，在肉面上形成未切透的刀口。这种伤残在反面革上容易识别，正面革在使用前需做好标记，以避免造成废品。

⑧ 折裂：是指干皮在含水量较低情况下或冷冻皮在运输时受到强压而在成革粒面上形成不同深度和长度的裂痕。一般的裂痕多是将革的粒面层纤维折断，因而，该处的强度显著降低。

⑨ 菌伤：菌伤是原料皮在保管或在制革过程中，粒面层受微生物侵蚀所造成的粒面伤残。

1.7.1.2 制革过程中造成的缺陷

制革过程中因机械操作、化学处理不当所造成的成革缺陷主要有：

① 松面和管皱：松面和管皱是革的粒面层纤维松弛或粒面层与网状层的连接力被削弱，甚至出现两层轻微分离的现象，是粒面层和网状层连接处纤维编织遭受轻度损伤的结果。

判定方法：

a. 将革面向内弯折 90°，粒面呈现皱纹，放平后仍不消失；或皱纹虽消失，但仍留有明显的痕迹的现象称为松面。粒面层与网状层分离的情况严重的称管皱，表现为革的粒面上有粗大的皱纹。

b. 将革折叠搓纹，在 1cm 距离内有 6 个皱纹以上者不算松面，有 6 个或 6 个以下皱纹者即算松面。

不同的革，检验方法有所不同。

皮辊革、皮圈革、篮球革、排球革、足球革：将革面向内弯折 90°时，出现粗纹者。如在弯折时出现的皱纹较大，当放平后不能消失者，即为管皱。如在弯折时出现的皱纹不大，当放平后仍能消失者，不作为管皱。

植鞣外底革：革面向内围绕直径为 5cm 的圆柱体弯曲 180°，放平后革面出现皱纹而不消失者即为管皱。

植鞣轮带革：革面向内围绕直径为 3cm 的圆柱体弯曲 180°，放平后革面出现皱纹而不消失者即为管皱。

② 龟纹（粒面粗皱）：成革不松面，但在粒面上出现条形或圆形的粒纹。

③ 裂面：成革经弯折或折叠强压，粒面层出现裂纹的现象。

对不同的革，检验裂面的方法也有所区别。例如，对于正面革、皮圈革及篮球革、排球革，将革面向外四重折叠后用拇指与食指在折叠处强压，发生裂痕者为裂面。注意拇指与食指强压点至革四重折叠后的尖端距离：小于 14mm 厚的革为 1cm；1.4～1.8mm 厚的革为 15cm；大于 18mm 的为 2cm。

④ 烂面：革的粒面层（受细菌作用）部分或大部分烂掉的现象。

⑤ 反栲：植鞣革中的非结合鞣质及结合不牢的鞣质，在干燥过程中随水分的挥发而被带到粒面上来，与空气接触而氧化变黑的现象。反栲不仅影响革的颜色，严重的还会造成裂面。

⑥ 油霜：在革面上形成的白色粉状油脂渗透物。

⑦ 盐霜：在革面干燥或放置过程中，有时会在粒面上出现一层白灰色的霜状物。

区别油霜和盐霜的方法是用熨斗熨烫。盐霜不被吸收，而油霜被吸收，革上的盐霜擦去后还会再出现。

⑧ 色花：革面或绒毛颜色深浅不一致，有显著差别的现象（但苯胺效应除外）。

⑨ 僵硬：胶原纤维没有分离，造成革身扁平板硬。

⑩ 裂浆：一只手将革按牢，另一只手拉伸革面，用食指将革里向上顶，来回移动一次，若涂层裂开即为裂浆。或将革面向外四重折叠，用力紧压后涂饰层发生裂缝的现象。

⑪ 掉浆：因黏着不良或涂层脆裂所致的涂层脱落。修饰面革涂层以专用胶布黏着后，能随拉下胶布脱落者为掉浆。

⑫ 散光：将革面拉伸涂层引起颜色改变或用同色的皮鞋油擦革后，颜色呈现异样的现象。

⑬ 不起绒：绒面革没有毛绒的现象。

⑭ 绒粗：绒面革绒毛粗长的现象。

⑮ 麻粒：猪面革毛孔三角区纤维分散不好，手摸有粗糙感者。

⑯ 露底（露鬃眼）：绒面革底绒不紧密，目测可以看到底层显光亮的现象或猪绒革有

明显毛孔凹陷的现象。

此外，还有许多制造伤残，如去肉伤、片皮伤、削匀伤、拉软伤、磨伤等缺陷，这里不一一赘述。

1.7.1.3 成革在贮存、运输中操作不当造成的缺陷

主要有霉斑、虫蛀、沾污、淋雨、压褶、起皱、水分过大或过小、涂层老化等。

1.7.2 皮革的物理力学性能及其检验

皮革的物理力学性能与皮革的质量有着密切的关系，有些性质（如抵抗各种机械力的强度、透气性、透水汽性、耐磨性等）可以直接表征出革的使用性能。皮革的物理力学性能可以通过物理检验来确定。

1.7.2.1 厚度

不同鞋产品要求的皮革厚度不同，用不同标准压重的厚度计所测结果也不同。

1.7.2.2 皮革柔软性

柔软性是皮革的重要手感性能。长期以来国内对柔软性的鉴定一直沿用的是传统的感官检验，即“眼看手摸”，这种感官检验带有很大的主观性。高铁检测仪器（东莞）有限公司生产的柔软度测定仪可以使柔软性测定量化，从而使这一重要指标的测定更具科学性、统一性和可比性。

1.7.2.3 伸长率

伸长率影响制鞋的加工、穿用过程中的强度和变形性等。

当皮革受到拉伸力的作用时，皮革纤维束在作用力的方向上就会发生变形，皮革的长度会增加。与此同时，皮革纤维束也会因变形而产生使纤维束恢复其原来的位置和形状的应力。因而，当拉伸力消失后，皮革纤维的延伸部分在很大程度上恢复了原状，皮革的这种变形称为弹性形变。还有一部分纤维当受外力拉伸时，因纤维方向与作用力的方向不同，改变了原来的位置，并且超过了它的弹性极限，在拉伸力消除后，不能恢复到原来的位置，这一部分不可逆变形就称为永久形变。

当人们利用皮革制造革制品以及在使用革制品的时候，往往要求皮革或革制品存在一定程度的永久形变，否则，就会因皮革制品的定型性差而导致皮革及其制品无固定形状，降低皮革制品的使用价值。此外，倘若皮革制品没有弹性形变，则即使在外力消失之后也不可能恢复其原有形状，因此这两种变形都是必须的。

皮革的伸长率有以下4种表示方法：

① 单位负荷伸长率：为了对不同厚度的革样进行比较，以每单位横截面积上受到1N的负荷即1MPa时的伸长率表示。轻工行业标准中规定的伸长率指标即为此种。

② 粒面层伸长率：革的粒面层与网状层的组织结构不同，在拉力作用下网状层尚未断裂时粒面层即先断裂，当粒面层出现第一个裂纹时的伸长率称为粒面伸长率。

③ 断裂伸长率：试样在拉断时的伸长率。

④ 永久伸长率：将测定单位负荷伸长率后的试样放置30min后，测定其伸长长度，与原试样长度之比，即为永久伸长率。

1.7.2.4 抗张强度

抗张强度是表征革的坚牢程度的重要指标之一，是指革样在拉力机上拉断时，单位横

截面所能承受的最大负荷，可按下式计算：

$$\sigma=F/A$$

式中：σ——抗张强度，MPa；

F——革样断裂时的负荷，N；

A——革样横截面的面积，mm^2

1.7.2.5　撕裂强度

撕裂强度分为缝合撕裂强度和切口撕裂强度。前者是指革的接缝强度，可以了解鞋的接缝处在使用时的牢固程度；后者是革在已有裂口的情况下受到张力作用而使裂口再撕开时的强度。两者都是轻革的重要力学性质。

1.7.2.6　崩裂强度

在测定抗张强度时，试样只受着单方向的拉力，如欲知试样在各方向受力的情况，则需测定其崩裂强度。测定时使固定于试验机上的试样受到以一定速度均匀上升的顶心的顶力作用，当试样的粒面呈现裂纹时单位面积上承受的负荷就是革样的崩裂强度。

1.7.2.7　抗弯曲强度

皮革制品在使用过程中会不断地受到弯曲作用，当把试样粒面向外弯曲时，则粒面层受到拉伸作用而肉面层受到压缩作用；反之则粒面层受到压缩作用而肉面层受到拉伸作用。在制革行业，通常采用测定耐折牢度的方法来表征革的抗弯曲强度。

1.7.2.8　压缩性

皮革受到外部压力时，厚度减小，面积增加不多，革的紧密性增加，即皮革在压力下面积的稳定性很好。测定方法是将试样放在钢板之间压缩，测定样品厚度平均值的变化。在166.67MPa的压力下皮革的结构会被破坏，因此，在生产中滚压或打光的压力应在9.8～14.7MPa。

1.7.2.9　透气性

透气性是在一定压力下和一定时间内，以试样单位面积上所透过空气的体积（mL）来表示。各种皮革的透气性差别很大，主要是皮革纤维组织的编织及松散情况不同。皮革的透气性可以采用HC.费多罗夫仪器进行测定。

在制造过程中能使组织纤维松散的因素，如碱、酸、酶处理以及拉软、搓纹等工序都能提高革的透气性；使纤维构造紧密的过程如填充、滚压、打光、熨平等都能使革的透气性有不同程度的降低；加油也能使透气性有所降低；涂饰剂的薄膜性质对革的透气性有特别重要的影响。铬鞣革的透气性大于植物鞣革。铬鞣革的透气性一般为2000～5000mL/(cm^2·h)，而植鞣革的透气性则为80～120mL/(cm^2·h)。

1.7.2.10　透水汽性

透水汽性定义为试样在单位面积、单位时间内所透过的水蒸气量，其结果以mg/（10cm^2·24h)或mg/(cm^2·h）计。它是指让水汽由湿度较大的空气透过到湿度较小的空气中去的能力。人在穿鞋过程中易出汗，良好的透水汽性能使鞋中的水汽尽快排出，提高鞋腔内的干燥度，增强消费者的穿着舒适度，因而透水汽性是鞋用产品的一个重要指标。天然皮革的这种性能是现今一切合成材料所不及的。

目前，测定皮革透水汽性的静态法如下：根据要求取样，将试样紧密盖于盛有固体干燥剂的小杯上（或小杯内盛水，再把此用试样密封的小杯放在盛有干燥剂的干燥器内），利用试样两边空气的湿度差，使水汽透过试样，再根据小杯在一定时间内增加的或失去的质量，来确定透过试样的水汽量。采用这种方法，样品和干燥剂之间的静态空气会影响测定结果。

还可采用国家标准法即动态法测定，该法是将小杯固定在一转动的设备上，利用杯内转动着的干燥剂搅动杯内空气，试样外边的空气是在一定的温度、湿度下，以一定的速度流动着，这样测得的结果要准确些。

1.7.2.11 摩擦色牢度

此项指标对于鞋里革尤为重要。用旋转的毛垫摩擦有色轻革试样（毛垫不浸水为干擦，毛垫浸水为湿擦），并记录试样产生某种影响时毛垫的转速。轻革颜色的耐干擦和耐湿擦能力，以沾色到摩擦材料上的程度来衡量。

轻革除了耐干擦和耐湿擦色牢度外，考虑到人在穿着鞋子的过程中易出汗，汗液在摩擦过程中会引起有色鞋里材料掉色，对浅色袜子造成污染。故耐汗擦色牢度也是必要的检测项目。

皮革的物理力学性能除了以上性能外，根据需要，还会涉及吸水性、透水度、耐磨度、绝热性、耐陈化性、耐汗性、阻燃性、抗静电性、抗菌抑菌性和涂层耐擦性等。

1.7.3 皮革的主要化学性能及其检测

由于在皮革生产过程中使用了大量的化学材料，有毒、有害物质的含量检测是鞋用皮革化学性能检测的主要内容。如生产天然皮革的过程中用到鞣剂、复鞣剂、加脂剂、染料、涂饰剂等，这些合成材料本身来源于石油化工产品，在其制造过程中的添加剂种类更多，如引发剂、催化剂、增塑剂、匀染剂、防老化剂、抗黄变剂等各种特殊功能的化学材料。这些材料有很多含有对人体健康和环境保护有害的物质，产品经过一段时间的使用后，这些有害物质会从材料中析出，对人身健康、生态环境等产生长期性危害，因而相关技术法规、标准等对鞋类所含有毒有害物质的测试提出了要求。

1.7.3.1 苯酚类防腐剂

五氯苯酚是一种廉价而广泛应用的防菌剂，在生皮的贮存过程中可能会采用五氯苯酚，而五氯苯酚因其环境毒性而被列为持久性污染物。三氯苯酚也具有与五氯苯酚相似的毒性行为。对皮革材料，要求不得使用 PCP（五氯苯酚）和 TCP（四氯苯酚）及其盐类和酯类，酚类残留量一般按标准采用气相色谱法进行检测。

1.7.3.2 禁用偶氮染料

偶氮染料本身根本无毒，不对人体产生危害。禁用的是在染料中含有能还原为 24 类芳香胺的偶氮染料。实验室使用液相色谱、气相色谱、质谱等有机分析方法按国内外有关标准进行检测，样品经粉碎、提取等前处理后，在仪器上进行定性、定量测试。有几种芳香胺如 4-氨基偶氮苯、4-氨基联苯等的测试结果可能呈假阳性，应进行质谱等方法的确认。

1.7.3.3 游离甲醛

甲醛对人体的危害性日益引起重视。实验室一般采用分光光度计比色法测定萃取液的甲醛含量。

1.7.3.4 pH

皮革在生产过程中带来的过高或过低的 pH 会对皮肤产生不良的刺激并影响材料的使用寿命。有关鞋类生态标准对该项指标的测试做出了规定，适宜的 pH 为 4.5～9.0。

1.7.3.5 六价铬

皮革鞣制过程中采用的鞣剂主要为铬鞣剂，而铬鞣剂的主要成分为三价铬，由于三价铬和六价铬在一定条件下可能相互转化，导致皮革中可能存在六价铬（六价铬的毒性比三价铬大 100 倍），应按相关规定检测天然皮革中的六价铬含量。

1.7.3.6 可萃取的重金属（铅、镉）

铅有毒，尤其破坏儿童的神经系统，可导致血液病和脑病。长期接触铅及铅盐可以导致肾病和类似绞痛的腹痛。镉被 IARC 评价为可疑致癌物。在鞋用皮革的生产中，重金属主要来源于染料。对于与皮肤接触的鞋用皮革来说，需要检测可萃取的重金属（铅、镉）含量。

1.7.3.7 抗菌性能

鞋内环境是微生物大量生长繁殖的地方，对人的身体健康造成了不利影响。因此，对于鞋里用皮革来说，拥有抗菌性能可抑制鞋子内腔表面微生物繁殖，能改善穿着卫生条件，有助于提高人们的生活质量。抗菌性能测试菌种细菌采用金黄色葡萄球菌、真菌采用白色念珠菌进行检测。

1.8 鞋用天然皮革的选择和应用

因天然皮革具有独特的天然花纹和特有的性能，为人们所喜爱并被广泛使用。

1.8.1 鞋面革的主要性能

铬鞣鞋面革粒面平细、滑爽，手感柔软、丰满，有一定弹性，延伸性较服装革小，正常条件下定型性好。但对周围环境敏感，吸湿性强，遇潮后面积增大，成鞋易变形；干燥情况下则面积缩小，成鞋夹脚。

植鞣鞋面革粒面较为细致，手感偏硬，延伸性小，成型性好。与铬鞣鞋面革相比，其受气候变化的影响较小。

由于铬鞣鞋面革和植鞣鞋面革都有其不足，因此，鞋面革一般都采用铬鞣剂主鞣、多种复鞣剂复鞣的工艺生产。

对鞋面革的要求如下：

① 外表美观，粒纹清晰，颜色均匀一致，主要部位无松面，拉伸时不变色（特殊的变色革除外），绒面革绒头均匀。

② 有适当的伸长率和较小的永久变形性。

③ 有一定的耐水性、耐热性、耐紫外光老化、耐寒性和防霉性。

④ 有一定的透气性、透水汽性和吸湿性。

⑤ 有足够的力学强度、耐磨性和耐曲挠性，涂层黏着牢固。

⑥ 具有良好的成型性、黏合性和适当的柔软性、干爽性。

⑦ 具有抗静电性。

⑧ 不伤害皮肤，无异味。

1.8.2 鞋面革的选择与应用

用于鞋帮面的材料称为鞋面材料，用于鞋面的皮革一般称为鞋用面革，按表面性能分为正面革、修面革和绒面革等。

1.8.2.1 按材料来源对天然鞋面革进行选择和应用

常用天然鞋面革主要以牛皮、猪皮、羊皮为主，一般采用铬鞣法或以铬鞣为主的结合鞣法制成，其特征是表面细致，色泽鲜明，质地柔韧。对厚度有一定要求，一般厚度为0.6～2.2mm。如牛面革一般为1.2～1.4mm，较厚的可达1.4～1.8mm；山羊鞋面革的厚度一般为0.8～1.2mm。

（1）牛皮

制帮用牛皮主要有黄牛皮、水牛皮和牦牛皮三种。按其出生后生长时间又可分为小牛皮、中牛皮、母牛皮、阉牛皮、公牛皮等。犊牛皮是牛皮中细腻、光泽最优美的一种。

黄牛皮的毛孔小，粒面细致、美观；部位差小，厚薄较均一，利用率高；抗张强度高。水牛皮的毛孔稀疏、粗大，粒面粗糙；张幅大；纤维编织疏松，弹性差。牦牛皮的毛孔密，粒面比黄牛皮的稍粗；因油脂含量高，纤维编织较疏松；部位差较大，背部有虻眼等伤残。从多方面的综合质量来看，三种牛皮的质量优劣顺序从高至低为：黄牛皮＞牦牛皮＞水牛皮。

（2）羊皮

羊皮分绵羊皮和山羊皮两种。绵羊皮的粒面细致、光滑，皮薄，伸长率大，强度较低，一般用于皮衣的生产；山羊皮的粒面较细致、光滑，纤维束较粗壮，编织紧密，强度高，用于女鞋的生产。

（3）猪皮

一般多用人工饲养的猪皮，毛孔粗大，其特点是三根毛为一组，呈品字形排列，毛贯穿整个真皮层，透气性好，纤维束粗壮，编织紧密，强度高，耐磨，部位差大。

还有野猪皮，有名的是南美野猪，这种野猪皮具有较明显的猪皮毛孔及粒面特征，由于其特殊的胶原纤维组织结构，可加工成非常柔软的服装革或手套革，价值很高。

图1-19为猪、牛、羊三种天然皮革的粒面花纹示意图。

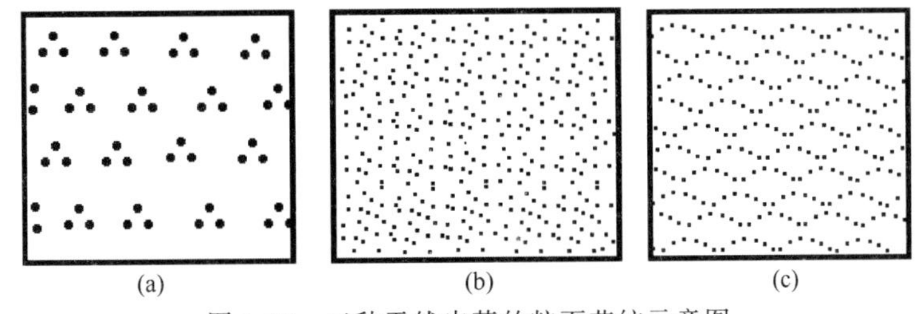

图1-19 三种天然皮革的粒面花纹示意图
（a）猪皮 （b）牛皮 （c）羊皮

（4）杂皮

包括马皮、驴皮、骡皮、鹿皮、麂皮等。

（5）其他特种动物皮

特种动物皮包括蟒蛇、蜥蜴、鳄鱼、鱼、鸵鸟、袋鼠等在内的爬行和两栖类动物皮，其粒面纹样具有较高的装饰性。在做鞋时需要用衬里材料进行补强，其中鸵鸟皮、鳄鱼皮、蜥蜴皮被称为皮革中的“三大上品革”。

1.8.2.2 按表面性能对鞋面革进行选择和应用

按表面性能，鞋面革分正面革、绒面革与修饰面革。

(1) 正面革

有天然粒面的鞋面革为正面革。如牛正面革、猪正面革、羊正面革。正面革的外观与质量的关系最为密切，要求革面不应有裂面、管皱及松面现象，颜色应均匀一致，染层须透过粒面并与表面色调相同，革身须丰满、柔软而有弹性。正面革革纹的细致美观主要取决于原皮的粒面特征。

正面革表面保持原天然的粒纹，全粒面革可以从毛孔粗细和疏密度来分辨出原皮的种类。黄牛正面革的革面细致光亮，毛孔小而浅，呈圆形排列，手感丰满而有弹性。马正面革的革面与牛正面革相似，但毛孔呈扁圆形，毛孔浅、不明显，粒面比牛正面革细腻，马正面革虽革面与牛正革相似，但其物理性能却与牛正面革相差很大，有少数皮鞋制造商或销售商以马正面革冒充牛正面革欺骗消费者。猪正面革的革面粗糙，毛孔粗大，且呈明显三个一组的“品”字型排列；羊正面革的革面细致，毛孔呈鱼鳞状排列，手感柔软而富有延伸性。以上所有正面革的粒面原有特性明显，且用手指按压后会有自然纹出现。

(2) 绒面革

经过起绒的鞋面革为绒面革，包括正绒面革和反绒面革，如牛绒面革、猪绒面革、羊绒面革。绒面革表面有绒毛，是革面经过磨绒处理所制成的产品。生产各种绒面革，有的是因为皮革本身具有适于制成绒面革的特征，有的是因为靴鞋品种上的需要而将某些皮革改制，也有的是为了提高皮革的利用率，把比较厚的生皮剖成两层或三层制成绒面革。

在各种绒面革中，麂皮是最好的一种。麂毛粗、硬而密，麂皮的皮面粗糙，斑疤很多，不适于生产正面革。而由麂皮制成的绒面革绒面细腻、柔软、光洁，皮质厚实、坚韧、耐磨。

羊皮和猪皮等绒面革主要是为品种的需要而改制的。羊皮绒面革比较疏松，没有麂皮细润，皮质也不及麂皮厚实柔软。猪皮绒面革分两种：一种是正面绒面革，是经磨去粒面而制成，绒毛较短、较细；另一种是反面绒面革，绒毛较粗、较长。

牛皮绒面革也叫牛皮反绒革，是由于原料的粒面比较粗糙或斑痕过多，制成正面革有碍美观，因此制成绒面革。牛皮的绒面比麂皮和羊皮都要粗糙，用手在绒面上抚摸时，色泽会显出深浅不匀的状态。牛皮绒面革有两种，一种是染有棕、黑等颜色的普通绒面牛皮，另一种是不染颜色结合鞣绒面牛皮革，这种绒面革的颜色随所用鞣料的种类和用量而不同。

(3) 修饰面革

粒面经过修饰的鞋面革为修面革，如牛修面革、猪修面革。修面革革面色泽均匀、美观、柔和，粒面层修饰后无原有特征，用手指按压后无自然纹出现。剖去表皮层经过修饰的鞋面革为剖层修面革，如牛二层修面革、猪二层修面革。此种面革虽是天然革，但其内在性能已远远不及正面革，且用手指按压后也无自然纹出现。

修饰面革是经压花或搓纹等不同方法制出人造的表面，表面风格的变化极多，比较美观细致。轧花纹是在原来的光面皮上加上一些凹凸形的硬印花纹，花纹的种类很多，有大小颗粒纹、格子纹、橘皮纹、细皱纹、鱼鳞纹、甲壳纹、芦席纹等。在光面皮上压花有两个原因：一是为花色品种的需要而轧花；二是有些光面革的表面比较粗糙，或者斑痕较多，轧花后比较美观。用以制造轧花纹的皮革，要求革身应丰满、柔软而富有弹性，不应有裂面、管皱或松面现象，涂层应均匀而牢固，颜色应一致并有光泽。二层革由于没有粒面，就需经重涂饰和压花处理以仿制出各种粒面花纹（如黄牛纹、鳄鱼纹、蛇皮纹等）。

近年来，全粒面软革、苯胺革、漆革、金（银）革以及具有珠光效应的修饰革因其手感好，色泽光亮，已成为制鞋的主要面料。PU涂饰面革是以头层或二层革为原料制成的，采用湿固化聚氨酯涂饰方法，使涂层在固化过程中形成微孔结构，这种方法既提高了天然皮革的有效利用率，又降低了皮鞋、皮革制品的生产成本，而且还可以生产出单色、双色、金属珠光、变色、磨砂及擦色效应等品种。

在具体设计和使用中，应注意不同皮革材料的搭配使用，鞋的面革材料如果标明为牛皮，则应理解为鞋的主要部位使用的面革材料为牛皮。为了增加皮鞋的花色品种，为了穿着更舒适，为了降低制鞋成本等原因，在非主要部位用其他面革材料代替，称为“拼皮”，这在制鞋工艺中是允许的，应与假冒区别开来。同时还要学会“识皮”，区分头层革和二层革的有效方法，是观察革的纵切面纤维密度。头层革由又密又薄的纤维层及与其紧密连在一起的稍疏松的过渡层共同组成，具有良好的强度、弹性和工艺可塑性。二层革则只有疏松的纤维组织层，只有在喷涂涂饰材料或抛光后才能用来制作皮具制品，它保持着一定的自然弹性和工艺可塑性，但强度较差，其厚度要求同头层革一样。

1.8.3　鞋里革的选择与应用

鞋里革指的是做靴鞋衬里的各种皮革，又称为衬里革或夹里革。一般要求其质地柔软，表面光滑细致，耐磨，不掉色，鞋的里怀质量优于外怀质量，后端质量优于前端质量。

鞋里革根据原料皮的来源主要分为头层鞋里革和二层鞋里革。头层鞋里革是指带有粒面的里革，具有薄软、平整、细致等特点。二层鞋里革指的是不带粒面的里革，其强度低于头层里革，主要用于受力较小的位置。鞣制方法以铬鞣和植鞣为主，分本色鞋里革和涂饰鞋里革两类。

另外还有毛里革。毛里革是防寒靴鞋里革，要求毛长、细，底绒丰满，毛绒附着牢固，皮板坚韧柔软，保暖性好。

常见的天然鞋里革主要有以下几种：

① 羊里革：经鞣制整饰的羊皮鞋里革，分为正面里革和反绒里革两种。

② 猪里革：经鞣制整饰的猪皮鞋里革，有正面里革和反绒里革之分。常用的鞋里革是猪皮制成的本色革。

③ 牛剖层里革：剖去粒面层的牛反绒鞋里革。

④ 猪剖层里革：剖去粒面层的猪反绒鞋里革。

鞋用里革在应用时可根据不同品种和加工工艺进行合理搭配。如在满帮鞋品种中，当里料分两节时，鞋腔前部的里料质量可以较差，在皮革的肢、腹、颈、头部下裁；分三节时，后跟部的里皮肉面朝向鞋腔，使鞋跟脚。凉鞋的皮里分条带里和统皮里两种，后者要求强度大，延伸性小，光滑、美观。棉鞋里要求皮板柔软、有弹性，绒毛整齐，无浮肉、裂面、臭味等；鞋垫要求后端质量优于前端。

1.8.4 鞋底革的选择与应用

用于制作鞋底的皮革称为底革。在质量上要求其革面平整、无裂面现象，质地应紧实、丰满而有弹性，切口的颜色应均匀一致，并应具有较好的抗压缩和耐曲挠性。

根据所用的原料、鞣制方法、部位或层次以及用途等的不同，天然底革的分类方法也不同。按照所用原料皮的不同，天然底革可分为黄牛皮底革、水牛皮底革、猪皮底革等三种。按照鞣制方法的不同，天然底革可分为植鞣革、铬鞣革、结合鞣革（重植轻铬、重铬轻植）等。按照部位或层次的不同，天然底革可分为牛皮心革、牛肩革、牛边革、牛头革、二层革等。按照用途的不同，天然底革可分为外底革、内底革、沿条革及主跟和内包头革等。在实际生产中，按照用途分类较为常用。

外底革一般要求其耐磨性、耐曲挠性、硬度和耐水性要好，具有一定的外观质量，革身饱满，吸水性小，受潮后变形小，革面光滑平整，颜色均匀一致，鞋外底前端质量要好于后端质量，有一定的抗张强度、衔钉力、可塑性和弹性。外底下裁时一般选用背臀部，采用纵向下裁。根据穿用对象和制鞋工艺不同，皮底的厚度要求也不相同，一般男鞋＞女鞋＞童鞋，线缝鞋＞胶粘鞋。

内底革由于受到曲挠、拉伸及脚汗等外界因素的影响，要求其具备良好的耐汗吸湿性、透气性和透水汽性，具有弹性和一定的硬度，表面平整，不松软。下裁时一般选用背肩部和质量较好的边腹部；当外底为采用纵向下裁天然底革时，内底则应横向下裁；当外底为橡胶底时，内底则纵向下裁。

沿条是鞋帮脚和外底（或内底）之间的衔接部件，起增强帮底结合的作用，同时也可以遮盖绷帮皱褶，起到美化装饰的作用。由于沿条处于主要的暴露部位，所以要求材料结实、有韧性，硬度和可塑性适中，外观平整、无明显缺陷。天然底革一般采用背部，下裁方向因皮革的不同而不同。选用牛皮底革时，为了能使沿条在操作时顺势盘转，取横向下裁；选用猪皮底革时，如果仍然采用横向下裁，在操作中经过盘转拉伸，其表面的毛孔就会更加明显，且在收紧缝线时易造成纤维断裂的现象，因此应该纵向下裁。

盘条也是位于鞋底边缘但仅在后跟部位使用的一个 U 形部件，分别在跟口线处与沿条连接，是帮脚和外底之间的连接物，起增强帮底结合、遮盖绷帮皱褶并使鞋跟大掌面与后跟帮面子口严丝合缝的作用。下裁盘条时使用颈肩部，横向下裁。

1.8.5 鞋垫用皮革的选择与应用

鞋垫是指鞋腔内的垫底，又称内底，是用于鞋腔的主要部件，在穿着使用过程中要承受曲挠、拉伸及脚汗等外界因素的影响。它的使用可以使脚底皮肤产生亲和感，脚部感觉柔软、舒适且富有弹性。鞋垫既遮盖了鞋帮帮脚和中底，美观平整，又起到改善鞋腔卫生和提高穿着舒适性的作用，对鞋的稳定性也有一定的影响。

常见品种有整体鞋垫、半鞋垫、长跟垫、短跟垫，有的还在腰窝处加腰垫，还有带腰垫的矫形鞋垫等。此外还开发出一些具有磁疗、按摩、保健等功能的鞋垫，一般都是在鞋垫（内底）中安置或包覆永久磁铁、药物或按摩珠等，通过对足底部穴位的按摩、刺激或辐射从而达到促进血液循环、减轻疲劳及治疗各种疾病的目的。

由于鞋垫产品的品种及加工工艺各不相同，对鞋垫（内底）用皮革的质量要求也不同。一般要求皮革的耐曲挠性能高，色牢度高，吸湿、耐汗及透气性能好，具有弹性和一定的硬度，表面平整，不松软，最好具有一定的抗菌抑菌性。

除了天然皮革以外，天然毛皮、平面毡、代革毡、合成革、塑胶、绒布、帆布等材料也可作为鞋垫的制作材料。目前市场上有天然纤维鞋垫材料，如使用椰壳纤维、棕榈纤维、毛纤维等，制作的鞋垫具有结实、散热快等性能，能保持鞋腔干爽舒适，有效地改善鞋内的卫生环境。在满帮鞋中毛纤维是最佳的鞋垫材料之一。

现在的成型复合鞋垫一般采用多层材料复合而成，分为上下两层。上层因接触脚底多使用天然革、人造革、合成革、纺织纤维材料等，下层与内底接触多使用 EVA 泡沫材料、乳胶海绵、衬布等。

1.8.6 鞋用毛皮的选择和应用

鞋用毛皮以绵羊毛皮为主，兼有狗毛皮、兔毛皮等。拖鞋用毛皮使用较多的一般为毛皮的边材余料；鞋面用毛皮主要为绵羊皮毛革，又分为绒面、光面、移膜等品种；鞋里用毛皮，主要为档次较低的羊剪绒、狗毛皮、山羊毛皮等。

1.8.6.1 天然毛皮的质量判定

判断毛皮的质量要根据毛被的色彩、光泽，毛的疏密、长短、粗细，皮板的大小、软硬、厚薄、损伤情况、物理力学性能等进行综合判断。

（1）毛皮的外观质量

毛皮的外观质量与绒毛的密度和毛的高度成正比。除绵羊皮外，一般是冬季产的毛皮质量好，针毛的毛尖柔软，底绒密足，皮板厚壮。

同一毛皮因其不同部位质量也有所不同，质量最好的是耐寒的背部和两肋的毛皮。

（2）毛皮的光泽

毛皮的光泽取决于毛的鳞片层构造、针毛的质量及皮脂腺分泌物的油润程度。栖息水中的动物毛皮的绒毛细密、柔软、光洁；栖息山中的野生动物的毛皮色彩优美，毛厚板壮；而混养家畜的毛皮含杂质较多，毛显得粗糙。

（3）毛被的柔软度

毛被的柔软度取决于毛的粗细和针毛与绒毛的比例。一般细毛和长毛显得柔软，通常是发育好的短绒柔软。动物的年龄不同，毛被质量也有差异，一般成年兽毛被最丰满，接近老年时，毛被则逐渐退化。

总之，鉴定毛皮质量的好坏，归纳起来可用四个字概括：看、吹、摸、抓。通过看检查毛皮的花纹、光泽及色彩；通过吹检查毛的松软程度与绒毛的细密程度；通过摸检查毛的光滑、细腻或粗糙情况；通过抓检查皮的柔软程度。

1.8.6.2 鞋用毛皮的特征

鞋用毛皮对皮板力学性能要求较高，要求皮板丰满、紧实、厚挺有弹性，结实、耐用，延伸性不能太大，成型性好，颜色均匀；要求毛被平齐、丰满、有弹性。做高靴、低靴、拖鞋的剪绒羊皮要彰显高贵、时尚和动感，质量好。皮板表面风格有光面、绒面、压花、移膜、摔纹、蜡变等（图 1-20），毛面风格有直毛、卷毛、微风、草上霜、毛尖效应等。拖鞋用毛皮体现舒适、时尚和品位，健康保暖，透气性好。莫卡辛（也叫马克鞋，是一种通过手工将鞋面和鞋底缝合在一起的鞋的统称）用毛皮要求具有良好的保暖性和透气

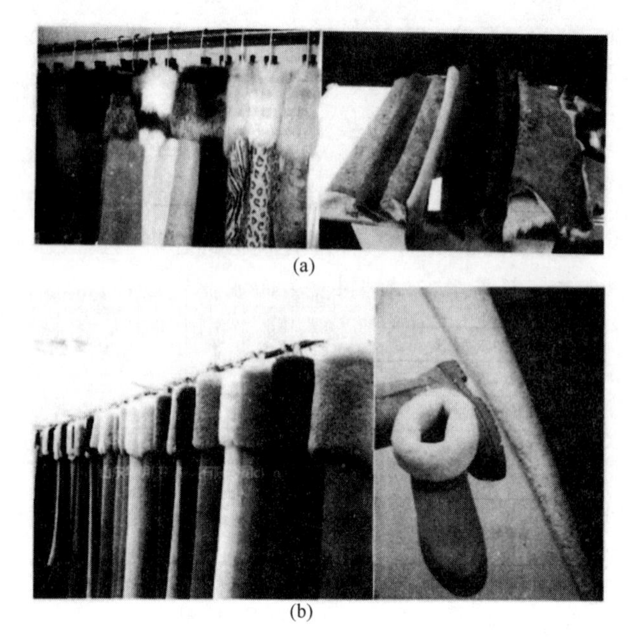

(a)

(b)

图 1-20　鞋（靴）用毛革

（a）鞋（靴）用移膜毛革　（b）鞋（靴）用绒面毛革

性，风格有直毛、卷毛，可做毛尖、草上霜、微风效应等。

除了毛革以外，其他毛皮，如小山羊皮、马皮、貉子皮、狗皮、兔皮等都在鞋类产品中有应用，如图 1-21 所示。

图 1-21　毛皮材料制作的鞋

1.8.6.3　鞋（靴）用毛革质量标准

鞋（靴）用毛革质量标准应符合 GB/T 2536—2007 的要求，见表 1-2。

表 1-2　　鞋（靴）用毛革质量标准

感官指标	物理指标	化学指标
革面：光面毛革要求涂层均匀，滑爽不黏，不露底，不起毛，不裂浆，颜色均匀，光泽柔和自然；绒面毛革要求绒头细致、均匀，色泽一致 革身：柔软、丰满、平整，无油腻感 毛被：毛绒丰满、细致、平整、松散、洁净，不锈毛，无刀伤，色泽均匀	规定负荷伸长率(5MPa)≤40% 撕裂力≥15N 收缩温度≥80℃ 气味≤3 等级 染色毛皮耐摩擦牢度： 革面干擦≥3/4级 光面湿擦≥3 级 绒面湿擦≥2/3 级 毛被干擦≥4 级 毛被湿擦≥3 级	可分解有害芳香胺染料≤30mg/kg 游离甲醛： 婴幼儿用品≤20mg/kg 直接接触皮肤的产品≤75mg/kg 非直接接触皮肤的产品≤300mg/kg pH：4.0～6.5 稀释差：0.7(pH≤4.0 时检测)

1.8.6.4　鞋里毛皮质量要求

鞋里毛皮对毛粗细、毛卷无特殊要求，粗细毛、直毛、卷花均可，皮板要好，无浮肉，身骨薄、轻、软，无特厚板，无严重粘毛、绣毛、炸面、血管纹。另外不同的客户有特殊要求，例如莫卡辛鞋要求毛为中细毛，直毛、卷毛均可，毛密度良好，皮质丰满、有弹性，厚薄适中，皮板无扁薄现象，皮板磨革要好，无肉刺、无硬伤、无严重草籽，毛板结合度要好，毛被无杂质、无污染。

1.9　再生革

1.9.1　概况

1.9.1.1　再生革的基本概念

再生革是利用皮革废料（包括不成材的皮革及皮革切余料）剥离成的纤维，经由黏合剂黏合而成的片状革材，也称复合革，或胶原纤维革，或皮革纤维橡胶板等。

再生革的加工成型方法可分为小车成型法和长网成型法。根据所用的皮革纤维不同，可分为植物鞣再生革、铬鞣再生革和混合纤维革，这些产品各有不同的特点。其中植物鞣再生革的强度和曲挠性低于铬鞣再生革，因此一般这种革用在鞋的主跟、内包头及大底上。

再生革外观呈灰褐色，由于是以皮革纤维为主要原料，经橡胶类黏合剂黏合而成，故具有皮革和橡胶两种物质的特点。它的吸水性和透水汽性近似于皮革，比某些皮革制品柔软，有弹性，质轻，耐温、耐磨性能好，但是强度及撕裂性较差，其强度、美观性及卫生性比二层革还要差。

与皮革比较，它不受自然体形的限制，并可根据使用要求制造出厚度一定、结构均匀的再生革，具有加工性能好、价格低廉等特点。

1.9.1.2　再生革的应用与发展

再生革的研究始于 20 世纪 60 年代的欧美国家，我国起步于 20 世纪 80 年代末，再生革广泛应用于家具、沙发、鞋业、箱包、腰带、票夹、车船座椅内饰、标牌等，用途十分广泛，潜在市场很大。

多数产品经过涂饰压花，最后用硝化棉光亮处理，成为色彩艳丽的仿真皮粒纹的再生革，用于皮鞋中底而省去传统的全袜衬垫。不经过涂饰的再生革用来做主跟、内包头。涂饰再生革用来做内底、中底，相对于使用真皮材料可以节约成本。不同用途的再生革其原材料配比和使用的辅料各不相同。

再生革生产中采用的黏合剂基本上都是天然乳胶，也有采用合成乳胶制成有特殊效应和用途的黏合剂。皮革的边角料也可以制成胶原浆拌合成革，这种合成革与天然皮革真假难分，具有天然皮革和合成皮革材料的优良特性，正在被广泛使用。皮革的边角料还可与塑料一起制成发泡皮革，它既有塑料的耐磨性，又有皮革的弹性和良好的防滑性，穿着舒适而牢固。

再生革主要是为了天然皮革资源的回收利用而形成的产品。众所周知，有的皮屑含有铬，如果进入大自然中，将直接危害人类的健康。将天然皮革的边角料再生成皮革进行二次利用，既综合利用了原材料，又保护了环境。

现在使用特种添加剂和黏合剂进行改良，使再生革获得许多新用途。例如由于再生革具有隔音、隔热和可塑性强等卓越性能，因此近几年来欧美国家的汽车厂家正在将改进的再生革用于制作减速箱的管路、驾驶室顶部的衬垫以及车门上的护板、刹车垫等。

由于再生革本身物理性能稳定，厚度均匀，在天然皮革产量不足和价格昂贵的情况下，再生革是较好的皮革代用材料。而且再生革工业对净化环境、保护人类的健康也有着现实的积极意义，其用途会越来越广泛，发展前景广阔。

1.9.2 再生革的原料

1.9.2.1 皮革纤维

制造再生革所使用的皮革纤维，有未经鞣质化学处理的胶原纤维，也有经过各种鞣质化学处理的革纤维，如植物鞣革纤维、铬鞣革纤维和其他鞣革纤维。

（1）胶原纤维

用于制造再生革的胶原纤维，就是利用动物真皮层的纤维组织，经过一系列物理机械和化学处理，除去绝大部分的非纤维蛋白、脂肪类物质和其他杂质后而取得的胶原纤维。主要采用制革厂准备工序切割下来的或片削下来的边、里层及头、脚等胶原纤维组织。

（2）铬鞣革纤维

用来制造再生革的铬鞣革纤维主要来自于：

① 鞣制完毕的革坯，在削匀机上削下来的铬鞣革屑。

② 制革厂湿处理完毕或加工完成及制品厂裁切下来的剩余的铬鞣革边、角、块、里层等铬鞣革纤维组织，经机械粉碎而制得铬鞣革纤维。

（3）植物鞣革纤维

制造再生革所用的植物鞣革纤维，主要来自于：

① 皮革制品厂切割下来的植物鞣革不成材的余料。

② 皮革厂加工过程中割下来的边头废料。

③ 专供再生革用的植物鞣革纤维。

（4）其他鞣法革纤维

除以上三种原料的纤维外，还有油鞣革纤维、醛鞣革纤维、合成鞣剂鞣革纤维以及除铬以外的其他无机盐鞣革纤维。

1.9.2.2 植物纤维

用于再生革生产的主要配合材料是植物纤维，包括棉、麻和木质纤维等。

常用的棉麻纤维多来自缝纫厂的废布边角和纺织厂的废花，以及由土产收购部门转来的各种棉、麻下脚料。

木质纤维主要来自造纸厂的纸浆废料或低级纸的纤维浆粕。这些原料大部分是木质纤维素占主要成分，只要经过适当处理，就可以配合使用。

1.9.2.3 黏合剂和配合材料

再生革产品是皮革纤维和黏合剂在物理状态下组成的片状革材。再生革的产品质量绝大部分取决于黏合剂的性能和黏合剂的配合特性。因此正确选择黏合剂和配合材料，是获得优质再生革的重要技术内容。

（1）黏合剂

再生革生产中所用的黏合剂有天然胶乳和合成胶乳（氯丁胶乳、丁苯胶乳、丁腈胶乳、聚丙烯酸树脂胶乳、聚醋酸乙烯酯乳液）。黏合剂在再生革中所起的作用是既能够使纤维均匀的分散，又使纤维互相黏结在一起。

在使用黏合剂的过程中，乳胶粒子所带电荷的电性与纤维浆所带的电性影响着纤维浆的均匀分散程度。

在天然橡胶乳中的橡胶粒子带负电性，这主要是因为橡胶粒子的表面吸附着具有两性离子性质的蛋白质。蛋白质的等电点为4.7，即为胶乳的等电点。一般常用天然胶乳的pH在10～11，故带有强烈的负电性。

合成胶乳一般是带正电性的胶乳，如丁苯胶乳、聚醋酸乙烯酯类等。

（2）配合剂

① 栲胶：栲胶调节铬鞣革纤维浆的表面活性，同时作为保护剂和填充剂使用。它能增加再生革的可塑性，提高坚实性。

② 加脂剂：加脂剂提高皮革纤维的强韧性、柔软性和抗水性，减少皮革纤维干燥后的收缩率。常用的加脂剂有乳化油，如硫酸化蓖麻油。

③ 硫化配合剂：硫化配合剂包括硫化剂（硫黄、氧化锌等）、促进剂、防老剂等。

④ 其他配合剂：

a. 保护剂　如奶酪素，在配制纤维浆时，能够保护纤维浆分散均匀，不产生沉淀，同时又有填充作用。所以也可叫填充剂。

b. 聚凝剂　例如硫酸铝及其同系铝盐，可以使胶乳凝聚。

c. pH调节剂　例如水玻璃，又称为泡花碱，化学成分为硅酸钠（$x\mathrm{Na_2O}_y\mathrm{SiO_2}$），用来调节pH，使纤维浆带合适的电荷，同时它又是一种无机黏合剂，能将纤维彼此黏结。另外，氨水也是常用的pH调节剂，作用缓和，容易控制。

1.9.3 再生革的生产

再生革的生产制作过程包括纤维浆的准备、纤维混合浆的配制、成型、挤水干燥、整理成品等，主要是利用制鞋、皮件和制革厂的下脚革屑，经过选择、预处理和粉碎制成皮浆，然后依次加入天然胶乳、硫黄促进剂、活化剂等配合剂和填充料，充分搅拌、分散均匀，置于长网机上，再经水压、干燥、打光等工序而制成各种厚度的革材。

在再生革革坯的表面，可进行修饰，从而形成各种颜色的修饰层，在修饰层表面可压上各式仿天然皮革的花纹，故而制成各种花色革种，如再生移膜革、再生涂饰革等。再生革的表面加工方法同真皮的修面革、压花革一样。再生革的特点是皮张边缘较整齐，利用率高，价格便宜，但厚度较厚，强度较差，适合用来制作较低档的产品。其纵切面纤维组织均匀一致，可辨认出流质物混合纤维的凝固效果。

1.9.3.1　纤维浆的准备

纤维浆的准备工序是将各种纤维按照要求进行筛选、预处理、磨碎成一定长度的纤维。纤维浆的性能与纤维的准备工序有关，纤维的准备是制造再生革的重要环节。

（1）纤维的筛选

纤维的筛选是去掉夹杂在皮革纤维和植物纤维中的金属物质、橡胶类、塑料、泥沙、石块等其他杂质的过程。这些杂质直接影响产品的质量，特别是金属物质及硬石块若进入磨碎机，将会使机器受到严重的损坏。

（2）预处理

① 干燥纤维回湿：对干燥皮革纤维原料进行湿水预处理，主要是为磨碎过程提供条件。纤维经过湿水处理后，可保持较好的长度，改善纤维的疏松性，提高磨碎时的入磨率。

② 铬鞣革纤维处理：在铬鞣革屑中带有在鞣制过程中残留下来的游离铬盐和铬的氧化物、其他中性盐类和少量的游离酸类。这些酸类和盐类带到纤维浆料中，会影响配合胶乳的沉淀或凝固。为了确保配料工作正常进行，对铬鞣革屑可采用物理方法和化学方法进行处理。

a. 物理方法：在带有栅栏和网眼的运送铬鞣革屑原料的运送带上，用热水淋洗，洗去游离铬盐、可溶性盐和游离酸类等溶于水的物质，同时还会带走一些游离的氧化铬粒子，而后再经过双辊挤榨铬鞣革屑中的游离水，又挤去残留的可溶性盐类、酸类及不溶性的氧化铬颗粒。

b. 化学方法：铬鞣革纤维中的蛋白质羧基（$—COO^-$）上结合了铬络合物离子，此时的铬-蛋白纤维表面带正电荷。在配制纤维浆中，与带负电荷的天然胶乳相配合时会出现凝聚现象。为了使天然胶乳与带正电荷的铬-蛋白质纤维共存，必须使两者的表面电荷趋向一致，通常使用下列方法：

ⓐ 加碱。在铬鞣革纤维浆中加入氢氧化钠、氢氧化铵或其他碱性物质，提高铬鞣革纤维中的 OH^- 浓度，提高 pH，中和铬鞣革纤维的阳电荷。

ⓑ 加入阴离子表面活性剂。阴离子表面活性剂与铬鞣纤维的电离氨基结合，降低正电性。

ⓒ 加入栲胶。封闭铬鞣纤维的电离氨基，降低铬鞣纤维的正电性。

ⓓ 加入保护剂。如蛋白质类物质和其他保护剂，促使在铬鞣纤维表面形成保护层；还可加入乳酪素、白明胶、一些树脂类和废植物鞣纤维液。

（3）纤维的磨碎

再生革生产中，纤维的磨碎常采用干法磨碎和湿法磨碎。干法磨碎即纤维在干态时磨碎；湿法磨碎即纤维在湿态时磨碎。

制造纤维浆采用湿法磨碎，将纤维研磨成长度为 1.0～1.5mm 的纤维。纤维越长，吸水性越好，抗张强度增大；纤维越短，耐磨性能越好，密度越大。

1.9.3.2　纤维混合浆的配制

再生革生产中，纤维混合浆的配制是决定再生革产品质量的关键。纤维混合浆的配制过程，是给均匀分散在水中的纤维表面包上一层硫化胶粘凝胶层，使其具有良好的黏结作用，因而配制纤维混合浆全过程的任务是：

① 使加入的胶乳与悬浮在水中的纤维均匀地分散在一起。

② 使分散在纤维周围介质中的胶乳被均匀地吸附到纤维表面，并使之均匀地聚凝。

③ 使这些聚凝在纤维表面上的凝胶粒子达到黏着性好、具有高强度脱水收缩的最优聚凝度，这样才能制造出坚实性好、抗压性强、收缩性小、强度大、耐曲挠性强并具有一定的延伸性、吸水性、透气性及使用寿命较长的再生革制品。

（1）纤维与黏合剂配合

铬鞣纤维、植物鞣纤维以及一些配合植物纤维在水溶液中呈现的电性不同。植物鞣革纤维和一些配合植物纤维的水溶液具有负电性，近似天然胶乳和一些其他胶乳的化学性质。铬鞣革纤维的水溶液具有正电性，因此在纤维与黏合剂混合时应注意正确地搭配植物鞣革纤维、植物纤维与天然胶乳。铬鞣革纤维与稳定性好的丁苯胶乳、聚醋酸乙烯酯类等阳性胶乳配合，由于它们间的表面电荷性基本相同，很容易得到均匀分散的混合浆液。

（2）纤维混合浆的配制

① 间断式配料法：加好了搅拌。

② 连续式配料：边加边搅拌。

③ 浸渍法：将没有加入黏合剂的纤维层浸入黏合剂中，使黏合剂均匀地渗入到纤维层。

1.9.3.3　再生革的成型

再生革的成型是将分散的皮革纤维组成纤维层的过程。革材的成型是组织结构的形成过程，它决定了产品的使用价值，所以成型是生产的决定性工序。

（1）再生革的组织结构

再生革的组织结构指成型再生革的纤维分散程度和黏合剂的黏结状况。因此再生革的组织结构是多变的，它的结构特征取决于纤维的分散性和纤维结合的排列状态、纤维层的密度、黏合剂的分布状况和交联特性。

（2）再生革成型

将混合了黏合剂的纤维配合浆，根据产品规格，按照不同浆料的浓度经输浆管放入成型车内或长网上，挤去水分即可成型。

小车成型：浆液→成型车→挤压去水→干燥→整理→成品。

长网成型：浆液→上网→挤水→热干燥→整理→成品。

1.9.3.4　再生革的性能指标

再生革的性能指标有抗张强度、伸长率、耐曲挠性、弯曲刚度、密度、pH、水分、吸水率等。不同的用途，对再生革的性能指标要求不同。表 1-3 列出的是铬鞣革长网成型内底革的主要理化指标。

表 1-3　　铬鞣革长网成型内底革的主要理化指标

项　目	指　标	项　目		指　标
厚度/mm	2.4～2.8	密度/(g/cm³)		0.8～1.1
抗张强度/MPa	9.8～12.2	pH		4～4.5
延伸率/%	10～40	水分/%		12～18
耐曲挠性/万次	1～3	吸水性/%	2h	<30
			24h	60

参考文献

[1] 张伟，景松岩，徐艳春. 毛皮学 [M]. 哈尔滨：东北林业大学出版社，2002.

[2] 韩清标. 毛皮化学及工艺学 [M]. 北京：轻工业出版社，1990.

[3] 郑超斌. 现代毛皮加工技术 [M]. 北京：中国轻工业出版社，2012.

[4] 丁绍兰. 革制品材料学 [M]. 北京：中国轻工业出版社，2010.

[5]《中国鞋业大全》编委会. 中国鞋业大全上材料·标准·信息 [M]. 北京：化学工业出版社，1998.

[6] 但卫华. 皮革商品学 [M]. 北京：中国轻工业出版社，2012.

[7] 高雅琴. 动物纤维组织学彩色图谱 [M]. 兰州：甘肃科学技术出版社，2007.

[8] 冯源编. 再生革生产技术 [M]. 北京：轻工业出版社，1980.

[9] 马明高. 再生革的应用及其发展 [J]. 西部皮革，1987，Z1：30-31.

[10] 阂宝乾，陈斌，黄秋兰. 帮面材料物理性能及有毒有害化学物质的实验室检测 [J]. 中国皮革，2005，(20)：136-138.

作业：

1. 什么叫生皮？生皮由哪几部分组成？
2. 生皮包含哪些化学成分？为什么说蛋白质是其主要成分？
3. 简述生皮的成分组成。这些成分对革的质量有什么影响？制革保留什么成分？
4. 生皮的组织结构是什么？
5. 简述毛的鳞片层结构。它起什么作用？
6. 在毛被中的组织构造中，毛的分布有几种类型？
7. 皮革加工过程可分为哪几个工段？各工段的意义是什么？
8. 比较并说明植物鞣革和铬鞣革的性能特点及用途。
9. 请根据用途给天然皮革分类。
10. 写出天然皮革的命名原则并举例说明。
11. 收集天然革试样，辨析其种类和名称，并在样块下方说明其特点和用途。
12. 鞋面革应满足的要求有哪些？

13. 画图说明皮革纤维束主导方向，并指出其与成革性能的关系。

14. 画出牛皮（黄牛、水牛）、羊皮、猪皮原料皮的结构部位划分示意图。并说出牛皮、羊皮和猪皮结构部位划分的异同点及其原因。

15. 天然底革按照用途的不同可分为哪几类?

16. 鞋里革有哪些质量要求?

17. 画图说明鞋面革和底革的质量部位划分及各部位的性能差异。

18. 说明在制革生产过程中所造成的皮革的主要缺陷及鉴定方法。

19. 再生革是不是天然革? 生活中哪些用品是由再生革制成的?

CHAPTER 2

第2章　鞋用人工革

【学习目标】

1. 熟悉人工革的结构特点和性能。
2. 了解人工革的生产流程。
3. 掌握人工革的种类与结构。
4. 掌握鞋用人工革的性能特点。

【案例与分析】

案例：曾经有一年轻男性消费者买了一双皮棉鞋（严格讲是合成革做的皮鞋），买来后没穿多长时间就过季节了，便包起来放入鞋盒子里保存起来。

青年男子在某公司上班。有一天他对同事说，自己买了双皮鞋，穿了约一个月的时间，感觉脚趾间有点发痒，而且自穿了这双鞋后每天下来袜子总是有点湿，脚臭也有些加重。同事告诉他说，现在有很多皮鞋不是真皮做的，透气性差，脚臭较明显，尤其出汗时更甚，令人十分难堪。该青年男子听罢，便问同事怎样才能辨认出自己所买的皮鞋是否是假皮做的。同事告诉他这里面是有学问的，可以闻气味，还可以看皮革的断面，或者看皮革表面粒纹。根据同事的提醒，该青年男子发现自己买的皮鞋帮面材料看不到毛孔，且断面上有明显的表层（薄膜）和均匀的基布层，也就是说他买了一双合成革做的鞋。

分析：现在的消费者大多注重产品的健康性能。所以，在外观满足心理需求的前提下，要求产品在使用过程中尽可能不对人体健康带来影响。上述案例中的青年男子由于只注重外观而不了解鞋材料的种类和特点，买了一双合成革做的鞋，结果由于鞋的透气性差而导致脚部发出的汗液不能及时排除，使鞋腔内湿度较大，加之脚部产生的热量，从而提供了适宜于细菌活动的湿热环境，时间久了，不仅导致明显的脚臭，且严重时可使脚趾间的皮肤被细菌侵蚀而发痒。

2.1　概述

为了弥补天然革供给不足的问题，很早以前人们就不断地开发种种代替材料，例如，硝化纤维革、氯乙烯革、尼龙革等。可是这些材料各具优劣，都未成为理想的代替材料。经过不断研究，聚氨酯合成革以其优良的特征，在代替鞋用天然革材料中占据了最佳的地位，而人造革在某些领域也展现着自己的独特优势。

2.1.1　人工革的概念

人工革是用于皮质面料代用品的非天然材料，主要有人造革、合成革，是为了弥补天然皮革的资源不足而形成的产品。

人造革是以合成树脂为主料，加入适量的增塑剂、填充剂、稳定剂等助剂，调配成树脂糊后涂覆在织物底布上，经过红外线照射加热，使其紧贴于织物，然后压上天然皮纹而形成的仿皮纹革。人造革具有不易燃、耐酸碱、防水、耐油、耐晒等优点，但遇热软化，遇冷发硬，质地过于平滑，光泽较亮，浮于表面，影响视觉效果，使用寿命为1～2年，其耐磨性、韧性、弹性也不如天然皮革。

合成革从广义上讲也是一种人造革，它是将聚氨酯浸涂在由合成纤维做成的无纺底布上，经过凝固、抽出、装饰等一系列的加工而制成。它具有良好的耐磨性、力学强度、弹性和耐曲挠性，在低温下仍能保持柔软性；透气性和透湿性比人造革好，比天然革差；不易虫蛀，不易发霉，不易形变，尺寸稳定，价格低廉；但耐温和耐化学性能较差，而且散发有机挥发物气味，影响室内环境质量。

2.1.2　人工革的应用

与天然革相比，各种人工革材料的突出优点是其产品质量均一，在长度上受限制较少，便于工业化生产；方便裁剪，节约成本；防水性好，耐酸、碱腐蚀，可在不适宜使用天然真皮的情况下采用。其原料资源广泛、稳定，可满足市场上皮件制品数量、品种不断增长的需求。人造革、合成革的突出优点还表现在它们着色不仅艳丽而且牢固，可制成金、银或特殊的珠光复合色，不仅外观高贵典雅，而且不会因穿着摩擦、曲挠而脱皮、掉色。

2.1.2.1　人造革的应用

人造革可以做成外观和皮革相似的产品。虽然它的透气性、透湿性不及天然皮革，但作为天然皮革的代用品，它具有一定的力学强度和耐磨性，而且具有耐酸、耐碱、耐水等性能。

随着我国塑料品种的增多和加工技术的发展，人造革已经形成多种系列产品，主要品种有聚氯乙烯人造革和近年迅速发展起来的聚氨酯人造革，其次是聚酰胺人造革和聚乙烯人造革，其他品种产量都较少。

聚氯乙烯人造革作为第一代人工革，虽然耐化学药品（溶剂）、耐油性、耐高温性能差，低温柔顺性差，手感不好，但是，它具有一定的力学强度和耐磨性，而且耐酸、耐碱、耐水，制造简单，原料易得，成本低廉，所以广泛地应用于日常生活用品的制作中，可以用作鞋口、鞋的镶边材料、包、箱、袋、服装、家具、包装以及建筑行业和工业配件等。

2.1.2.2　合成革的应用

合成革的性能胜过了人造革，接近于天然皮革，是天然皮革比较理想的代用材料。聚氨酯合成革的性能是由基材合成纤维的特性和聚氨酯微细多孔层的特性以及表面装饰层材料的性能所决定的。

聚氨酯合成革的表面耐磨性和低温性能比天然皮革优越，力学强度接近天然皮革，但是其吸湿性和透湿性均不如天然皮革。

合成革的用途广泛，它不仅在日用工业上可用于制作皮包、皮箱、服装、皮鞋、球类等，而且在重工业方面可用于制作柔性容器、管道以及输送带等。

超细纤维聚氨酯合成革的出现是第三代人工革。其基材采用三维结构网络的无纺布，为合成革创造了赶超天然皮革的条件。该产品结合具有开孔结构的聚氨酯浆料浸渍、复合面层的加工技术，发挥了超细纤维表面积巨大和吸水性强烈的特点，使得超细级聚氨酯合成革具有了束状超细胶原纤维的天然革所固有的吸湿特性，因而不论从内部微观结构，还是外观质感及物理特性和人们穿着舒适性等方面，都能与高级天然皮革相媲美。此外，超细纤维合成革在耐化学性、质量均一性、大生产加工适应性以及防水、防霉变性等方面更超过了天然皮革。

实践证明，合成革的各项优良性能是天然皮革无法取代的，从国内外的市场来分析，合成革也已大量取代了资源不足的天然皮革。

2.1.2.3 人工革发展趋势

从目前的人工革发展现状看，聚氯乙烯人造革、聚氨酯合成革生产成本较低，生产技术和工艺较为简单，可以满足消费水平较低群体的需求。特别是在部分国家人民消费水平较低、购买能力有限的情况下，对以聚氯乙烯人造革和聚氨酯合成革为原料的产品需求旺盛。

然而，随着科学技术进步和人们生活水平的提高，地球生态环境遭到破坏，人们对人类的健康及经济持续发展感到担忧，以发达国家为首提出了“绿色革命”的概念，并且开始采取措施促进生态型产品和环保型生产技术的发展和推广。如欧盟、美国、日本对产品的安全、卫生要求越来越高并要求生产对环境的影响降到最低程度，为此纷纷颁布法规法令和强制性标准，明确规定各类产品必须符合生态标准才能进入市场，生态革是未来人造革、合成革行业的发展重点。超细纤维人工革将以其优良的物理性能、突出的生态环保性能、相对较低的成本，以及多功能特点成为人造革、合成革行业的发展主流。

2.2 人造革

2.2.1 人造革的分类

人造革按照涂层不同，可分为以下几种：

（1）硝化纤维人造革

也称硝化纤维漆布。该产品属于初期的人造革产品，出现于20世纪20年代初期。产品以硝化纤维溶胶涂覆织物布料，并压印花纹改变布料的外观，提高了产品档次和耐磨性，主要用于制作夹、袋、书簿表面装帧。由于受硝化纤维溶胶条件的限制，所生产出的漆布涂层薄，易卷边，而且生产过程中容易起火造成火灾。

该产品的优点是光亮、耐酸碱、耐油、耐摩擦，缺点是不耐老化，变脆变硬，色泽易变，卫生性能差。

（2）聚氯乙烯（PVC）人造革

最早出现在20世纪30年代，以聚氯乙烯树脂为主料，辅以增塑剂、稳定剂和其他助剂，涂覆或贴合在基布上，在天然革的替代上实现了真正大规模工业化生产和实际应用，替代了大部分硝化纤维漆布产品。

最早的PVC人造革面层为紧密型结构，现在一般称其为普通PVC人造革。其外观鲜艳，质地柔软，强度大，耐磨、耐曲挠、耐酸碱，膜层强韧性比硝化纤维素漆布显著增加，生产工艺及设备简单，在经济上有一定的优越性。但是也存在许多缺点，如不透气，没有透湿性能；与基布粘接牢度差，易于剥离；耐候性差；手感僵硬，柔软性差。虽然在制造中可以加入某些增塑剂改善它的柔软性，但气味较大，散发出令人不悦的气味，并随着增塑剂逐渐挥发，PVC人造革会变得越来越硬、脆。

后来对紧密型结构的产品进行了改良，发展了PVC泡沫人造革。PVC泡沫人造革与普通人造革不同之处主要在于底层和面层中间采用化学发泡法增加了发泡层。即树脂在熔融状态下，发泡剂受热分解放出气体，冷却后形成微细闭孔型泡沫层。PVC泡沫人造革一般有三层结构，即底层、发泡层和面层，这三层均可采用直接涂刮法，也可底层、发泡层采用直接涂刮法，而面层采用贴膜法。前者称为PVC泡沫革，后者称为PVC泡沫贴膜革。泡沫人造革的特点是厚实、丰满，手感柔软，主要用于制作箱、包、鞋等。

与紧密型普通PVC人造革相比，PVC泡沫人造革用料少，重量轻，手感丰满、柔软。为了增加其表面强度和耐磨性，有的PVC人造革的涂层结构分表面层和中间层。表面层的泡孔较中间层泡孔细腻，或者表层是紧密型PVC面层。

由于PVC原料资源广泛，价格较低廉，加之PVC人造革制造工艺简单、易于掌握，故其产量和用量居各类人造革材料之首。其品种除了有各类仿牛、羊、蛇皮等粒面花纹革外，还有光面漆革及用不同工艺生产的色泽柔和的绒面革等。

（3）尼龙人造革

20世纪60年代初期，为改进人造革质量，曾以尼龙、氯化钙、甲醇混合溶液涂覆织物，在涂层凝胶后使甲醇挥发，并用水溶去氯化钙，从而制成微孔尼龙人造革。尼龙人造革可消除PVC人造革的很多缺点，诸如表面发黏、易污染、弹性不良等。尤其是作为湿式多孔质层来应用，更具有平滑性与皱纹小等优点。

该产品手感虽有改进，但成本高，耐曲挠性仍不理想。

（4）聚烯烃泡沫人造革

20世纪70年代，为了拓宽人造革的原料资源，开发了质轻、较为经济的聚烯烃泡沫人造革，并使其在一些特殊应用中表现出了价廉适用的效能。

聚烯烃泡沫人造革的涂覆层是以低密度聚乙烯为主要原料，加入适量的EVA（乙烯-醋酸乙烯共聚物）或其他改性剂、发泡剂、交联剂、润滑剂、颜料等，采用压延工艺涂覆制成的。

聚乙烯采用化学发泡，其产品回弹性差，泡孔不稳定，可添加EVA进行改善。根据产品质量要求，EVA添加量为10%～40%（质量分数）。此外，用三元乙丙橡胶作改性剂也可增加其弹性，改善手感及耐老化性能。

（5）聚氨酯（PU）人造革

聚氨酯弹性体的开发和应用是人造革发展的新里程碑，使人造革质量有了大幅度提高。

采用溶剂挥发使PU凝固的离型纸法所生产的产品称干法PU人造革。由于在与使用聚乙烯手感发烫和冰冷的同样条件下，聚氨酯人造革的手感只是微暖和凉爽，所以其触感舒适，可用它制作服装、手套、提包、手袋等。也正是由于涂层薄，PU人造革用作鞋面材料时在强度、尺寸稳定性等方面有所欠缺。因此，为了适应这种要求较高的使用条件，研制出湿法PU人造革和PU/PVC结合型人造革。

湿法PU人造革系采用起毛布浸渍PU溶液，PU溶液在水浴中凝固，形成微孔结构并将起毛布纤维有隙地粘接起来，使起毛布改变了起始的纤维间互不定位的松散状态，而形成了一个较稳定的整体结构。它改善了仅有PU薄型涂层人造革的缺点，从而大大提高了产品的力学性能。该产品在生产工艺和物理力学性能等方面很接近于合成革，但织物从产品里面展现的编织纹理痕迹，使它人为地被归入了人造革范畴，因它不符合在结构上模拟天然革的合成革特征。如此划分的原因还在于能较容易地用感官来区分天然革和PU人造革。

为提高湿法PU人造革的外观质量及似革性，可用离型纸转移涂覆工艺，使湿法PU人造革表面复合一层带仿真皮花纹的PU涂层。该产品具有两种工艺使产品所具有的优点，可谓之人造革产品中的佳品。通常称该产品为干湿法PU人造革，其用途广泛，并较适用于制鞋。

PU/PVC结合型人造革是在PU面层与基布中间有PVC泡沫层的产品。它不仅能缓解PU人造革对起毛布底基的苛刻要求，而且由于兼有两种涂层的优点，可适应强度要求较高的使用条件，并具有较好的经济性。

与尼龙人造革相比，聚氨酯人造革改善了涂层黏着性、曲挠性、延伸性等方面的缺点，更适于各种用途。但缺点是成本较高，所使用的强溶剂有一定的毒性。

(6) 氨基酸人造革

天然皮革为蛋白质所组成，而氨基酸最接近天然皮革的化学成分，所以，氨基酸人造革具有耐寒、耐热的优点，但也有黏着性、延伸性欠佳的缺点，所以不适于用作制鞋材料。

2.2.2 人造革的加工工艺

人造革各种加工方法的区别在于聚合物面料的制备及其涂覆在织物底基上所采用的工艺。

人造革面料的主要成分是具有很长分子链的聚合物树脂，其通常的表现形式为固体粉末或颗粒。所以在加工过程中首先要通过加入增塑剂或溶剂制成增塑糊或溶胶，或者是通过机械进行热加工，使其分子间作用力减弱，树脂呈流态的熔体，以便于后续的涂覆加工。

人造革底基可采用市布、帆布、鼠纹布、再生布以及各种纤维的针织布、起毛布等，还可采用未经仿革处理的无纺布。

人造革生产常用的涂覆工艺如图2-1所示。

以增塑糊或溶胶形式在基布上所形成的涂层，除部分产品的聚氨酯涂层在水浴凝固外，大多需要经过烘箱加热，使涂层胶凝或干燥，涂层冷却后才能均匀、牢固地与基布结合，具有良好的力学性能。在用PVC增塑糊生产性能要求挺括的人造革产品时，可在增塑糊内添加降黏剂，使其呈有机溶胶，以克服增塑糊黏度大、涂覆困难的缺点。

以熔体形式在基布上形成的涂层，可直接进行压纹和冷却定形。但生产泡沫人造革时，涂覆后的半成品大多需在分段控温的烘箱内进行发泡（整个烘箱一般分为三个工作段），以解决涂覆速度与烘箱发泡的速度不同而带来的种种问题。

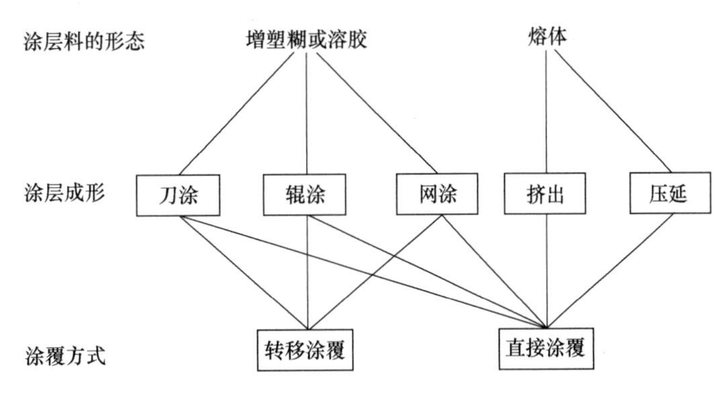

图 2-1　人造革生产常用的涂覆工艺

人造革生产工艺的确定需根据产品性能的要求，并以可获得的原料资源、设备为条件，选择技术与经济最佳匹配的涂覆工艺。涂覆工艺主要包括刮刀涂覆、逆辊涂覆、压延涂覆、挤出涂覆、转移涂覆和圆网涂覆等，每种涂覆方式的操作方式以及特点都有所区别。

PVC 革的花纹是通过钢制的花纹辊热压而成的；PU 革的花纹是用一种花纹纸先热贴压在半成品革表面，等待冷却下来后再将纸革分离，做表面处理。一般 PU 革所需要的花纹纸只能用 4～5 次即告报废，PVC 革所用的花纹辊使用周期长，因此 PU 革的成本比 PVC 革高。

2.2.3　鞋用人造革

2.2.3.1　鞋用人造革的特点

（1）优点

① 重量很轻。天然皮革的相对密度约为 0.6，人造革的相对密度为 0.3～0.5，尤其是干式人造革轻量化的产品，它的重量更是轻之又轻。

② 人造革是一种具有一定规格的物品，在裁断率、利用率等方面，都有良好的效果。同时它又具有产品物性均匀的特点。

③ 外观可随意变化。对于色调、皱纹、光度、阴影、滑润等，均可根据意愿进行变化，制作出各式各样的成品。

④ 没有天然皮革般的气味，没有虫蛀、发霉等天然皮革所具有的先天性缺点。

⑤ 无退色、变色现象，很少有发生汗斑或其他斑点等情形。

⑥ 耐酸、耐碱、耐水等性能良好，置于水中无收缩现象。

⑦ 价格比较稳定，利于进行有计划的生产。

（2）缺点

① 透湿性、吸水性较弱，有发潮、发热的问题存在。

② 对温度与压力特别敏感，实施热风、电烫等整饰工作较为困难，用于制鞋时应对此多加注意，制鞋时除楦后会产生收缩的现象。

③ 对特定溶剂，诸如甲苯、酮、酯等的适应性较弱。

④ 因受折叠卷曲等不同条件的影响，革面有可能出现粗糙的情况。

2.2.3.2　鞋用人造革的物理性能要求

① 遇水与热时不能出现收缩现象。

② 具有良好的接缝疲劳强度。

③ 有一定的弹性。

④ 有一定的透气性、透湿性、吸湿性。

⑤ 具有良好的曲面形成性。

⑥ 具有良好的切断加工性。

针对上述各种要素，可通过对基布材料进行改良和对涂覆材料、涂膜方法进行改进，进而使人造革性能符合制鞋用材料的要求。

2.2.3.3 鞋用人造革的应用现状

作为鞋用材料，从穿着舒适性来说，人造革材料具有明显的弱点，其透气、透湿性较之天然皮革仍有很大的差距。而鞋面吸湿、透湿的功能是保持鞋内空气干燥的重要条件。吸湿透湿性能差，鞋内不干爽，天热时会使人穿着闷脚，天冷时会感到湿凉，有不舒服的感觉。

尽管如此，人造革在制鞋工业中仍占有一席之地。这不仅归功于它的资源广泛、物美价廉，而且它确实具有除透气、透湿以外的似革特性。用它制出的鞋，具有皮鞋的风格和品位，这是其他棉、毛、化纤织物等鞋用材料所无法比拟的。它色泽绚丽，品质均一，除传统皮鞋制作工艺外，还能适应拼接、串编、镶条、皱褶等多种新型制作方法，可制出多种流行款式的靴鞋，与中服、西服、礼服、牛仔裤、长裙、短裙、风衣、大衣等各种服装相匹配。

用人造革材料制作装饰鞋、礼服鞋、舞鞋等特殊用途的高档消费品，无论对生产者还是对使用者均有较大的经济利益。同样，用人造革做内底商标烫印，不仅可获得雅观、醒目的效果，而且不会像一些天然革因耐汗性差而污染鞋、袜。

除做鞋面材料外，一些人造革还用于制鞋的搭配材料。由于人造革质地轻薄、柔软，表面涂层富有弹性而且耐磨，裁剪后，边口无突出的毛刺，使用它无疑为制鞋带来不少便利。用它可做鞋面彩色装饰条，这在高档真皮旅游鞋上也不鲜见。而更多的鞋，包括我国的传统布鞋，常用它做鞋边封口材料，以防止鞋帮口门或上口处穿用经常摩擦而发生损坏，有碍鞋形观感。不少用棉、绒、缎面材料制作的工艺拖鞋，采用人造革做鞋底的包覆层，以获得舒适性、艺术性和经济性的完美统一。

PVC、PU 都是塑料，但 PVC 人造革和 PU 人造革性能有明显区别。PU 革的物理性能要比 PVC 革好，耐曲挠性、柔软度好，抗拉强度大，具有透气性（PVC 无）。PU 革的价格比 PVC 革的高 1 倍以上，某些特殊要求的 PU 革的价格比 PVC 革要高 2～3 倍。这两种材料的适用范围也有一定的区别，在鞋类方面，PVC 革多用在里料或非承受重量的部位，或是制造童鞋，PU 革则可以用于鞋类的面料或承受重量的部位；在包袋方面，使用比较多的是 PVC 革，这是因为包袋中的物品不同于穿在鞋里的脚，不会散发汗液和热量，不用承受人的体重。

2.3 合成革

2.3.1 合成革的分类

（1）按照无纺布纤维品种分类

按照无纺布纤维品种不同，可分为普通合成革和超细纤维合成革。超细纤维无纺布做基布的称超细纤维合成革，用普通无纺布做基布的称普通合成革。

（2）按照加工方法分类

按照加工方法不同，可分为干法合成革、湿法合成革、干湿法相结合合成革。

（3）按照所采用的底基浸流液不同

可分为无纺布和丁苯乳胶聚合物结构底基合成革、无纺布和丁腈乳胶聚合物结构底基合成革等。

（4）按照结构分类

按照结构，合成革可分为三类：三层革、二层革和单层革。三层革的底基是用聚合黏合剂浸透的无纺纤维底基；中层为补强的薄布（面基），它降低了延伸性，提高了材料的牢度，又称为加固层；上层即面层，又称涂饰层。二层革中的一层是用聚合物浸渍的无纺纤维底基，另一层是面层。单层革没有底基或者仅仅是聚合物浸渍的无纺布底基。

（5）按照合成革的风格分类

按照合成革的风格不同，可分为压花合成革、光面合成革、绒面合成革。

（6）按照用途分类

按照用途，合成革可分为鞋用革、衣服用革、包用革、箱用革、球用革、汽车内饰用革及家具用革等。

随着合成革的不断发展，以用途进行分类、命名更为合适。

2.3.2　合成革的加工工艺

从总体上看，合成革是在结构上和性能上模拟天然革的产品，但在具体的合成革品种间却存在着结构和性能上的差异。合成革总的工序设置不外乎无纺布的浸渍、涂覆、凝固、洗涤、干燥、表面整饰等环节，但具体处理工序的设置却具有各自品种的特点。图 2-2 为合成革生产工艺流程图。

除层次结构外，各种合成革生产的主要不同点表现在无纺布所采用的纤维组成和结构，以及浸渍无纺布所用的聚合物品种。

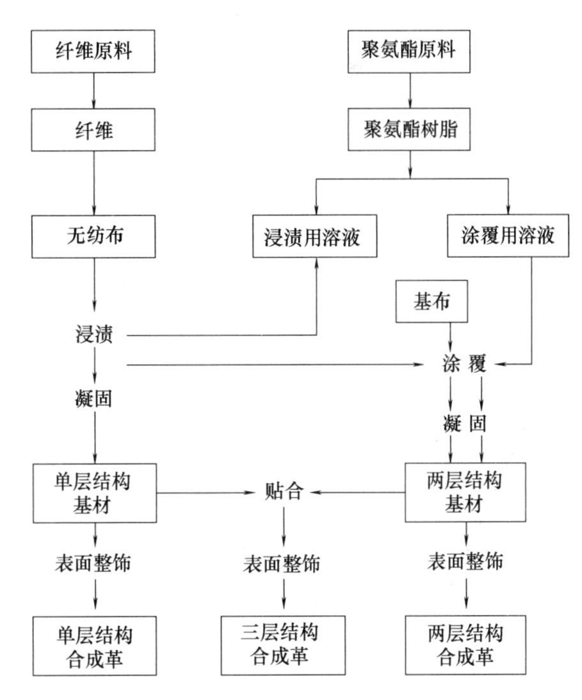

图 2-2　合成革生产工艺流程图

2.3.2.1　无纺布的纤维组成

合成革用无纺布的纤维组成可有多种选择，按照来源可分为天然纤维（如棉纤维）、合成纤维和人造纤维（如黏胶纤维）。不同的纤维有不同的性能。

（1）尼龙（PA）——锦纶

尼龙也称聚酰胺纤维。其优点为相对密度小（1.14），除聚丙烯纤维外，尼龙的相对密度是所有纤维中最小的，且柔软平滑、耐磨、强度高，耐疲劳性、弹性、防霉性、防蛀性、染色性能均较好。缺点是耐光性能差，日照后强度下降，色泽发黄。

（2）聚酯纤维（PET）——涤纶

聚酯纤维的优点是保形性能和耐折皱性能好，压缩弹性好（比尼龙高23倍），强度高（比棉花高近1倍，比羊毛高3倍），耐磨性好（仅次于尼龙），耐热性能好（可在70～170℃使用），柔软、有抗菌性和抗化学药品性，而且无毒、对皮肤无刺激性、不虫蛀。其缺点是吸湿性能差（0.4%～0.5%），不易染色。

（3）聚乙烯醇纤维（PVA）——维纶

聚乙烯醇纤维的优点是吸湿性能好，与棉花相近似（维纶为5%，棉花为7%～8%），但维纶的强度却比棉花高50%～100%，维纶的耐磨性、耐霉蛀、耐日光以及保温性能均良好。缺点为弹性差织物不挺括，容易出皱褶；染色性差，耐热水性能差，织物缩水率较大。

（4）聚氯乙烯纤维（PVC）——氯纶

聚氯乙烯纤维的优点是耐酸、耐碱性强，不易燃烧，具有良好的保暖性（比棉高60%，比羊毛高10%～20%）和耐日光性，且原料丰富，价格便宜，工艺简单。缺点是耐热性差，沸水收缩大，染色困难（在水中不膨胀），吸湿性小，不易导电，易产生和保持静电。

（5）聚丙烯纤维（PP）——丙纶

丙纶的优点是相对密度小、强度高和耐化学药品性能强。缺点是染色性、耐光性差。

（6）人造纤维

人造纤维的优点为质地十分柔软，透气性良好，吸湿率高（回潮率10%～14%），穿着舒适，易于染色（在水中纤维膨胀，染料分子易渗入）。缺点是湿强度低（比干强度低50%），发硬，耐磨性差，尤其湿态尺寸稳定性差，吸水容易变形。

相比之下，比较常用的品种是尼龙纤维和聚酯纤维。

采用“海”“岛”复合纤维生产合成革，可提高所生产合成革的仿真性。由复合纤维制成的超细纤维，有些产品的细度与皮革的胶原纤维接近，以此超细纤维束为基础而制成的无纺布基材不仅具有极好的拉伸强度和柔韧性，而且还能提高其外观质量，增强其似革性。

海岛纤维有复合纺丝法和共混纺丝法两种生产方法，分别得到复合海岛纤维和共混海岛纤维，其岛组分一般采用PET（聚酯）、PA（尼龙），海组分多采用COPET（水溶性聚酯）、PVA（聚乙烯醇）、PE（聚乙烯）、PS（聚苯乙烯）等。根据可溶性组分在纤维中作为岛相或海相的不同，复合海岛纤维又分为定岛型海岛纤维和非定岛型海岛纤维（图2-3）。定岛型海岛纤维溶去其中的“岛”后得到中空纤维，非定岛型海岛纤维溶去其中的“海”后，得到海岛型超细纤维。海岛纤维的生产方法如下所示：

海岛纤维生产方法——
- 共轭复合纺丝→复合海岛纤维→
  - 定岛型海岛纤维
  - 非定岛型海岛纤维
- 共混纺丝→共混海岛纤维

与普通纤维相比，超细纤维在吸水性、柔软性、透气性、坚韧度、抗菌抑菌性等方面均有提升。

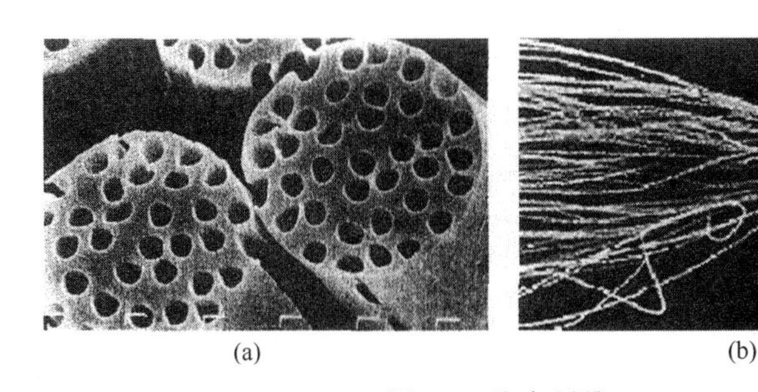

(a)　(b)

图 2-3　海岛纤维
(a) 定岛型海岛纤维　(b) 非定岛型海岛纤维

2.3.2.2　无纺布的浸渍

即使经过高密度针刺及热收缩处理后的无纺布也不能完全避免其结构的松软现象。曲挠时表面结构受力处凹陷，有死褶产生。为了使将成为合成革的基材具有一定的抗弯曲强度、压缩强度和瞬时恢复性，需用纤维以外的高聚物作为粘接物质，将无纺布纤维有隙粘接起来，既保持无纺布纤维一定的活动性，使基材柔软，粘接物质形成微孔海绵体，在无纺布纤维间又套串网络成一体，使基材具有类似天然皮革的结构和性能。因此需要对无纺布进行充分的强制浸渍处理，并由浸渍槽的压榨辊控制浸渍液在无纺布中的含量。浸渍液品种及浸渍量对产品的性能有明显的影响和作用。

目前合成革生产中无纺布浸渍处理所采用的浸渍液主要有两种形式：胶乳和聚氨酯溶液。

(1) 采用丁苯或丁腈胶乳悬浮液浸渍

为克服胶乳在从凝固到干燥过程中收缩所造成的一些问题，如产生很多空隙、凝聚不均匀、容易断裂等，采用胶乳浸渍。采用胶乳浸渍可降低产品成本，且加工时不带溶剂操作，可降低设备的防爆等级。缺点是产品的手感性能较差。

(2) 采用聚氨酯溶液浸渍

浸渍液的组成除聚氨酯弹性体和 DMF（二甲基甲酰胺）溶剂外，还需添加一些助剂。添加疏水型表面活性剂可使凝固的聚氨酯不黏结纤维，否则难以使产品柔软；添加凝固调节剂，在水浴中有助于聚氨酯微细多孔结构的形成，提高产品的柔软性。通过添加凝固调节剂品种和数量的控制，可使聚氨酯浸渍液与聚氨酯涂覆液在同一凝固浴内同时进行凝固，制造出柔软且透气、透湿性好的产品，并减少操作工序。

2.3.2.3　聚氨酯微细多孔结构的形成

根据合成革产品聚氨酯成膜方式的不同，主要分成湿法（凝固涂层）和干法（转移涂层）两种生产工艺。

(1) 湿法凝固工艺

湿法工艺是在聚氨酯树脂的 DMF 溶液中添加各种助剂，调配制成浆料。将浆料浸渍或涂于非织造布上，然后放入与溶剂（DMF）具有亲和性而与聚氨酯树脂不亲和的液体（水）中。DMF 被水置换，PU 逐渐凝固，从而形成多孔性的皮膜。

因其成膜是在 DMF/H_2O 体系中形成，故称为湿法加工。

湿法加工主要有涂层和浸渍两种方法。涂层法是把 PU 树脂涂布于基布的表面；浸渍法是把基布浸渍于PU树脂液中。

其工艺流程：放布→预浸→轧压烫平→涂布→凝固→水洗→压干→预热烫平→烘干定型→冷却→卷取→检验入库。

采用此工艺，凝固浴的温度和所含的溶剂浓度要严格控制，而且要与所选用的凝固调节剂密切配合，技术难度较大。

（2）干法工艺

干法工艺是将浆料（多为聚氨酯浆料）涂覆于片状载体（离型纸）上，流平后浆料可形成一层均匀的膜，烘干使溶剂挥发，聚氨酯形成连续均匀的薄膜。在薄膜上涂上黏合剂，与基布压合、烘干，然后把离型纸与革剥离，涂膜（包括黏结层）就会从离型纸上转移到基布上。

其工艺流程：离型纸→放卷→涂面层→烘干→涂面层→烘干→涂底料→预烘→贴合基布→烘干→熟成→剥离。

采用此工艺，离型纸的选择很重要。

（3）超细纤维合成革的制备工艺

超细纤维合成革的工艺流程：海岛纤维→非织造布→基布→后整理、超细纤维合成革成品。

① 海岛纤维：采用双组分共混熔融喷丝，得到海岛纤维。

② 非织造布：通过先进的针刺非织造布加工技术将海岛纤维加工成三维无纺基材。

③ 基布：将非织造布基材浸渍在聚氨酯树脂浆料中，实现无纺布与PU的复合。进行抽出技术处理，去掉“海”组分，最终形成由束状超细纤维与具有微孔结构的聚氨酯网络成一体的片状材料。

④ 超细纤维合成革成品：按需要对基布进行各种后整理。在基布表面贴合不同色彩花纹的PU面层。

2.3.2.4 整饰加工

根据应用的需要，合成革表面形态有粒面、光面、绒面三类，但实际上光面只是粒面的一种特殊纹理，不同的粒面和绒面形态要求不同的整饰技术和整饰内容。

粒面革类产品的整饰技术有压花、造面、印色、表面处理等。绒面效果产品的整饰技术有磨面、起毛、植绒等。

2.3.3 鞋用合成革

2.3.3.1 鞋用合成革的特点

不同工艺生产的合成革，其特点也有所不同。

（1）干式聚氨酯合成革的优点与缺点

优点：重量非常轻，可随意调整以求合用，耐热性良好，发色性良好。

缺点：透湿性弱，保型性欠佳，对锐角的负荷较弱（瞬间负荷力弱）。

（2）湿式聚氨酯合成革的优点与缺点

优点：表面强度高，耐热性较佳，不易发生瑕疵，耐曲挠性良好。

缺点：弹性太强，缺乏柔和性，遇有破损无法修补，价格昂贵。

（3）湿式尼龙合成革的优点及缺点

优点：触感与真皮（天然皮革）近似，透湿性较干式为优，价格较湿式聚氨酯合成革低廉。

缺点：耐热性不良，缺乏柔和性，层间剥离与粘接强度欠佳，易生瑕疵。

2.3.3.2　鞋用合成革在应用时的注意事项

鞋用合成革与天然皮革性能不同，在应用时需要注意以下事项，以保证产品的质量：

① 制鞋工艺宜采用冷粘、缝制工艺，尤其适宜注射工艺。一般不宜采用模压、硫化工艺。

② 考虑到合成革的透气、排湿性能比天然皮革较差，不能为鞋靴提供良好卫生性能。因而适宜制作凉鞋或露脚部较多的鞋款。

③ 合成革组成材料在光照下会使表面出现老化现象，故在应用过程中需要做好防护工作，避免暴晒。

④ 合成革底基有吸水性，适于霉菌的生存、繁殖而使其表面产生霉斑或白色斑点等，因此应将合成革材料放置在通风干燥地方。

⑤ 合成革表面是薄嫩的塑膜，与锐利物碰撞容易造成痕迹，影响其外观质量。所以在应用过程中应避免被尖锐异物碰伤，而且在缝制时针距不宜过密。

⑥ 由于鞋用合成革弹性较好，导致相叠数层后用刀模进行裁断时很易滑动。因此在裁断时一定要注意刀模之间的距离，避免因层间滑动产生材料尺寸短缺现象。

⑦ 合成革底基纤维编织较松，除因部件特殊需要外，一般不宜进行机片边操作，以免底基上的针织布被破坏而影响其强度。如果需要片边，也不宜太薄。需要砂毛帮脚时将表面层轻微砂毛即可，不能伤及其纤维组织，否则易产生帮面断裂现象。

⑧ 由于合成革的底基纤维材质松软，吸胶量大，在涂胶时应进行多次刷胶，使胶粘剂充分渗入底基内，确保部件胶粘牢固。

⑨ 鞋用合成革的延伸性和弹性一般比天然皮革大，在鞋帮绷楦时用力不宜过大，用力要均匀，确保成鞋后不变形。必须要有足够的干燥定型时间，确保出楦后鞋形保持不变，线条清晰。

2.3.3.3　鞋用合成革的力学性能及应用现状

（1）鞋用合成革的力学性能要求

日本在合成革技术方面最为先进，基本上垄断了世界高端市场。表 2-1 列出了日本鞋面用合成革的物理力学性能指标，表 2-2 列出了我国烟台合成革厂束状超细纤维鞋面用合成革的物理力学性能指标。

表 2-1　日本鞋面用合成革的物理力学性能指标

项目			光面		绒面	
			男鞋	女鞋、儿童鞋	男鞋	女鞋、儿童鞋
厚度/mm			≥1.2	≥0.3	≥1.2	≥0.8
表观密度/(g/cm³)			≤0.80	≤0.80	≤0.80	≤0.80
拉伸强度/(N/cm)	伸长率不足 30%	经向	≥10	≥7	≥10	≥7
		纬向	≥98.07	≥68.65	≥98.07	≥68.65
	伸长率≥30%	经向	≥7	≥4	≥7	≥4
		纬向	≥68.65	≥39.23	≥68.65	≥39.23

续表

项目			光面		绒面	
			男鞋	女鞋、儿童鞋	男鞋	女鞋、儿童鞋
断裂伸长率/%		经向	≥15			
		纬向				
撕裂强度/N		经向	≥2.5	≥1.5	≥2.5	≥1.5
		纬向	≥24.52	≥14.71	≥24.52	≥14.71
耐折牢度/级	常温(20℃)	10 万次	≥4			
		20 万次	≥3			
	低温(-10℃)	5000 次	≥4			
		2.5 万次	≥3			
崩裂性能	表面崩裂高度/mm		≥7.0			
	7.0mm 高度时的负荷/N		49.0～166.6	39.2～156.8	39.2～147.0	29.4～137.2
色摩擦坚牢度/级		干	1	1	3	3
		湿	3	3	2	2
透湿度/[mg/(cm^2·h)]			≥1.5		≥1.0	
耐水度(水压,14.7kPa)/min			≥1		—	
吸水度(24h)/%			≥15			
耐热黏着性/级			≥4		≥3	
半球状可塑性/%			≥30		≥20	

表 2-2　烟台合成革厂束状超细纤维鞋面用合成革的物理机械性能指标

项　目		指　标			
厚度/mm		1.2	1.4	1.6	1.8
表观密度/(g/cm^3)		≤0.60			
拉伸负荷/N	经向	≥120			
	纬向				
断裂伸长率/%	经向	≥25			
	纬向				
撕裂负荷/N	经向	≥60			
	纬向				
剥离负荷/N		≥35			
耐折牢度/级	常温(23℃,50 万次)	≥4			
	低温/(-10℃,2.5 万次)	≥1			

续表

<table>
<tr><th colspan="3">项　目</th><th colspan="4">指　标</th></tr>
<tr><td rowspan="2">崩裂性能</td><td colspan="2">表面崩裂高度/mm</td><td colspan="4">≥7.0</td></tr>
<tr><td colspan="2">表面崩裂负荷/N</td><td colspan="4">≥100</td></tr>
<tr><td colspan="2" rowspan="2">耐擦牢度/级</td><td>干</td><td>1</td><td>1</td><td>3</td><td>3</td></tr>
<tr><td>湿</td><td>3</td><td>3</td><td>2</td><td>2</td></tr>
<tr><td colspan="2" rowspan="3">表面色牢度/级</td><td>干摩擦</td><td colspan="4" rowspan="2">≥4</td></tr>
<tr><td>湿摩擦</td></tr>
<tr><td>汗液摩擦</td><td colspan="4">—</td></tr>
<tr><td colspan="3">透湿度/[g/(cm² · h)]</td><td colspan="4">≥0.5</td></tr>
<tr><td colspan="3">耐水度(14.7kPa)/min</td><td colspan="4">≥1</td></tr>
<tr><td colspan="3">吸水度(24h)/%</td><td colspan="4">≥15</td></tr>
<tr><td colspan="3">耐热黏着性/级</td><td colspan="4">≥4</td></tr>
</table>

(2) 鞋里用合成革

用于做鞋里的合成革，要求物理力学性能良好，美观，穿着舒适，能够保护人的脚面不被鞋帮接缝和夹层衬垫凸出的边角擦伤。鞋里材料必须具有透水汽性和透空气性，从而能够吸收脚排出的汗，然后将湿气散发给鞋面的邻接层和周围介质。在生产鞋里时于浆料中加入防霉抗菌药物，有的甚至可以有芳香气味，确保合成革鞋里具有防汗、吸湿、防霉抗菌、穿着不臭脚的透水汽作用，从而具有与真皮一样的舒适感。合成革鞋里同时还应有一定的绝热性能，起到一定的保暖作用。

鞋里在改善鞋的穿着性能上起着重要作用，应能防止刚性的中间部件（主跟和包头）在动态负载（受压下的经常摩擦，在行走过程中脚的移动等）条件下过早地磨损、毁坏，保持鞋在穿着过程中不变形，防止在制鞋过程中（帮料绷楦成型时）鞋面过度拉伸。因此，鞋里革也要具有一定的抗撕裂、抗断裂、抗缝纫强度，耐干湿擦，耐曲挠，柔软、富于弹性。特别是鞋后跟部位的鞋里后吊皮，一般用机织布浸渍加涂刮 PU 浆料，做成厚度为 0.9～1.1mm 的基材，再用磨革机砂布起绒，最后印刷染色达到成品。以这种合成革做成的后吊皮代替皮鞋后跟里皮，有足够的抗拉强度、适当的摩擦因数和漂亮的外观，使鞋在穿着时更跟脚。

(3) 鞋用合成革的应用现状

合成革可用作男鞋、女鞋、童鞋、运动鞋、凉鞋、拖鞋等鞋面、鞋里衬、鞋底和鞋垫材料。

目前应用于制鞋业的合成革有仿漆革、皱纹（龟裂）革、摔纹革、擦色效应革、消光革、珠光革、荧光效应革、珠光擦色效应革、仿旧效应革、牛仔革、水晶革（仿打光）、防水革、卵石粒纹革、磨砂效应革、蜥蜴革、纳巴革、努巴克革（正绒）、变色革（pull-up)、绒面革、吸湿防霉抗菌衬里革等，使用范围已涵盖生活鞋、劳保鞋、旅游鞋、运动鞋、休闲鞋等，随着现代技术的应用，可以预言，合成革在制鞋业中的应用将有更大的发展空间和突出贡献。

2.3.4 人工革、再生革、天然皮革的鉴别

2.3.4.1 人工革、再生革和天然皮革的鉴别方法

(1) 观察法

根据皮革、再生革和人造革特有的物理性能和主要特征，通过手摸、眼看、弯曲、拉伸等方法，从革的丰满性、柔软性、弹性及粒面的粗细、光泽和革的纤维束等方面进行鉴别，见表2-3。

表2-3　皮革、再生革和人工革的感官形态特征

材质	感官形态			
	革身	粒面	纵切面	革反面
皮革	柔软、丰满，有弹性。将皮革正面向下弯折90°左右会出现自然皱褶，分别弯折不同部位，产生的皱纹粗细、多少有明显的不均匀	头层革粒面花纹完整，天然毛孔和纹理清晰可见。或粒面磨去一部分，但仍可见天然毛孔和纹理。二层革和移膜革无天然毛孔	纵切面层次明显，下层有动物组织纤维，用手指甲刮拭会出现皮革纤维竖起，有起绒的感觉，少量纤维也可掉落下来	有明显的天然纤维束，呈毛绒状且均匀
再生革	革面发涩、死板，柔软性和弹性差，回复性较差，弯折后无皱纹或皱纹大小均匀	表面无天然毛孔	纤维组织均匀一致，呈纤维混合凝结状	天然纤维较短
人工革	革面发涩、死板，柔软性和弹性较差，弯折后无皱纹或皱纹大小均匀	表面无天然毛孔	涂覆层和底布有明显的分层	没有天然纤维束，有的革里能见到明显的织物或无纺布

(2) 溶剂法

根据皮革、再生革、人造革特有的化学性能，采用化学溶剂溶解时的状态及特征来鉴别。用四氢呋喃做溶剂，通过对聚氯乙烯、聚氨酯等涂覆材料的溶解，把涂覆层和基底进行有效分离，再进一步鉴别基底组织。皮革、再生革和人造革有四氢呋喃中的溶解状态见表2-4。

表2-4　皮革、再生革和人造革在四氢呋喃中的溶解状态

材　质	溶解状态
皮革	天然皮革耐有机溶剂，皮质纤维不溶解，有贴膜的贴膜溶解
再生革	再生革在四氢呋喃中发生卷曲、膨胀，有贴膜的贴膜溶解
人工革	人工革涂覆层在四氢呋喃中完全溶解

(3) 湿热法

天然革和再生革在150℃的甘油中发生收缩，且天然革的收缩程度大于再生革，人工革的形态变化不大。

(4) 燃烧法

根据不同材质燃烧性能的差异进行鉴别，见表2-5。观察燃烧状态（接近火焰—接触火焰—离开火焰）、燃烧气味、燃烧残留物特征。

表 2-5　皮革、再生革和人造革燃烧状态

材质		燃烧状态			燃烧时气味	残留物特征
		靠近火焰时	接触火焰时	离开火焰时		
皮革		涂饰层和贴膜熔缩	涂饰层和贴膜熔缩，皮质纤维燃烧	燃烧缓慢，有时自灭	烧毛发味	易捻碎成粉末状。有贴膜的贴膜冷却后会发硬
再生革		贴膜熔缩	贴膜熔缩，皮质纤维燃烧	燃烧缓慢，有时自灭	轻微的烧毛发味，夹杂化学味道	易捻碎成粉末状。有贴膜的贴膜冷却后会发硬
人工革	PVC 人造革	涂覆层熔缩	熔融燃烧冒黑烟，有绿色火焰	自灭	刺鼻气味	呈深棕色硬块
人工革	PU 合成革	涂覆层熔缩	熔融燃烧冒黑烟，有的表面冒小气泡	继续燃烧	特异气味	易捻碎成粉末状

（5）SEM 观察法

在扫描电镜下，可以清晰地看到天然革、再生革和人工革的不同，天然革的胶原纤维束从上到下逐渐粗壮，纤维存在编织角，粒面层和网状层分界明显，纤维组织紧密；再生革的胶原纤维束短小，粗细基本一致，无编织角存在，纤维间靠黏合剂固定成型，纤维组织疏松；人工革无胶原纤维，基布纵横编织有规律。

（6）红外光谱分析法（FTIR）

天然革和再生革的主要成分是胶原纤维，其主要官能团为羧基、氨基、肽基、酰胺基等，人工革的主要链段是聚氯乙烯和氨基甲酸酯基。不同官能团在不同波长范围内有不同的吸收，因此，天然皮革、再生革和人工革中的不同官能团在 FTIR 谱图中有不同的波长吸收，表现出来的 FTIR 谱图必定有所不同。

（7）热重分析法

利用热重分析仪进行热解处理，可以看到 PVC 人造革存在两个失重阶段，PU 革虽存在一个失重阶段，但失重率大于 75%；天然革和再生革总失重率小于 75%。再生革在 400℃附近出现一个拐点，为黏合剂的热解温度点，天然革在此点附近没有失重拐点。

参考文献

[1] 《中国鞋业大全》编委会. 中国鞋业大全上材料·标准·信息 [M]. 北京：化学工业出版社，1998.

[2] 丁绍兰，马飞. 革制品材料学：第 2 版 [M]. 北京：中国轻工业出版社，2019.

[3] 丁双山等. 人造革与合成革 [M]. 北京：中国石化出版社，1998.

[4] 沈跃风，胡美群. 超细纤维合成革仿天然皮革研究进展 [J]. 新材料与新技术，2017，43 (10)：60.

[5] 薛元，孙世元，孙明宝. 海岛纤维加工技术及其应用 [J]. 纺织导报，2003 (5)：94-100.

[6] 李瑞，单志华. 天然革、再生革和人工革的鉴别方法 [J]. 印染助剂，2015，32 (10)：56-60.

[7] 韩军等. 天然革与人工革鉴别方法研究 [J]. 中国纤检，2014 (12)：82-83.

[8] 亢秀杰. 皮革、再生革和人造革鉴别方法的研究 [J]. 中国纤检，2014，(18)：77-79.

作业：

1. 了解鞋用人工革的种类与特征。

2. 掌握鞋用合成革的要求。

3. 掌握人工革、再生革与天然皮革的区别方法。

4. 查阅资料了解束状超细纤维人工革的发展、结构及生产工艺，写一篇 800 字左右的小论文。

5. 收集人工革试样，辨析其种类和名称，并说明其特点和用途。

第3章 鞋用橡胶

【学习目标】

1. 熟悉常见橡胶的概念、种类、结构和性能。
2. 了解橡胶的配方设计和加工工艺。
3. 熟悉常见鞋用橡胶配方。
4. 了解再生胶的概念、特点以及在制鞋中的应用。
5. 了解热塑性弹性体性能特点及其在鞋类中的应用现状。

【案例与分析】

案例：有一次去某鞋企进行人才需求调研，在和企业负责人交流的过程中，对方把话题转到了鞋产品方面，并且感慨地说："你看，我脚上穿的鞋是我3年前买的，一直在穿，鞋底到现在也看不出有多少磨损的现象。可是有些鞋，别说穿3年，就是穿1个月，鞋底就明显地被磨损掉一部分。这到底是什么原因呢?"。调研回来后，我在市场上买了尽可能多的橡胶鞋底样品，一一进行耐磨性测试，结果发现耐磨性差距相当大，耐磨性好的和耐磨性差的相差数倍。随后又拿出几个样品进行成分分析，得出的结果是添加剂含量区别很大。

分析：在本案例中，问题的本质是对鞋底材料性能的选择问题。鞋底材料的性能对成鞋的品质影响很大，我们设计鞋子时往往只关注视线内的鞋面材料质地、鞋底造型以及色彩搭配，对于内在性能，特别是影响成鞋品质的性能关注度还有待加强。鞋底作为鞋材的重要组成部分，其内在性能不仅影响到鞋的穿着舒适性，还影响到鞋的整体品质，所以了解和掌握鞋底材料的性能要求，对于鞋类设计工作者、鞋制造商等是很重要的。同时也需要鞋底材料开发商更多地进行技术创新，为市场提供性价比更高的鞋底新材料。

3.1 橡胶概述

3.1.1 橡胶的概念

通常，人们所说的橡胶指的是生胶，是具有高弹性的高分子化合物的总称。

一般生胶中不含配合剂，但有些生胶品种会含有一两种配合剂，如大多数不饱和的合成橡胶在合成后会加入一定的防老剂，以提高生胶的贮存稳定性；除此之外，为了便于橡胶制品的加工和生产，有些生胶也会含有一些填料或增塑剂，如充油丁苯橡胶、充炭黑丁苯橡胶和充炭黑充油丁苯橡胶。

生胶的商品形式绝大多数呈块状、片状，少量为黏稠状液体，也有粉末状的。

生胶是相对分子质量在10万到100万的黏弹性物质，在室温和自然状态下有极大的弹性，而在50～100℃开始软化，此时进行机械加工能产生很大的塑性变形，易于将配合剂均匀地混入并制成各种胶料和半成品。这种配合后的胶料在140～180℃的温度下，经过一定时间（通常为2～40min）的硫化，转变成为有实用价值的既有韧性又很柔软的弹性体。

我国习惯上把生胶、硫化胶统称为橡胶，所以本书中有时也把生胶称为橡胶。

3.1.2 橡胶的分类

（1）橡胶分类方法

① 按原材料来源分类：分为天然橡胶和合成橡胶两大类。其中天然橡胶的消耗量占1/3，合成橡胶的消耗量占2/3。

② 按橡胶的外观形态分类：分为固态橡胶（又称干胶）、乳状橡胶（简称乳胶）、液体橡胶和粉末橡胶四大类。

③ 根据橡胶的性能和用途分类：除天然橡胶外，合成橡胶可分为通用合成橡胶、半通用合成橡胶、专用合成橡胶和特种合成橡胶。

④ 根据橡胶的物理形态分类：可分为硬胶和软胶，生胶和混炼胶等。

（2）天然橡胶与合成橡胶

天然橡胶主要来源于三叶橡胶树，当这种橡胶树的表皮被割开时，就会流出乳白色的汁液，称为胶乳，胶乳经凝聚、洗涤、成型、干燥即得天然橡胶。

合成橡胶是用人工合成方法制得的，采用不同的原料（单体）可以合成出不同种类的橡胶。1900—1910年化学家C. D. 哈里斯（Harris）测定了天然橡胶的结构是异戊二烯的高聚物，这就为人工合成橡胶开辟了途径。1910年俄国化学家SV列别捷夫（Lebedev，1874—1934）以金属钠为引发剂使1,3-丁二烯聚合成丁钠橡胶，以后又陆续出现了许多新的合成橡胶品种，如顺丁橡胶、氯丁橡胶、丁苯橡胶等。合成橡胶的产量已大大超过天然橡胶，其中产量最大的是丁苯橡胶。

① 丁苯橡胶：丁苯橡胶是由丁二烯和苯乙烯共聚制得的，是产量最大的通用合成橡胶，有乳聚丁苯橡胶、溶聚丁苯橡胶和热塑性橡胶。

② 丁腈橡胶：丁腈橡胶是由丁二烯和丙烯腈经乳液共聚而成的聚合物，丁腈橡胶以其优异的耐油性而著称，其耐油性仅次于聚硫橡胶、丙烯酸酯橡胶和氟橡胶，此外丁腈橡胶还具有良好的耐磨性、耐老化性和气密性，但耐臭氧性、耐电绝缘性和耐寒性都比较差，而导电性能比较好，因而应用很广泛。丁腈橡胶主要应用于耐油制品，例如各种密封制品。还可作为PVC改性剂及与PVC并用做阻燃制品，与酚醛并用做结构胶粘剂，做抗静电好的橡胶制品等。

③ 硅橡胶：硅橡胶由硅、氧原子形成主链，侧链为含碳基团，用量最大的是侧链为

乙烯的硅橡胶。硅橡胶既耐热又耐寒，使用温度在100～300℃，它具有优异的耐气候性和耐臭氧性以及良好的绝缘性。缺点是强度低，抗撕裂性能差，耐磨性能也差。硅橡胶主要用于航空工业、电气工业、食品工业及医疗工业等。

④ 顺丁橡胶：顺丁橡胶是丁二烯经溶液聚合制得，顺丁橡胶具有特别优异的耐寒性、耐磨性和弹性，还具有较好的耐老化性能。顺丁橡胶绝大部分用于生产轮胎，少部分用于制造耐寒制品、缓冲材料以及胶带、胶鞋等。顺丁橡胶的缺点是抗撕裂性能较差，抗湿滑性能不好。

⑤ 异戊橡胶：异戊橡胶是聚异戊二烯橡胶的简称，采用溶液聚合法生产。异戊橡胶与天然橡胶一样，具有良好的弹性和耐磨性、优良的耐热性和较好的化学稳定性。异戊橡胶生胶（未加工前）强度显著低于天然橡胶，但质量均一性、加工性能等优于天然橡胶。异戊橡胶可以代替天然橡胶制造载重轮胎和越野轮胎，还可以用于生产各种橡胶制品。

⑥ 乙丙橡胶：乙丙橡胶以乙烯和丙烯为主要原料合成，耐老化、电绝缘性能和耐臭氧性能突出。乙丙橡胶可大量充油和填充炭黑，制品价格较低，乙丙橡胶化学稳定性好，耐磨性、弹性、耐油性和丁苯橡胶接近。乙丙橡胶的用途十分广泛，可以做轮胎胎侧、胶条和内胎以及汽车的零部件，还可以做电线、电缆包皮及高压、超高压绝缘材料。还可用于制造胶鞋、卫生用品等浅色制品。

⑦ 氯丁橡胶：氯丁橡胶以氯丁二烯为主要原料，通过均聚或与少量其他单体共聚而成。氯丁橡胶抗张强度高，耐热、耐光、耐老化性能优良，耐油性能优于天然橡胶、丁苯橡胶、顺丁橡胶，具有较强的耐燃性和优异的抗延燃性，化学稳定性较高，耐水性良好。氯丁橡胶的缺点是电绝缘性能，耐寒性能较差，生胶在贮存时不稳定。氯丁橡胶用途广泛，如用来制作运输皮带和传动带，电线、电缆的包皮材料，制造耐油胶管、垫圈以及耐化学腐蚀的设备衬里。

3.1.3　橡胶的配方设计

为了使橡胶更容易加工以及满足使用性能要求，通常橡胶配方中除了含有橡胶外（即生胶体系），还必须包含其他一系列的配合体系，即硫化体系、填充补强体系、软化增塑体系和防护体系，它们和生胶体系一起组成了通常所说的“五大体系”。

某些时候，为了实现一些特殊目的，还会加入一些其他配合剂，如阻燃剂、着色剂、发泡剂和抗静电剂等。

3.1.3.1　生胶体系

生胶体系是制造橡胶制品的基础材料，也称母体材料或基体材料，呈连续相；生胶的性能对最终产品的某些性能有着重大或者决定性的影响，如耐老化性、耐油性、绝缘性等。

3.1.3.2　硫化体系

硫化体系与橡胶大分子起化学作用，使橡胶线形大分子交联形成空间网状结构，提高性能，稳定形状，其对最终产品的性能也有着重要影响，如耐热性、弹性、耐疲劳性、抗压缩永久变形性等。

（1）硫化体系的作用

生胶在绝大多数情况下是没有使用价值的，这是因为生胶缺乏良好的物理力学性能，例如，生胶不仅强度低，遇溶剂则溶胀、溶解，而且其弹性受温度影响较大，即遇冷变硬，遇热变软、发黏，这些缺点使生胶的使用范围很窄。

硫化体系的作用就是在一定的外界条件作用下，经过一定的时间，硫化体系通过与生胶体系发生化学作用，进而使胶料的物理性能及其他性能都发生根本变化，获得各种宝贵的使用性能，上述过程在橡胶工业中也被称为橡胶的硫化。图 3-1 是硫化对橡胶物理力学性能的影响。

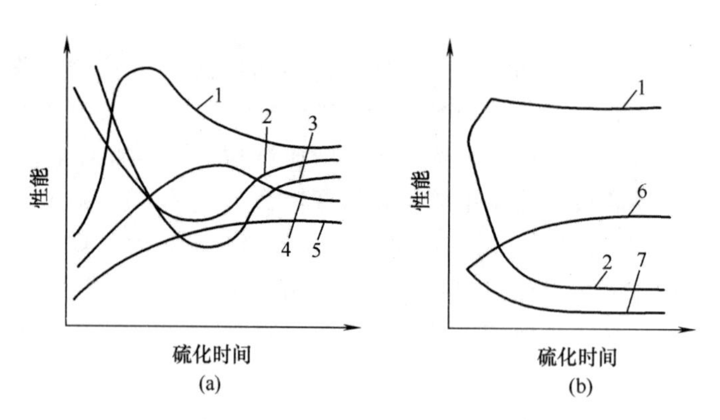

图 3-1　硫化过程中橡胶物理力学性能的变化

（a）天然橡胶　（b）热塑性橡胶

1—拉伸强度　2—扯断伸长率　3—溶胀性能　4—回弹性　5—硬度　6—定伸应力　7—永久变形

如图 3-1 可知，经过一定时间的硫化，橡胶的性能发生了巨大的变化，如拉伸强度、定伸应力和回弹性显著增大，而永久变形显著降低，并失去可溶性而只产生有限溶胀。除此之外，橡胶的其他性能也发生了显著变化，如使用温度范围、气密性、化学稳定性等。

（2）硫化的本质

自从 1839 年固特异发现天然橡胶和硫黄共热可得到坚实而带有弹性的物质，获得各种宝贵的使用性能后，随着橡胶工业的不断发展，新型合成橡胶不断涌现。人们在生产实践中对客观事物的认识不断深化，发现除了硫黄以外，还有许多化学物质，诸如有机多硫化物、过氧化物、金属氧化物、醌类、胺类及树脂等也能使橡胶发生“硫化”作用，甚至用高能辐射的方法也能使橡胶“硫化”。

橡胶硫化的本质是将线型的橡胶分子在特定的条件下转变成空间网状结构，从而改善橡胶性能的化学反应过程。由于引起这一过程的物质已不仅仅局限于硫黄，所以硫化又可称为交联。但是，无论交联剂品种或硫化方法如何变化，硫黄在橡胶工业用交联剂中仍占统治地位，硫化仍然是橡胶工业最重要的环节，因此硫化就成为交联的代表性用语。用硫黄交联的橡胶分子网状结构如图 3-2 所示。

（3）硫化历程

一个完整的硫化体系主要由硫化剂、活化剂、促进剂组成。硫化反应是一个多元组分参与的复杂的化学反应过程，它包含橡胶分子与硫化剂及其他配合剂之间发生的一系列化学反应，在形成网状结构时伴随着发生各种副反应，其中，橡胶与硫黄的反应占主导地位，它是形成空间网络的基本反应。

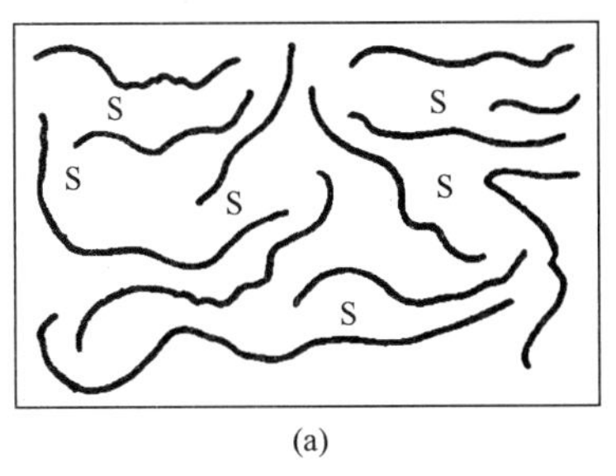

(a)

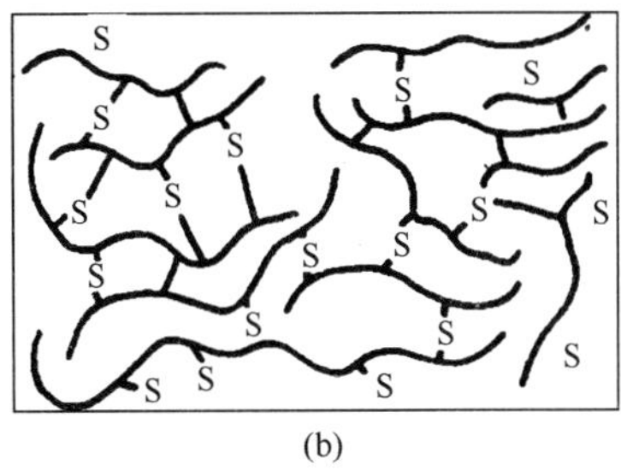

(b)

图 3-2 橡胶分子硫化前后的网络结构示意图

（a）未硫化结构 （b）硫化结构

一般来说，大多数含有促进剂-硫黄硫化的橡胶，大致经历如下三个阶段的硫化历程：第一阶段为诱导阶段，在这个阶段中，先是硫黄、促进剂、活化剂的相互作用，使氧化锌在胶料中溶解度增加，活化促进剂，使促进剂与硫黄之间反应生成一种活性更大的中间产物；然后进一步引发橡胶分子链，产生可交联的橡胶大分子自由基（或离子）。第二阶段为交联反应，即可交联的自由基（或离子）与橡胶分子链产生反应，生成交联键。第三阶段为网络形成阶段，此阶段的前期，交联反应已趋完成，初始形成的交联键发生裂解、短化和重排反应，最后网络趋于稳定，获得网络相对稳定的硫化胶。

3.1.3.3 填充补强体系

填充补强体系通过与橡胶分子作用提高橡胶的力学性能，改善加工工艺性能，降低成本等，例如提高橡胶的拉伸强度、降低挤出胀大性或压延后的收缩性等。

3.1.3.4 软化增塑体系

通过降低分子间的作用力，降低混炼胶的黏度，改善加工性能，降低成品硬度等。

3.1.3.5 防护体系

通过与老化过程中的一些物质产生化学反应，延缓橡胶老化进程，进而延缓橡胶老化，延长制品使用寿命。

3.1.3.6 其他配合剂

例如，阻燃剂能提高制品的阻燃性，防止火灾的发生；着色剂使制品颜色更加多变和鲜艳，提高制品的美观程度和附加值；发泡剂使制品发泡制成海绵状，柔软性更高，绝热性更好；抗静电剂提高制品的导电效率，降低静电危害等。

3.1.4 橡胶加工工艺

橡胶制品的主要原料是生胶、各种配合剂以及作为骨架材料的纤维和金属材料，橡胶制品的基本生产工艺过程包括塑炼、混炼、压延、压出、成型、硫化 6 个基本工序。

橡胶的加工工艺过程主要是解决塑性和弹性矛盾的过程，通过各种加工手段，使得弹性的橡胶变成具有塑性的塑炼胶，再加入各种配合剂制成半成品，然后通过硫化使具有塑性的半成品又变成弹性高、物理力学性能好的橡胶制品。

3.1.4.1 塑炼工艺

生胶塑炼是通过机械应力、热、氧或加入某些化学试剂等方法，使生胶由强韧的弹性状态转变为柔软、便于加工的塑性状态的过程。

生胶塑炼的目的是降低它的弹性，增加可塑性，并获得适当的流动性，以满足混炼、压延、压出、成型、硫化以及胶浆制造、海绵胶制造等各种加工工艺过程的要求。

掌握好适当的塑炼可塑度，对橡胶制品的加工和成品质量是至关重要的。在满足加工工艺要求的前提下应尽可能降低可塑度。随着恒黏度橡胶、低黏度橡胶的出现，有的橡胶已经不需要塑炼而直接进行混炼。

在橡胶工业中，最常用的塑炼方法有机械塑炼法和化学塑炼法。机械塑炼法所用的主要设备是开放式炼胶机、密闭式炼胶机和螺杆塑炼机。化学塑炼法是在机械塑炼过程中加入化学药品来提高塑炼效果的方法。

开炼机塑炼时温度一般在 80℃以下，属于低温机械混炼方法。密炼机和螺杆塑炼机的排胶温度在 120℃以上，甚至高达 160～180℃，属于高温机械混炼。

生胶需要预先经过烘胶、切胶、选胶和破胶等处理才能进行塑炼。

几种胶的塑炼特性：

① 天然橡胶用开炼机塑炼时，辊筒温度为 30～40℃，时间为 15～20min；采用密炼机塑炼当温度达到 120℃以上时，时间为 3～5min。

② 丁苯橡胶的门尼黏度多为 35～60，因此，丁苯橡胶也可不用塑炼，但是经过塑炼后可以提高配合剂的分散性。

③ 顺丁橡胶具有冷流性，缺乏塑炼效果。顺丁胶的门尼黏度较低，可不用塑炼。

④ 氯丁橡胶的塑性大，塑炼前可薄通 3～5 次，薄通温度在 30～40℃。

⑤ 乙丙橡胶的分子主链是饱和结构，塑炼难以引起分子的裂解。

⑥ 丁腈橡胶可塑度小，韧性大，塑炼时生热大。开炼时要采用低温 40℃以下、小辊距、低容量以及分段塑炼，这样可以收到较好的效果。

3.1.4.2 混炼工艺

混炼是指在炼胶机上将各种配合剂均匀地混到生胶中的过程。混炼对胶料的进一步加工和成品的质量有着决定性的影响，即使配方很好的胶料，如果混炼不好，也会出现配合剂分散不均，胶料可塑度过高或过低，易焦烧、喷霜等问题，使压延、压出、涂胶和硫化等工艺不能正常进行，而且还会导致制品性能下降。

混炼方法通常分为开炼机混炼和密炼机混炼两种。这两种方法都是间歇式混炼，是目前应用最广泛的方法。

(1) 开炼机混炼

开炼机的混合过程分为三个阶段，即包辊（加入生胶的软化阶段）、吃粉（加入粉剂的混合阶段）和翻炼（吃粉后使生胶和配合剂均达到均匀分散的阶段）。

开炼机混胶依胶料种类、用途、性能要求不同，工艺条件也不同。混炼中要注意加胶量、加料顺序、辊距、辊温、混炼时间、辊筒的转速和速比等各种因素，既不能混炼不足，又不能过炼。

(2) 密炼机混炼

密炼机混炼分为三个阶段，即湿润、分散和捏炼。密炼机混炼是在高温加压下进行的，操作方法一般分为一段混炼法和两段混炼法。

一段混炼法是指经密炼机一次完成混炼，然后压片制得混炼胶的方法，适用于全天然橡胶或掺有合成橡胶不超过50%的胶料。在一段混炼操作中，常采用分批逐步加料法，为使胶料不至于剧烈升高，一般采用慢速密炼机，也可以采用双速密炼机，加入硫黄时的温度必须低于100℃。其加料顺序为生胶—小料—补强剂—填充剂—油类软化剂—排料—冷却—加硫黄及促进剂。

两段混炼法是指两次通过密炼机混炼压片制成混炼胶的方法。这种方法适用于合成橡胶含量超过50%的胶料，可以避免一段混炼法过程中混炼时间长、胶料温度高的缺点。第一阶段混炼与一段混炼法一样，只是不加硫化和活性大的促进剂，一段混炼完后下片冷却，停放一定的时间，然后再进行第二段混炼。混炼均匀后排料到压片机上再加硫化剂，翻炼后下片。分段混炼法每次炼胶时间较短，混炼温度较低，配合剂分散更均匀，胶料质量高。

3.1.4.3 压延工艺

压延是将混炼胶在压延机上制成胶片或与骨架材料制成半成品的工艺过程，它包括压片、贴合、压型和纺织物挂胶等作业。

压延过程一般包括以下工序：混炼胶的预热和供胶，纺织物的导开和干燥（有时还有浸胶），胶料在四辊或三辊压延机上的压片或在纺织物上挂胶，以及压延半成品的冷却、卷取、截断、放置等。

在进行压延前，需要对胶料和纺织物进行预加工，胶料进入压延机之前，需要先将其在热炼机上翻炼。这一工艺为热炼或称预热，其目的是提高胶料的混炼均匀性，进一步增加可塑性，提高温度，增大可塑性。为了提高胶料和纺织物的黏合性能，保证压延质量，需要对织物进行烘干，含水率控制在1%～2%。含水量低，织物变硬，压延中易损坏；含水量高，黏附力差。

几种常见橡胶的压延性能：

① 天然橡胶热塑性大，收缩率小，压延容易，易黏附热辊，应控制各辊温差，以便胶片顺利转移。

② 丁苯橡胶热塑性小，收缩率大，因此用于压延的胶料要充分塑炼。由于丁苯橡胶对压延的热敏性很显著，压延温度应低于天然橡胶，各辊温差由高到低。

③ 氯丁橡胶在75～95℃易黏辊，难以压延，应使用低温法或高温法，压延后要迅速冷却，掺入石蜡、硬酯酸可以减少黏辊现象。

④ 乙丙橡胶压延性能良好，可以在较宽的温度范围内连续操作，温度过低时胶料收缩性大，易产生气泡。

⑤ 丁腈橡胶热塑性小，收缩性大，在胶料中加入填充剂或软化剂可减少收缩率，当填充剂质量占生胶质量的50%以上时，才能得到表面光滑的胶片，丁腈橡胶黏性小，易黏冷辊。

3.1.4.4 压出工艺

压出工艺是通过压出机机筒筒壁和螺杆件的作用，使胶料获得挤压和初步造型的目的，压出工艺也成为挤出工艺。

几种橡胶的压出特性：

① 天然橡胶压出速度快，半成品收缩率小，机身温度 50～60℃，机头温度 70～80℃，口型温度 80～90℃。

② 丁苯橡胶压出速度慢，压缩变形大，表面粗糙，机身温度 50～70℃，机头温度 70～80℃，口型温度 100～105℃。

③ 氯丁橡胶压出前不用充分热炼，机身温度 50～60℃，机头温度 60～70℃，口型温度 70～80℃。

④ 乙丙橡胶压出速度快，收缩率小，机身温度 60～70℃，机头温度 80～130℃，口型温度 90～140℃。

⑤ 丁腈橡胶压出性能差，压出时应充分热炼。机身温度 50～60℃，机头温度 70～80℃，口型温度 80～90℃。

3.1.4.5 注射工艺

橡胶注射成型工艺是一种把胶料直接从机筒注入模型硫化的生产方法。包括喂料、塑化、注射、保压、硫化、出模等几个过程。注射硫化的最大特点是内层和外层的胶料温度比较均匀一致，硫化速度快，可加工大多数模压制品。

3.1.4.6 压铸工艺

压铸法又称为传递模法或移模法。这种方法是将胶料装在压铸机的塞筒内，在加压下将胶料铸入模腔硫化，与注射成型法相似，如骨架油封等用此法生产溢边少，产品质量好。

3.1.4.7 硫化工艺

在橡胶制品生产过程中，硫化是最后一道加工工序。硫化是胶料在一定条件下，橡胶大分子由线型结构转变为网状结构的交联过程。硫化方法有冷硫化、室温硫化和热硫化三种。大多数橡胶制品采用热硫化，热硫化的设备有硫化罐、平板硫化机等。

3.1.4.8 其他生产工艺

橡胶制品的生产工艺还有浸渍法、涂刮法、喷涂法、蕉塑法等。

3.2 天然橡胶

天然橡胶（NR）是从天然植物中获取的以聚异戊二烯为主要成分的高分子化合物。在橡胶工业中，也包括以 NR 为基础，用各种化工材料处理的改性天然橡胶。

地球上能进行生物合成橡胶的植物有 20 多种，但具有采集价值的只有几种，其中主要是巴西橡胶树，即三叶橡胶树，其次是银菊、橡胶草、杜仲树等。我们平时指的天然橡胶就是来源于三叶橡胶树的天然胶，其化学结构是聚异戊二烯。

3.2.1 天然橡胶的分类

天然橡胶主要根据制造方法进行分类，每类中又可按外观质量或理化指标进行分级。天然橡胶的分类如图 3-3 所示，其中通用类中的颗粒胶、烟片胶及绉片胶为目前主要的应用品种。

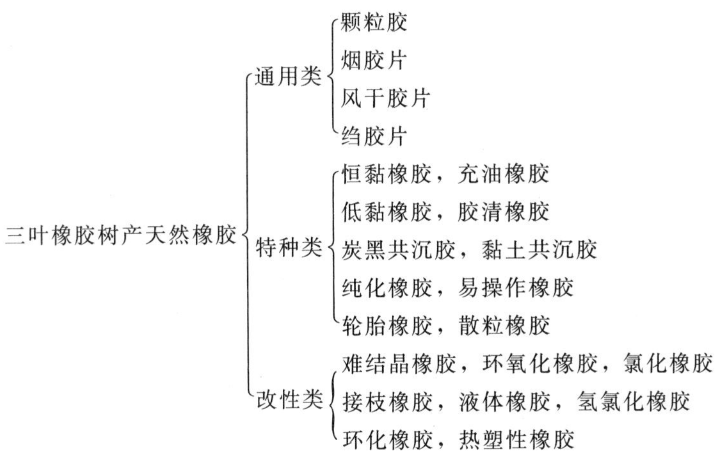

图3-3　天然橡胶的分类

3.2.1.1　通用类天然橡胶的制造

(1) 原料

新鲜胶乳，其次为杂胶。杂胶包括胶杯凝胶、自凝胶块、胶线、皮屑胶、泥胶、浮渣胶以及未熏烟片胶和分级剪出的碎胶。

(2) 制造工艺

用新鲜胶乳制造的干胶质量较好，可用于制造烟胶片、风干胶片、绉胶片和颗粒胶，其制造的步骤基本相同，但各步骤的实施工艺方法不相同；用杂胶为原料可制造质量等级较低的颗粒胶及杂绉片胶等。

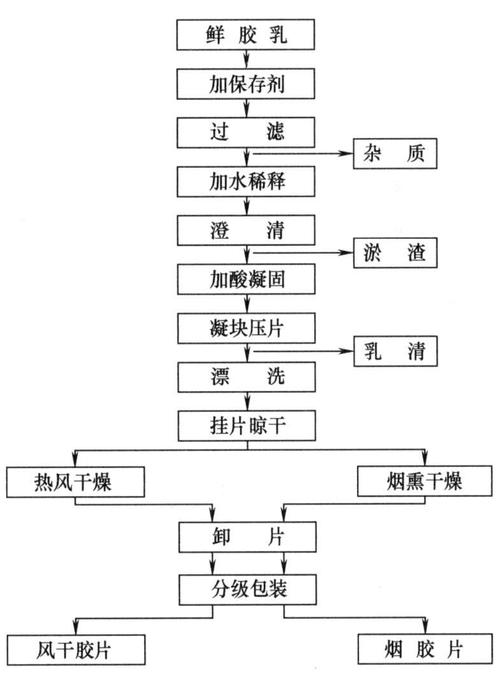

图3-4　烟胶片和风干胶片制胶工艺流程示意图

① 烟胶片和风干胶片的制造：烟胶片（RSS）和风干胶片是出现比较早的天然胶品种，这两种产品的生产工艺和设备除在熏烟和热风干燥不同之外，其他工序完全相同，如图3-4所示。

烟胶片表面带有菱形花纹，是外观呈棕黄色的片状橡胶。由于烟胶片是以新鲜胶乳为原料，并且烟熏干燥时，烟气中含有的一些有机酸和酚类物质对天然橡胶具有防腐和防老化的作用，因此使烟胶片的胶片干、综合性能好、保存期长，是天然橡胶中物理力学性能最好的品种，被用来制造轮胎和其他橡胶制品。

风干胶片与烟胶片相比颜色较浅，且硫化胶性能与烟胶片基本是相同的，适用于制造轮胎胎侧和其他浅色制品。

② 绉胶片的制造：由于制造时使用原料和加工方法的不同，绉胶片分为胶乳绉胶片和杂胶绉胶片两大类。

a. 胶乳绉胶片　胶乳绉胶片是以胶乳为原料制成的，有白绉胶片和浅色绉胶片，还有一种低级的乳黄绉胶片。其制胶工艺流程如图 3-5 所示。

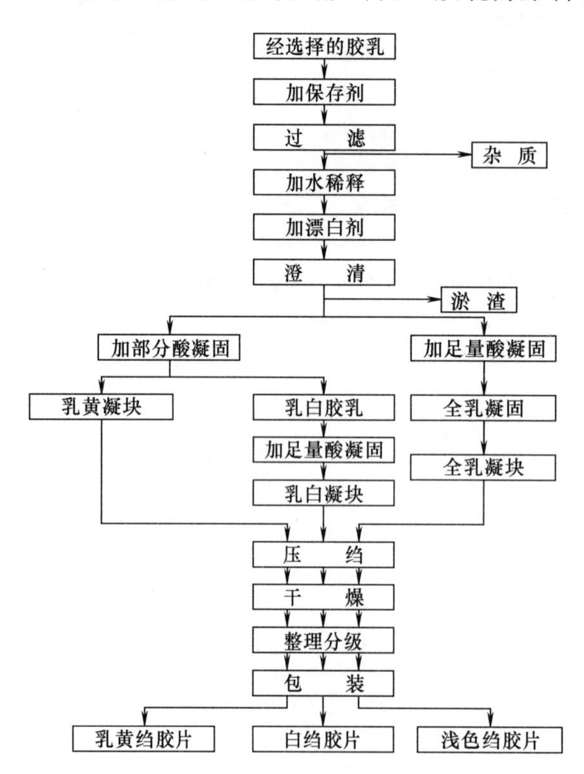

图 3-5　胶乳绉胶片制胶工艺流程示意图

用分级凝固法制得的白绉胶片颜色洁白，用全乳凝固法制得的浅色绉胶片颜色浅黄。与烟胶片相比，前两者杂质含量少，但物理力学性能稍差(漂白剂会使橡胶变软，门尼黏度降低)，成本更高（白绉胶片尤甚），适用于制造色泽鲜艳的浅色及透明制品。

分级凝固中得到的乳黄绉胶片因橡胶烃含量低，为低级绉胶片，通常用作制造杂胶绉胶片的原料。

b. 杂胶绉胶片　杂胶绉胶片根据原料的不同分为胶园褐绉胶片、混合绉胶片、薄褐绉胶片（再炼胶)、厚毡绉胶片（琥珀绉胶片)、平树皮绉胶片和纯烟绉胶片等六个品种。

杂胶绉胶片的各个品种之间质量相差很大。其中胶园褐绉胶片是使用胶园中的新鲜胶杯凝胶和其他高级胶园杂胶制成，因此质量较好；而混合绉胶片、薄褐绉胶片、厚毡绉胶片等因制胶原料中掺有烟胶片边角料、湿胶或皮屑胶，质量依次降低；平树皮绉胶片是用包括泥胶在内的低级杂胶制成，因此杂质最多，质量最差。杂胶绉胶片制胶工艺流程如图 3-6 所示。

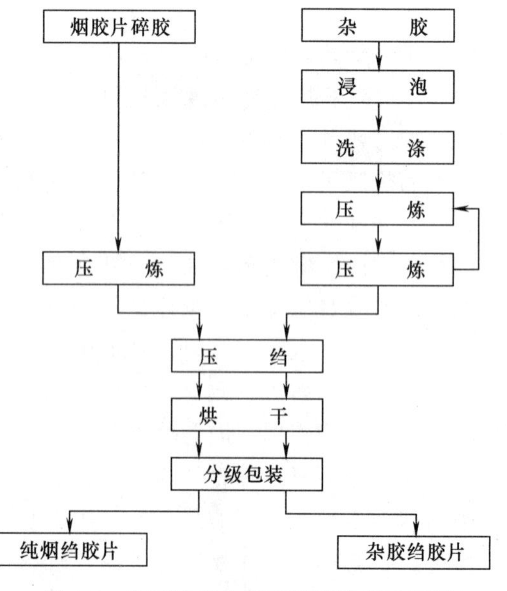

图 3-6　杂胶绉胶片制胶工艺流程示意图

总的来说，杂胶绉胶片一般颜色深、杂质多、性能低，但价格便宜，可用于制造深色的一般或较低级的制品。

③ 颗粒胶或标准马来西亚橡胶的制造：颗粒胶或碎裂胶是 20 世纪 60 年代发展起来的天然橡胶新品种，它是马来西亚首先生产的，所以被命名为“标准马来西亚橡胶”，并以 SMR 作为代号。标准马来西亚的生产是以提高天然橡胶与合成橡胶的竞争能力为目的，打破了传统烟胶片

和绉胶片的制造方法和分级方法，具有生产效率高，成本低，有利于大型化、连续化生产，分级方法较科学，有利于质量控制，所得生胶杂质较少，质量均一等一系列优点。因此，颗粒胶的生产发展很快，其产量早已超过传统烟胶片、风干胶片和绉胶片的总和。

颗粒胶的原料有两种，即鲜胶乳和杂胶，其中鲜胶乳制成的颗粒胶质量好，杂胶制成的颗粒胶质量较差，用于生产中档和低档质量的产品。其制胶工艺流程如图3-7所示。

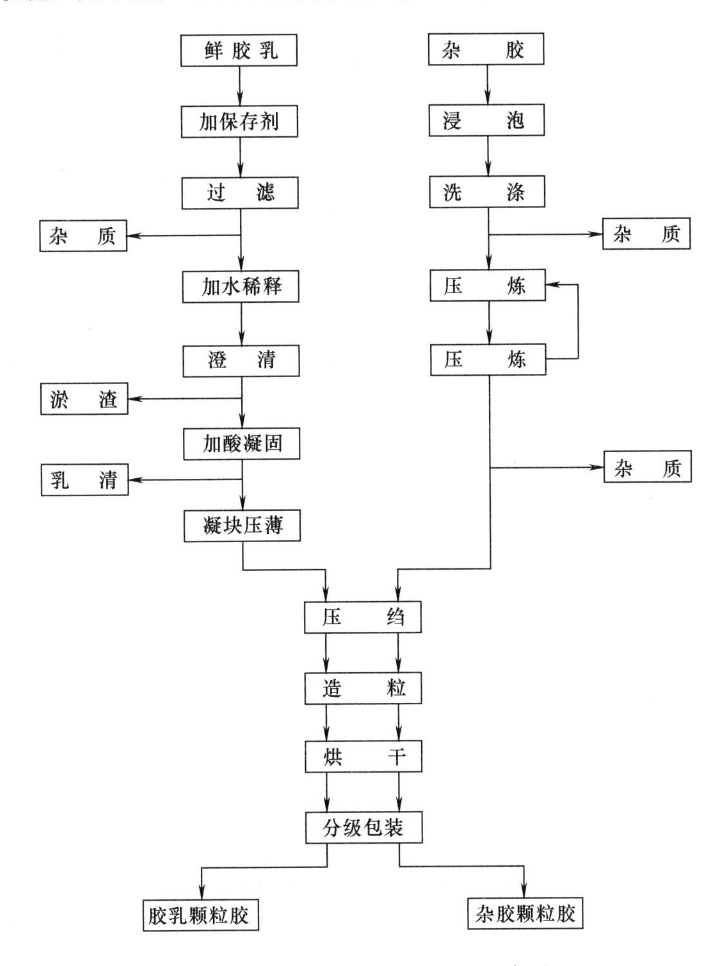

图3-7 颗粒胶制胶工艺流程示意图

颗粒胶的用途与烟胶片相同。与烟胶片相比，颗粒胶胶质较软，易加工，但耐老化性稍差。

3.2.1.2 通用类天然橡胶的分级

(1) 烟胶片、绉胶片的分级方法

国际上按照生胶制造方法及外观质量进行分级。

烟胶片（RSS）分为NO.1X、NO.1、NO.2、NO.3、NO.4、NO.5及等外共7个等级，其质量按顺序依次降低。

胶乳绉胶片共分为10个等级。其中包括薄白绉胶片NO.1X、NO.1；浅色绉胶片薄、厚两类各有NO.1X、NO.1、NO.2、NO.3之分，号数越大，黄色程度越深。

杂胶绉胶片有薄、厚两类，各有NO.1X、NO.2X、NO.3X等6个等级，号数越大，褐色程度越深，质量越差。

（2）马来西亚标准橡胶分级法

这种分级方法是以天然生胶的理化性能为分级依据，能较好地反映生胶的内在质量和使用性能，现已被采用为国际标准天然橡胶分级法，其中以机械杂质含量和塑性保持率（PRI）为分级的重要指标。塑性保持率是表示生胶的氧化性能和耐高温操作性能的一项指标，其数值等于生胶经过 140℃、30min 热处理后的平均塑性值与原塑性值的百分比，所以又称为抗氧指数。PRI 值大的生胶抗氧性能较好，但塑炼时可塑性增加得慢。

标准马来西亚橡胶的主要品种规格及分级指标见表 3-1。

表 3-1　标准马来西亚橡胶的主要品种规格及分级指标

项　目	SMR-EQ	SMR-5L	SMR-5	SMR-10	SMR-20	SMR-50
机械杂质（44μm 筛孔）含量/%，　≤	0.02	0.05	0.05	0.10	0.20	0.50
灰分/%，　≤	0.50	0.60	0.60	0.75	1.00	1.50
氮含量/%，　≤	0.65	0.65	0.65	0.65	0.65	0.65
挥发物含量/%，　≤	1.00	1.00	1.00	1.00	1.00	1.00
PRI/%，　≥	60	60	60	50	40	30
华莱式可塑度初值（PO），　≥	30	30	30	30	30	30
颜色限度（拉维邦色表最高数值）	3.5	6.0	—	—	—	—

注：SMR-EQ 是特号胶，EQ 表示特等质量，专供制造特纯的橡胶制品；SMR-5L 是浅色胶，5 表示杂质含量不超过 0.05%，L 表示透光的，用于浅色橡胶制品；SMR-EQ、SMR-5L、SMR-5 等产品必须是胶乳制成，不能掺用胶杯凝胶等杂胶。

3.2.2　天然橡胶的结构特点

普通的天然橡胶分子中，至少有 97%以上是异戊二烯的顺式-1,4 加成结构（还存在少量的异戊二烯的 3,4 加成结构），分子结构规整，能够结晶，其分子结构式为：

$$\left[\begin{array}{ccc} CH_2 & & CH_2 \\ & C=C & \\ CH_3 & & H \end{array}\right]_n$$

从分子结构式中可以看出，天然橡胶分子链由碳、氢两种元素组成，是非极性橡胶，且属于高不饱和橡胶，即平均每个链节中含有一个双键。非共轭双键的存在使分子链非常柔顺，虽有侧甲基的存在，但其柔顺性依旧很好。

天然橡胶的平均相对分子质量为 70 万左右（相当于平均聚合度在 1 万左右），相对分子质量分布范围较宽，相对分子质量大多数为 3 万～1000 万，相对分子质量分布指数为 2.8～10，且相对分子质量分布曲线呈双峰分布样式。

3.2.3　天然橡胶的性能

3.2.3.1　天然橡胶的物理性质

天然橡胶的一些物理性质见表 3-2。

表 3-2　　　　天然橡胶的物理性质

项　目	数　值	项　目	数　值
密度/(kg/m^3)	913(906～916)	击穿电压/(MV/m)	20～30
玻璃化温度/℃	－72(－74～－69)	体积电阻率/Ω·m	(1～6)×10^{12}
体膨胀系数 $\beta=(1/V)(\partial V/\partial T)$	670×10^{-6}	气体透过率(15℃,101325Pa)/[(m^3/m^2·24h)]	
比热容/[kJ/(kg·K)]	1.905	空气	250
导热率/[W/(m·K)]	0.134	二氧化碳	2800
燃烧热/(MJ/kg)	－45	一氧化碳	188
平衡熔融热/(kJ/kg)	64.0	氢气	1120
折射率	1.5191	氮气	138
介电常数	2.37～2.45	氧气	450

3.2.3.2　天然橡胶的化学性质

天然橡胶是不饱和橡胶（每一个链节都含有一个双键），能够进行加成反应。此外，因双键和甲基取代基的影响，使双键附近的α-次甲基上的氢原子变得活泼，易发生取代反应。由于这种结构特点，所以容易与硫化剂发生硫化反应（结构化反应）；与氧、臭氧发生氧化裂解反应；与卤素发生氯化、溴化反应；在催化剂和酸的作用下发生环化反应等。

但由于天然橡胶是高分子化合物，所以它具有烯类高分子有机化合物的反应特性，如反应速度慢，反应不完全、不均匀，同时具有多种化学反应并存的现象，如氧化裂解和结构化反应并存等。

在天然橡胶的各类化学反应中，最重要的是氧化裂解反应和结构化反应。前者是天然橡胶塑炼加工的理论基础，也是天然橡胶老化的原因所在；后者则是天然橡胶进行硫化加工的理论依据。而天然橡胶的氯化、环化、氯氢化等反应，则可应用于天然橡胶的改性方面。

3.2.3.3　天然橡胶的使用性能

（1）天然橡胶的力学性能

由于天然橡胶的相对分子质量很大，且分子链在常温下呈无定形状态、分子链柔性好的缘故，天然橡胶在常温下具有很高的弹性，其弹性模量为 2～4MPa，而伸长率最大可达 1000%；在 0～100℃时天然橡胶的回弹率可达 50%～85%。

由于它的分子结构规整，在外力作用下拉伸 70%以上时可发生结晶化，属结晶性橡胶，具有自补强性。天然橡胶具有较高的力学强度，其纯胶硫化胶的拉伸强度是除聚氨酯橡胶外最高的，可达 17～19MPa，500%定伸应力为 2～4MPa，700%定伸应力为 7～10MPa；炭黑补强的硫化胶拉伸强度可达 25～35MPa，300%定伸应力可达 6～10MPa，500%定伸应力为 12MPa 以上。在高温（96℃）下的强度损失为 35%左右。

（2）耐寒性能

天然橡胶的分子链非常柔顺，生胶在常温下为高弹性体，当温度降低时，会慢慢变硬，至 0℃时弹性大大减小（结晶所致），继续冷却至－70℃以下时，则变成脆性物质；但硫化后的天然橡胶因结晶能力有所降低，能够在 0℃以下继续保持弹性。

（3）天然橡胶的电性能

由于天然橡胶是非极性物质，是一种较好的绝缘材料。天然橡胶生胶的体积电阻率一般为$10^{15}\Omega \cdot cm$，而纯化天然橡胶为$10^{17}\Omega \cdot cm$（绝缘体的体积电阻率为$10^{10} \sim 10^{20}\Omega \cdot cm$）；硫化后的天然橡胶因引进极性基团，绝缘性下降。

（4）耐介质性能

介质通常是指一些有机的油类以及酸、碱、盐溶液等液态的化学物质。若橡胶与介质之间没有化学反应，又不相溶，则橡胶就耐该介质。

天然橡胶为非极性橡胶，易溶于非极性油，因此天然橡胶不耐环己烷、汽油、苯等介质，不溶于极性的丙酮、乙醇等，不溶于水。此外，天然橡胶耐10%的氢氟酸、20%的盐酸、30%的硫酸、50%的氢氧化钠等，但不耐浓强酸和氧化性强的高锰酸钾、重铬酸钾等。

（5）其他性能

天然橡胶还具有很好的耐曲挠疲劳性能（纯胶硫化胶屈挠20万次以上才出现裂口），滞后损失小，生热低，撕裂强度高，耐磨性好，并具有良好的气密性、防水性和绝热性；但其耐老化性差，易产生硫化返原，耐热性差，且易燃。

3.2.3.4 天然橡胶的工艺性能

天然橡胶具有良好的工艺加工性能，表现为容易进行塑炼、混炼、压延、压出，能用普通的硫黄进行硫化。

天然橡胶之所以易于加工，除与它的化学结构、分子构型有关外，更重要的原因在于它的相对分子质量分布较宽，并且含有大约30%的松散凝胶。

相对分子质量分布宽，其中高相对分子质量级分在机械剪切力作用下易产生断链，从而易获得塑性，而低相对分子质量级分的活动性大，能对高相对分子质量级分起着增塑作用，这有利于混炼时配合剂的均匀分散，也有利于压延、压出操作。

凝胶是具有横键的空间网状结构物质，松散凝胶是凝胶中的一种。通常把自由末端区域很大、交联网区域很小的空间网状结构称为松散凝胶，它具有可溶性。NR中的松散凝胶是相对分子质量较低的NR分子被化学吸附在变性蛋白体的表面而形成的100～1000nm大小的凝胶。

松散凝胶在加工过程中，凝胶点相对不动，而靠自由末端运动，因此依旧存在分子链的滑移从而实现整体流动。松散凝胶的存在，不仅使压延、压出半成品的收缩率或膨胀率减小、表面光滑，而且也使半成品的弹性增大。

3.2.4 天然橡胶在制鞋工业中的应用

天然橡胶在制鞋业中应用非常广泛，是制鞋业中胶制部件的重要原材料之一，用作鞋类的底材、胶面胶鞋的面材、鞋类的黏合剂以及鞋类的各种胶制部件。

3.2.4.1 鞋底

在鞋类底材所用的橡胶原料中，天然橡胶应用较多。一般可以用100%天然橡胶制备底材，也可以天然橡胶为主，与其他胶种或塑料并用制备底材，以便获得较好的综合性能或相对价廉的制品，以下是天然橡胶在鞋类底材中应用的配方实例。

（1）皮鞋底

① 透明底：100%天然橡胶可以制备透明底，一般选用白绉片，最好是高级白绉片，

配方见表 3-3。

表 3-3　　100%天然橡胶透明底配方

组分	质量份	组分	质量份	组分	质量份
白绉胶片	100	促进剂 DM	1.5	有机胺	1
透明氧化锌	2.5	促进剂 H	0.5	乙二醇	3
硬脂酸	1.5	促进剂 PX	0.3	变压器油	20
硫黄	2.2	透明白炭黑	50		

② 彩色底：天然橡胶中一般烟胶片和标准橡胶多用于较深色的彩色底，白绉胶片或标准橡胶中颜色较浅的胶种多用于浅色彩色底或白色底中，配方见表 3-4。

表 3-4　　彩色鞋底配方　　单位：质量份

组　　分	浅灰	亚黄	玫红	浅蓝	墨绿
烟胶片	100	100	100	100	100
硫黄	2.5	2.5	2.5	2.5	2.8
促进剂 D	0.5	0.6	0.8	0.7	1.0
促进剂 DM	1.0	1.0	1.0	1.0	0.8
促进剂 M	1.0	1.0	1.0	1.0	1.0
促进剂 TMTD	0.3	0.2	0.2	0.3	0.2
防老剂 SP	0.8	0.8	0.8	0.8	0.8
防老剂 MB	0.8	0.8	0.8	0.8	0.8
白炭黑	50	50	50	50	50
机油	8	8	8	8	8
氧化锌	5	5	5	5	5
硬脂酸	2	2	2	2	2
石蜡	0.25	0.25	0.25	0.25	0.25
炭黑	0.1				
钛白粉	25	1.5	0.25	25	0.25
耐晒黄		0.5			
中铬黄		0.5			
橡胶大红			0.15		
立索尔宝红			1		
酞菁蓝				0.05	2.5
酞菁绿					2.5

③ 模压底：皮鞋的模压底是指采用模压硫化机将大底胶料直接模制并压牢于鞋帮上的硫化底，配方见表 3-5。

④ 注压底：天然橡胶作为注压底主体材料时，要求炼胶时严格控制胶料的可塑度，一般可塑度控制在 0.5～0.55，配方见表 3-6。

（2）外底

由于天然橡胶自黏性能较好，所以原来胶鞋底材应用天然橡胶较多，近年来，由于非污染增黏树脂的开发成功，解决了胶鞋底材中合成橡胶尤其是顺丁橡胶的自黏性差的问题，因此，胶鞋底材中不仅黑底的合成橡胶应用比例上升，色底的合成橡胶应用比例也在上升。现在，大多数胶鞋大底是采用天然橡胶与合成橡胶并用的配方，以100%天然橡胶制备胶鞋大底所占的比例正在逐渐减少。网球鞋色底配方见表3-7。

表3-5 **模压黑底配方**

名称	质量份	名称	质量份	名称	质量份
天然橡胶	50	顺丁橡胶	25	丁苯橡胶	25
硫黄	1.5	促进剂DM	0.6	促进剂CZ	0.8
促进剂TMTD	0.2	防老剂MB	1	防老剂4010NA	1.5
氧化锌	5	硬脂酸	3	高耐磨炭黑	55
轻质碳酸钙	10	微晶蜡	2	软化油	12

表3-6 **注压黑底配方**

组　分	质量份	组　分	质量份	组　分	质量份
天然橡胶	100	促进剂D	1.1	松焦油	1.75
再生胶	50	促进剂TMTD	0.35	滚筒炭黑	35
硫黄	2.8	促进剂CZ	0.5	陶土	10
氧化锌	10	防老利D	1.3	碳酸钙	25
硬脂酸	2.5	石蜡	1	40#机油	3.5
促进剂M	1.0	古马隆	3	促进剂DM	0.9

表3-7 **网球鞋色底配方**

组　分	质量份	组　分	质量份	组　分	质量份
烟胶片1#～3#	90	凡士林	3	碳酸钙	22
顺丁橡胶	10	硫黄	2.3	陶土	68
促进剂M	0.7	氧化锌	5	防老剂MB	0.5
促进剂D	0.6	硬脂酸	3	工业脂	2.5
促进剂DIBS	0.4	立德粉	10	酞菁绿	0.35

（3）中底

胶鞋内底有海绵内底和硬中底两类，一般一次硫化海绵内底、硬中底配方大多以再生胶为主，且含胶率都很低。而二次硫化的海绵内底都以生胶为主，含胶率也较高，二次硫化的海绵内底中再生胶的掺入率较低，配方见表3-8。

表3-8 **二次硫化海绵内底配方**

组　分	质量份	组　分	质量份	组　分	质量份
烟胶片1#～3#	100	陶土	30	防老剂D	1
促进剂M	0.7	硫黄	2.3	机油	20
促进剂D	0.2	氧化锌	5	水杨酸	0.3
促进剂DM	0.85	硬脂酸	6	小苏打	10
碳酸钙	68	碳酸铵	6		

3.2.4.2　鞋面

胶面鞋鞋面一般采用1#～3#烟胶片或1号标准橡胶，目前通用配方里大多掺5～10份合成橡胶，以提高鞋面的耐曲挠性能和改善胶料的压延性能；为了提高鞋面的弹性，也可采用天然橡胶、合成橡胶及高苯乙烯树脂三元并用。

3.3　合成橡胶

合成橡胶，广义上指用化学方法合成制得的橡胶，以区别于从橡胶树生产出的天然橡胶。合成橡胶中有少数品种的性能与天然橡胶相似，大多数与天然橡胶不同，但两者都是高弹性的高分子材料，一般均需经过硫化和加工之后，才具有实用性和使用价值。合成橡胶在20世纪初开始生产，从40年代起得到了迅速发展。合成橡胶一般在性能上不如天然橡胶全面，但它具有高弹性、绝缘性、气密性、耐油、耐高温或低温等性能，因而广泛应用于工农业、国防、交通及日常生活中。

近几年来，随着生产规模的不断扩大，合成橡胶产业在我国产业经济中占据更加重要的地位，国内合成橡胶产业无论是年产量和消费量，都已经跻入世界前列。

3.3.1　丁苯橡胶

丁苯橡胶（SBR）是丁二烯和苯乙烯两种单体通过乳液共聚或溶液共聚而得到的弹性高聚物。

3.3.1.1　丁苯橡胶的分类品种

丁苯橡胶的品种很多，通常根据聚合方法、填料品种、苯乙烯单体的投料量（与含量相关）等分为几个类型，如图3-8所示。

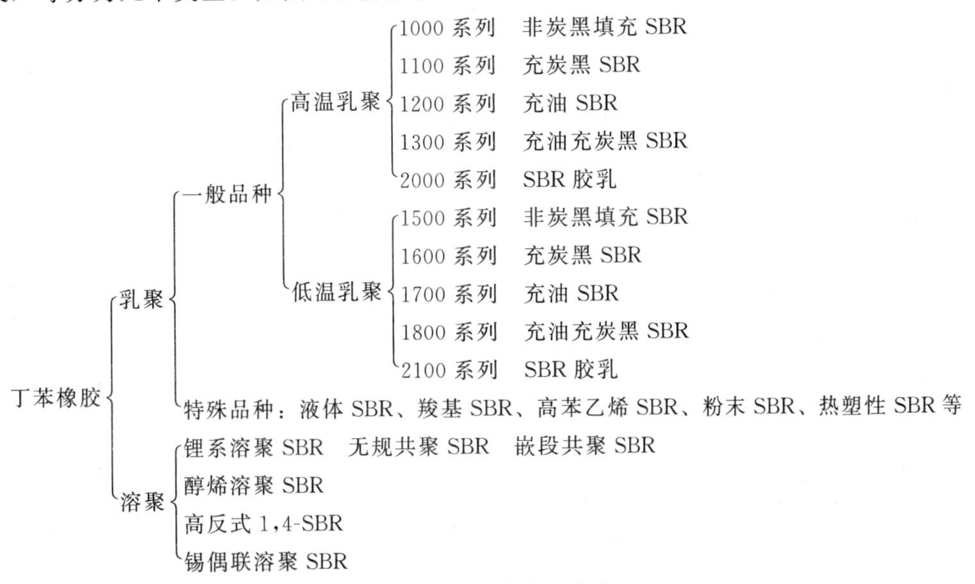

图3-8　丁苯橡胶的分类

（1）按聚合方法和条件分类

根据聚合方法的不同，可将丁苯橡胶分为乳聚丁苯橡胶（ESBR）和溶聚丁苯橡胶

（SSBR）两大类。其中，前者产量大，使用极为普遍，后者在20世纪60年代实现了工业化生产，近期有了较大发展（适用于绿色轮胎）。

乳聚丁苯橡胶又可分为高温丁苯橡胶（ESBR，50℃聚合）和低温丁苯橡胶（ESBR，5℃聚合）两类。其中，低温丁苯橡胶的性能好，产量大，应用普遍，而高温丁苯橡胶已趋于淘汰；溶聚丁苯橡胶因催化剂和聚合条件的不同，又有无规型、嵌段型和无规与嵌段并存的三大类。

（2）按填料品种分类

根据丁苯橡胶填充材料的不同分为充炭黑丁苯橡胶、充油丁苯橡胶和充油充炭黑丁苯橡胶。

（3）按苯乙烯投料量分类

丁苯橡胶按聚合时的苯乙烯投料量可分为丁苯-10、丁苯-30、丁苯-50等品种（10、30、50等数字表示聚合时苯乙烯单体投入的质量分数）。其中，丁苯-30（实际苯乙烯含量为23.5%）是最常使用的，它的综合性能最好。表3-9列出了常见乳聚丁苯橡胶的主要品种及特点。

表3-9　乳聚丁苯橡胶的主要品种及特点

品　种	特　点
高温丁苯橡胶（1000系列）	聚合度较低，凝胶含量大，支链较多，性能较差
低温丁苯橡胶（1500系列）	聚合度较高，相对分子质量分布比天然橡胶稍窄，凝胶含量较少，支化度较低，性能较高。 其中1500是代表性品种，加工性能及物理力学性能均较好，可用于轮胎胎面胶合工业制品等；1502为非污染的品种；1507为低黏度的品种，可用于传递成型（移模法）和注压成型
低温充炭黑丁苯橡胶（1600系列）	将一定量炭黑分散到低温丁苯胶乳中，并加油14份或14份以下，经共凝聚制得。可缩短混炼时间，加工性能良好，物理力学性能稳定，抗撕裂、耐曲挠性能得到改善
低温充油丁苯橡胶（1700系列）	将乳状非挥发的环烷油或芳香油（15份，25份，37.5份或50份）掺入聚合度较高的丁苯胶乳中，经凝聚制得。加工性能好，多次变形下生热小，耐寒性提高，成本低。 1712为充高芳烃油37.5份，1778为充环烷油37.5份的品种
低温充油充炭黑丁苯橡胶（1800系列）	充一定量炭黑并充油14份以上者。缩短混炼时间，炼焦时生热小，胶烧危险性小，压延、压出性能好，硫化胶综合性能好
高苯乙烯丁苯橡胶	将含70%以上的高苯乙烯树脂与含23.5%苯乙烯的丁苯橡胶乳液状混合，经过凝聚制得，其苯乙烯含量为50%～60%，用于耐磨和硬度高的制品，且耐酸碱，但弹性差，永久变形大

3.3.1.2　丁苯橡胶的结构特点

丁苯橡胶的化学结构式如下：

$$\left[CH_2-CH=CH-CH_2\right]_x\left[CH_2-\underset{\underset{\underset{CH_2}{\|}}{CH}}{\overset{}{CH}}\right]_y\left[CH_2-\underset{C_6H_5}{CH}\right]_z$$

丁苯橡胶分子结构中，丁二烯和苯乙烯结构单元随机排列，呈无序结构；同时，丁二烯有顺式-1,4、反式-1,4和1,2三种加成结构，致使丁苯橡胶分子链的规整性差，不能结晶。

丁二烯的各种结构含量随聚合条件的变化有很大不同。表3-10对不同类型丁苯橡胶的结构特征做了对比，低温乳聚丁苯橡胶的丁二烯结构单元主体结构为反式-1,4结构，结构类型的单一性较强，这也是低温丁苯橡胶性能优于高温丁苯橡胶的重要原因之一。

低温乳聚丁苯橡胶与天然橡胶一样，也为不饱和碳链橡胶，但与天然橡胶相比，其双键数目较少，且不存在甲基侧基及其推电子作用，双键的活性也较低；由于其分子主键上引入了庞大的苯基侧基，并存在丁二烯-1,2结构形成的乙烯侧基，因此空间位阻大，分子链的柔性较差；此外，其平均相对分子质量较低，相对分子质量分布较窄。

表3-10　不同类型丁苯橡胶的结构特征

丁苯橡胶类型	宏观结构				微观结构			
	歧化	凝胶	$\overline{M}_n \times 10^4$	$\overline{M}_w/\overline{M}_n$	苯乙烯含量/%	丁二烯顺式含量/%	丁二烯反式含量/%	乙烯基含量/%
乳聚高温丁苯	大量	多	10	7.5	23.4	16.6	46.3	13.7
乳聚低温丁苯	中等	少量	10	4～6	23.5	9.5	55	12
溶聚无规丁苯	较少	—	15	1.5～2.0	25	24	31	20

3.3.1.3 丁苯橡胶的性能

(1) 低温乳聚丁苯橡胶的物理性质

低温乳聚丁苯橡胶为浅褐色或白色（非污染型）弹性体，微有苯乙烯气味，杂质少，质量较稳定。其密度因生胶中苯乙烯含量不同而异：如丁苯橡胶的密度为0.919g/cm^3，丁苯-30为0.944g/cm^3。低温乳聚丁苯橡胶能溶于汽油、苯、甲苯、氯仿等有机溶剂中。

(2) 低温乳聚丁苯橡胶的使用性能

由于是非结晶橡胶，因此无自补强性，纯胶硫化胶的拉伸强度很低，只有2～5MPa，必须经高活性补强剂补强后才有使用价值，其中炭黑补强硫化胶的拉伸强度可达25～28MPa。由于分子结构较紧密，特别是庞大苯基侧基的引入，使分子间力加大，所以其硫化胶比天然橡胶有更好的耐磨性、耐透气性，但也导致弹性、耐寒性、耐撕裂性（尤其使耐热撕裂性）差，多次变形下生热大，滞后损失大，耐屈挠龟裂性差（指屈挠龟裂发生后的裂口增长速度快）。由于是碳链胶，取代基属非极性基范畴，因此是非极性橡胶，耐油性和耐非极性溶剂性差，但由于结构较紧密，所以耐油性和耐非极性溶剂性、耐化学腐蚀性、耐水性均比天然橡胶好，又因含杂质少，所以电绝缘性也比天然橡胶稍好。

(3) 低温乳聚丁苯橡胶的工艺性能

由于聚合时控制相对分子质量在较低范围，大部分低温乳聚丁苯橡胶的初始门尼黏度值较低，为50～60，因此可不经塑炼，直接混炼。

由于其分子链柔性较差，相对分子质量分布较窄，缺少低分子级分的增塑作用，因此加工性能较差。表现在混炼时对配合剂的湿润能力差，温升高，设备负荷大；压延、压出操作较困难，半成品收缩率或膨胀率大；成型贴合时自黏性差等。

由于是不饱和橡胶，因此可用硫黄硫化，与天然橡胶和顺丁橡胶的并用性能好，但因不饱和程度比天然橡胶低，因此硫化速度较慢，而加工安全性提高，表现为不易焦烧、不易过硫、硫化平坦性好。

3.3.1.4 丁苯橡胶在制鞋工业中的应用

丁苯橡胶广泛地用于制鞋业的胶制部件，如底材、鞋面及其他配件之中。它可以单一作为胶制部件的主体材料应用，也可以与其他弹性体或树脂、塑料并用成为胶制部件的主体材料。

（1）底材

不同色彩的鞋底配方见表 3-11、表 3-12。

表 3-11　　白色皮鞋底配方

组　分	质量份	组　分	质量份	组　分	质量份
3#～5#烟胶片	50	硫黄	2	固体古马隆	10
丁苯橡胶	50	氧化锌	5	30#机油	14
促进剂 M	2.1	硬脂酸	3	石蜡	1
促进剂 D	1.5	防老剂 D	1.5	胎面再生胶	70
促进剂 DM	1.4	高耐磨炉黑	45	碳酸钙	30

表 3-12　　彩色皮鞋底配方

组　分	质量份	组　分	质量份	组　分	质量份
SBR1502	30	促进剂 TS	0.2	白炭黑	40
高苯乙烯树脂	30	硫黄	1.6	轻质碳酸钙	20
溶聚丁苯 2000R	40	氧化锌	5	活性碳酸钙	50
促进剂 D	0.3	硬脂酸	1	硬质陶土	30
促进剂 DM	0.8	非污染防老剂	1	活性剂 SL	1.5
轻质操作油	5	古马隆	3	石蜡	1

（2）鞋面（表 3-13）

表 3-13　　黑色鞋面配方

组　分	质量份	组　分	质量份	组　分	质量份
烟胶片	50	硬脂酸	1	硫黄	2.5
丁苯橡胶	50	通用炉黑	50	氧化锌	5
促进剂 F	1.25	重质碳酸钙	60	古马隆	5
促进剂 TT	0.15	二甘醇	3	石蜡	1
防老剂 4010	1				

3.3.2　丁腈橡胶

丁腈橡胶（NBR）是由丁二烯和丙烯腈两种单体经乳液或溶液聚合而制得的一种高分子弹性体。目前，工业上所使用的丁腈橡胶大都是由乳液法制得的普通丁腈橡胶。

20 世纪 60 年代后期，出现了溶液法聚合的交替共聚丁腈橡胶，由于结构规整，能够拉伸结晶，使拉伸强度、抗裂口展开性能及抗蠕变撕裂性能等都得到了提高。

3.3.2.1　丁腈橡胶的分类品种

乳聚丁腈橡胶种类繁多，通常依据丙烯腈含量、门尼黏度、聚合温度等分为几十个品种。根据用途不同又可分为通用型和特种型两大类，其中特种型包括羧基丁腈橡胶（XN-

BR)、部分交联型丁腈橡胶、丁腈和聚氯乙烯共沉胶、液体丁腈橡胶以及氢化丁腈橡胶（HNBR）等。

通常，丁腈橡胶依据丙烯腈含量可分成以下五种类型，见表 3-14。

表 3-14　不同丙烯腈含量的丁腈橡胶　单位：%

丁腈橡胶类型	丙烯腈含量	丁腈橡胶类型	丙烯腈含量
极高丙烯腈丁腈橡胶	43 以上	中丙烯腈丁腈橡胶	25～30
高丙烯腈丁腈橡胶	36～42	低丙烯腈丁腈橡胶	24 以下
中高丙烯腈丁腈橡胶	31～35		

对每个等级的丁腈橡胶，一般可根据门尼黏度值的高低分成若干牌号。门尼黏度值低的（45 左右），加工性能良好，可不经塑炼直接混炼，但物理力学性能，如强度、回弹性、压缩永久变形等则比同等级黏度值高的稍差；而门尼黏度值高的，则必须塑炼，方可混炼。

按聚合温度可将丁腈橡胶分为热聚丁腈橡胶（聚合温度 25～50℃）和冷聚丁腈橡胶（聚合温度 5～20℃）两种。热聚丁腈橡胶的加工性能较差，表现为可塑性获得较难，吃粉也较慢。而冷聚丁腈橡胶由于聚合温度的降低，提高了反式-1,4 结构的含量，凝胶含量和歧化程度降低，从而使加工性能得到改善，表现为加工时动力消耗较低，吃粉较快，压延、压出半成品表面光滑，尺寸较稳定，在溶剂中的溶解性能较好，并且还提高了物理力学性能。

国产丁腈橡胶的牌号通常以四位数字表示，其中，前两位数字表示丙烯腈含量低限值，第三位数字表示聚合条件和污染性（表 3-15），第四位数字表示门尼黏度十位数低限值。如 NBR 2626，表示丙烯量含量为 26%～30%，是软丁腈橡胶，门尼黏度为 65～80；NBR 3606，表示丙烯腈含量为 36%～40%，是硬丁腈橡胶，有污染性，门尼黏度为65～79。

表 3-15　第三位数字及其表示意义

第三位数字数值	表示意义	第三位数字数值	表示意义
0	硬丁腈(污)	4	聚稳丁腈
1	硬丁腈(非污)	5	羧基丁腈
2	软丁腈	6	液体丁腈
3	硬丁腈(微污)	7	无规液体丁腈

3.3.2.2　丁腈橡胶的结构特点

乳液聚合法所制得的普通丁腈橡胶分子结构为：

$$\text{-}\!\!\left(CH_2-CH=CH-CH_2\right)\!\!\text{-}_x\text{-}\!\!\left(CH_2-\underset{\underset{CH_2}{\overset{\|}{CH}}}{\overset{|}{CH}}\right)\!\!\text{-}_y\text{-}\!\!\left(CH_2-\underset{CN}{\overset{|}{CH}}\right)\!\!\text{-}_z$$

其中，丁二烯链节以反式-1,4 结构为主，还有顺式-1,4 结构和顺式-1,2 结构，如在 28℃下聚合制得的含 28%结合丙烯腈的橡胶，其微观结构为：丁二烯顺式-1,4 结构含量为 12.4%，反式-1,4 结构含量为 77.6%，反式-1,2 结构含量为 10%。

由于丁二烯和丙烯无规共聚，分子结构不规整，是非结晶性橡胶；在分子链上引入强极性的氰基团后而成为极性橡胶，且丙烯腈含量越高，极性越强，分子间力越大，分子链柔性也越差；因分子链上存在双键是不饱和橡胶，但双键数目随丙烯腈含量的提高而减少，即不饱和程度随丙烯腈含量的提高而下降。

3.3.2.3 丁腈橡胶的性能

(1) 丁腈橡胶的物理性质

丁腈橡胶为浅黄至棕褐色、略带腋臭味的弹性体，密度随丙烯腈含量的增加而增大，为0.945～0.999g/cm³，能溶于苯、甲苯、酯类、氯仿等芳香烃和极性溶剂。

丙烯腈的含量对丁腈橡胶的性能产生较大的影响，其关系见表 3-16。

表 3-16　　丙烯腈含量与丁腈橡胶性能的关系

性　能	丙烯腈含量由低→高	性　能	丙烯腈含量由低→高
流动性	良→好	耐化学腐蚀性	良→好
硫化速度	加快	耐热性	良→好
硬度、定伸应力	低→高	弹性	减小
拉伸强度	低→高	耐寒性	降低
耐磨性	良→优	气密性	提高
永久变形	加大	与软化剂相溶性	变差
耐油性	良→好	与极性聚合物相容性	加大

(2) 丁腈橡胶的使用性能

① 丁腈橡胶的耐油性仅次于聚硫橡胶（T）和氟橡胶（FPM），而优于氯丁橡胶（CR）。由于氰基有较高的极性，因此丁腈橡胶对非极性和弱极性油类基本不溶胀，但对芳香烃和氯代烃油类的抵抗能力差。

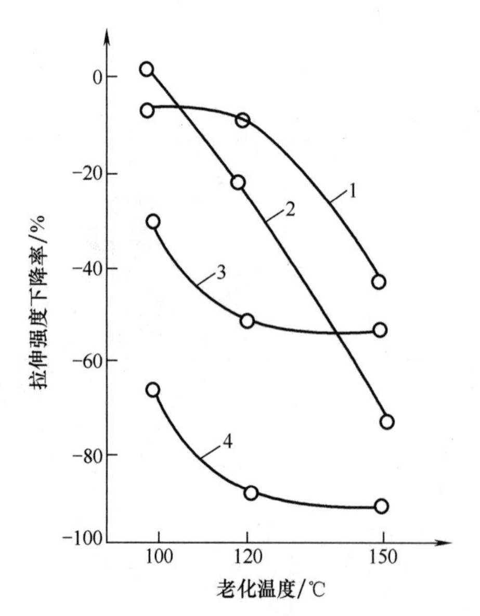

图 3-9　几种橡胶耐热氧老化性能

1—丁腈橡胶　2—氯丁橡胶

3—丁苯橡胶　4—天然橡胶

② 丁腈橡胶因含有丙烯腈结构，不仅降低了分子的不饱和程度，而且由于氰基的较强吸电子能力，使烯丙基位置上的氢比较稳定，故耐热性优于天然橡胶、异戊橡胶、顺丁橡胶以及丁苯橡胶等通用橡胶，如图 3-9 所示。选择适当配方，最高使用温度可达 130℃，在热油中可耐 150℃高温。

③ 丁腈橡胶的极性增大了分子间力，从而使耐磨性提高，其耐磨性比天然橡胶高出 30%～45%。

④ 丁腈橡胶的极性以及反式-1,4 结构，使其结构紧密，透气率较低，它和丁基橡胶同属于气密性良好的橡胶。

⑤ 丁腈橡胶因丙烯腈的引入而提高了结构的稳定性，因此耐化学腐蚀性优于天然橡胶，但对强氧化性酸的抵抗能力较差。

⑥ 丁腈橡胶是非结晶性橡胶，无自补强性，纯胶硫化胶的拉伸强度只有3.0～4.5MPa。因此，必须经补强后才有使用价值，炭黑补强硫化胶的拉伸强度（可达30MPa）优于丁苯橡胶。

⑦ 丁腈橡胶由于分子链柔性差，致使其硫化胶的弹性和耐寒性差（脆性温度为－20～－10℃），变形生热大；加之它的非结晶性，使其耐屈挠性、抗撕裂性较差。

⑧ 丁腈橡胶的极性导致其成为半导胶，不易作为电绝缘材料使用，其体积电阻只有10^8～$10^9\Omega\cdot m$，介电系数为7～12，为电绝缘性最差者。

⑨ 丁腈橡胶因具不饱和性而易受到臭氧的破坏，加之分子链柔性差，使臭氧龟裂扩展速度较快。尤其制品在使用过程中与油接触时，配合时加入的抗臭氧剂易被油抽出，造成防护臭氧破坏的能力下降，臭氧浓度对丁腈橡胶（高丙烯腈）龟裂速度的影响，如图3-10所示。

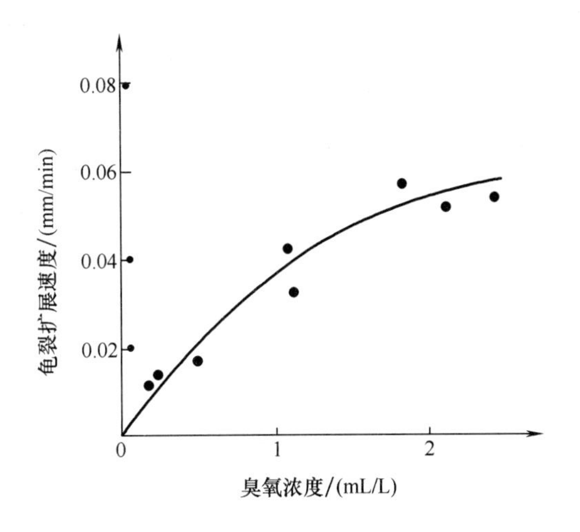

图3-10 臭氧浓度对丁腈橡胶（高丙烯腈）龟裂速度的影响

（3）丁腈橡胶的加工性能

丁腈橡胶因相对分子质量分布较窄，极性大，分子链柔性差，以及本身特定的化学结构，使之加工性能较差。具体表现为塑炼效果低，混炼操作较困难，塑混炼加工中生热高，压延、压出半成品的收缩率和膨胀率大，成型时自黏性较差，硫化速度较天然橡胶和顺丁橡胶慢等。

3.3.2.4 丁腈橡胶在制鞋工业中的应用

（1）对聚氯乙烯进行改性

Chemigum P83（简称P83）是美国固特异公司生产的、专用于改性聚氯乙烯的新型粉末丁腈橡胶，呈松散粉末状，具有特殊的立体结构。P83最基本的特性是其热稳定性优良，与聚氯乙烯的相容性好，与普通的块状丁腈橡胶相比，能够更全面地改性聚氯乙烯。P83与增塑剂邻苯二甲酸二辛酯之间有非常强的亲和力，能通过吸收和固定作用防止邻苯二甲酸二辛酯迁移到制品表面，因而P83能避免聚氯乙烯制品表面发黏。P83改性的聚氯乙烯泡沫底材发泡均匀，防滑性好。经P83改性的聚氯乙烯胶料注塑时流动性能好，同时，制品的物理性能也有显著改善，如耐磨性、防滑性、耐低温曲挠性、压缩永久变形性、耐油性以及灼烧减量等都有所改善。P83改性的聚氯乙烯底材配方见表3-17、表3-18。

表3-17 P83改性的聚氯乙烯泡沫底材配方

组　分	质量份	组　分	质量份	组　分	质量份
聚氯乙烯	100	邻苯二甲酸二辛酯	80	发泡剂AC	1.5
Chemigum P83	20	碳酸钙	5	稳定剂/防滑剂	2.5

表 3-18　　P83 改性的聚氯乙烯注塑底配方

组　分	质量份	组　分	质量份	组　分	质量份
聚氯乙烯	100	邻苯二甲酸二辛酯	80	碳酸钙	5
Chemigum P83	20	环氧大豆油	3		

（2）用于制备特殊用鞋（表 3-19）

表 3-19　　耐油鞋黑色底配方

组　分	质量份	组　分	质量份	组　分	质量份
丁腈橡胶	80	促进剂 D	1.5	松焦油	7
3# 烟胶片	20	氧化锌	5	防老剂 MB	1
硫黄	2	硬脂酸	2	水杨酸	0.2
促进剂 M	3	碳酸钙	30	邻苯二甲酸二丁酯	20
促进剂 DM	1	半补强炭黑	50		

3.3.3　氯丁橡胶

氯丁橡胶（CR）是以氯丁二烯，即 2-氯-1,3-丁二烯单体为主，经乳液聚合而得的一种高分子弹性体。

3.3.3.1　氯丁橡胶的分类品种

氯丁橡胶通常根据其用途和结晶能力进行分类，见表 3-20。

表 3-20　　氯丁橡胶的分类

氯丁橡胶	通用型		专用型	
	硫黄调节型	非硫调节型	黏结型	特殊用途型
结晶能力	低	中等	高	微或小

（1）硫黄调节型（G 型）

这类氯丁橡胶是以硫黄为相对分子质量调节剂，秋兰姆为稳定剂，相对分子质量约为 10 万，相对分子质量分布较宽。由于结构比较规整，可供一般橡胶制品使用，故属于通用型，其基本型为 GN，国产氯丁橡胶 CRl212 型与 GNA 型相当（A 指的是氯丁橡胶的结晶性能的一个描述）。

此类橡胶的分子主链上含有多硫链，如下所示：

$$\left[\left[CH_2-\underset{\displaystyle Cl}{\underset{|}{C}}=CH-CH_2\right]_m\left[S\right]_n\right]_x$$

其中，$m=80\sim110$，$n=2\sim6$。

由于多硫键的键能远低于 C—C 键能，在一定条件下（如光、热、氧的作用）容易断裂，生成新的活性基团，导致发生歧化、交联而失去弹性，所以此类橡胶贮存稳定性差。

此类橡胶塑炼时，易在多硫键处断裂，形成硫醇基（—SH）化合物，使相对分子质量降低，故有一定的塑炼效果。此类橡胶物理力学性能良好，尤其是回弹性、撕裂强度和耐曲挠龟裂性均比 W 型好，硫化速度快，用金属氧化物即可硫化，加工中弹性复原性较低，成型黏合性较好，但易焦烧，并有黏辊现象。

（2）非硫调节型（W型）

此种氯丁橡胶在聚合时，用十二碳硫醇为相对分子质量调节剂，故又称硫醇调节型。其相对分子质量为20万左右，相对分子质量分布较窄，分子结构比G型更规整，-1,2结构含量较少。国外商品牌号有W、WD、WRT、WHV等，国产CR2322型则属于此类，相当于W型。

由于该类橡胶分子主链中不含多硫链，故贮存稳定性较好。与G型相比，该类橡胶的优点是加工过程中不易焦烧，不易黏辊，操作条件容易掌握，硫化胶有良好的耐热性和较低的压缩变形性。但结晶性较大，成型时黏性较差，硫化速度慢。

（3）粘接型

粘接型氯丁橡胶广泛用作胶粘剂。此类与G型的主要区别是聚合温度低（5～7℃），因而提高了反式-1,4结构的含量，使分子结构更加规整，结晶性大，内聚力高，所以有很高的粘接强度。如日本的A-90，国产CR-2442等均属此类。

（4）其他特殊用途型

指专用于耐油、耐寒或其他特殊场合的氯丁橡胶。如氯苯橡胶，是2-氯-1,3-丁二烯和苯乙烯的共聚物，引入苯乙烯是为了使聚合物获得优异的抗结晶性，以改善耐寒性（但并不改善玻璃化温度），用于耐寒制品。又如氯丙橡胶，是2-氯-1,3-丁二烯和丙烯腈的非硫调节共聚物，丙烯腈掺聚量有5%、10%、20%、30%不等，引入丙烯腈以增加聚合物的极性，从而提高耐油性。

3.3.3.2　氯丁橡胶的结构特点

氯丁橡胶分子链的空间结构主要为反式-1,4结构，其结构式为：

$$\cdots-CH_2-\underset{\underset{Cl}{|}}{C}=CH-CH_2-CH_2-\underset{\underset{Cl}{|}}{C}=CH-CH_2-\cdots$$

在氯丁橡胶分子的微观结构中，氯丁二烯链节大部分是反式-1,4加成结构（约占85%），还有顺式-1,4加成结构（约占10%），以及少量的-1,2加成结构（约占1.5%）和-3,4加成结构（约占1.0%）。氯丁橡胶分子中，反式-1,4加成结构的生成量与聚合温度有关。聚合温度越低，反式-1,4加成结构含量越高，聚合物分子链排列越规则，力学强度越高。而-1,2和-3,4加成结构使聚合物带有侧基，且侧基上还有双键，这些侧基能阻碍分子链的运动，对聚合物的弹性、强度、耐老化性等都有不利影响，并易引起歧化和生成凝胶。不过由于-1,2结构的化学活性较高，因此它是氯丁橡胶的交联中心。

氯丁橡胶的主链虽然由碳链所组成，但由于分子中含有电负性较大的氯原子，而使其成为极性橡胶，从而增加了分子间力，使分子结构较紧，分子链柔性较差。又由于氯丁橡胶结构规整性较强，等同周期短，因而比天然橡胶更易结晶。此外，由于氯原子连接在双键一侧的碳原子上，诱导效应使双键和氯原子的活性大大降低，不饱和程度大幅度下降，从而提高了氯丁橡胶的结构稳定性。通常已不把氯丁橡胶列入不饱和橡胶的范畴内。

除上述特点外，2-氯-1,3-丁二烯在聚合时，可以生成α、β、μ、ω等四种不同的聚合物。其中α型是分子链为线型的聚合物，结构比较规整，具有可塑性；β型为环状结构的聚合物；μ型为有支链和桥键的聚合物，无可塑性，类似于硫化橡胶；ω型为高度网状或体型结构的分子。通常所生产的固体氯丁橡胶当属α型聚合体，它在受热、光、氧作用而老化后，其直链分子产生歧化或交联，即转化为 μ 型聚合体。为防止氯丁橡胶由 α 型向 μ 型聚合体转化，一般都在其生胶中混入一定的防老剂。

3.3.3.3 氯丁橡胶的性能

（1）氯丁橡胶的物理性质

氯丁橡胶为浅黄色乃至褐色的弹性体，密度较大，为 1.23g/cm³，能溶于甲苯、氯代烃、丁酮等溶剂中，在某些酯类（如乙酸乙酯）中可溶，但溶解度较小，不溶于脂肪烃、乙醇和丙酮。

（2）氯丁橡胶的使用性能

① 由于氯丁橡胶有较强的结晶性，自补强性大，分子间作用力大，在外力作用下分子间不易产生滑脱，因此氯丁橡胶有与天然橡胶相近的物理力学性能。其纯胶硫化胶的拉伸强度、扯断伸长率甚至还高于天然橡胶，炭黑补强硫化胶的拉伸强度、扯断伸长率则接近于天然橡胶（表 3-21）。其他物理力学性能也很好，如回弹性、抗撕裂性仅次于天然橡胶，而优于一般合成橡胶，并又接近于天然橡胶的耐磨性。

表 3-21　天然橡胶、丁苯橡胶、氯丁橡胶物理力学性能比较

橡胶种类	纯胶配合		炭黑配合	
	拉伸强度/MPa	扯断伸长率/%	拉伸强度/MPa	扯断伸长率/%
天然橡胶	17.20～24.00	780～850	24.00～30.90	550～650
丁苯橡胶	1.40～2.10	400～600	17.20～24.00	500～600
氯丁橡胶	20.60～27.50	800～900	20.60～24.00	500～600

② 由于氯丁橡胶的结构稳定性强，因此有很好的耐热、耐臭氧、耐天候老化性能。其耐热性与丁腈橡胶相当，能在 150℃下短期使用，在 90～110℃下能使用 4 个月之久。耐臭氧、耐天候老化性仅次于乙丙橡胶和丁基橡胶，而大大优于通用型橡胶，见表 3-22。此外，氯丁橡胶的耐化学腐蚀性、耐水性优于 NR 和 SBR，但对氧化性物质的抗耐性差。

表 3-22　各种橡胶的臭氧老化

橡胶种类	产生龟裂的时间/h	试验条件
NR	1.5 以下	臭氧浓度 0.017% 温度 22.2℃ 试样在伸长 25%的情况下试验
SBR	1.3	
NBR	4	
CR	21	
IIR	35	

③ 由于氯丁橡胶具有较强的极性，根据“相似相容”原理，一般碳氢化合物（即指油类）无极性或极性很小，所以很难使氯丁橡胶发生溶胀或溶解。因此氯丁橡胶的耐油、耐非极性溶剂性好，仅次于丁腈橡胶，而优于其他通用橡胶。

除芳香烃和卤代烃油类外，在其他非极性溶剂中都很稳定，其硫化胶只有微小溶胀。

④ 由氯丁橡胶的结构紧密，因此气密性好，通用橡胶中仅次于丁基橡胶，比天然橡胶的气密性大 5～6 倍。

⑤ 由于氯丁橡胶在燃烧时放出氯化氢，起阻燃作用，因此遇火时虽可燃烧，但切断

火源即自行熄灭。氯丁橡胶的耐延燃性在通用橡胶中是最好的。

⑥ 氯丁橡胶的粘接性好，因而被广泛用作胶粘剂。其特点是粘接强度高，适用范围广，耐老化、耐油、耐化学腐蚀，具有弹性，使用简便，一般无需硫化。

⑦ 由于氯丁橡胶分子结构的规整性和极性，内聚力较大，限制了分子的热运动，特别在低温下热运动更困难，此外，因低温结晶，致使橡胶拉伸变形后难以恢复原状而失去弹性，甚至发生脆折现象，氯丁橡胶耐寒性不好。氯丁橡胶的玻璃化温度为－40℃，低温使用范围一般不超过－30℃。

⑧ 氯丁橡胶因分子中含有极性氯原子，所以绝缘性差，体积电阻为 10^{10}～10^{12} Ω·cm，仅适于 600V 以内的较低压使用。

⑨ 氯丁橡胶可以与天然橡胶并用改进加工性能、提高粘接强度以及改善耐屈挠和耐撕裂性能；氯丁橡胶与丁苯橡胶并用可以降低成本，提高耐低温性能，但是耐臭氧性能、耐油性、耐候性随之降低，因此需要加入抗臭氧剂，硫化体系采用无硫和硫黄硫化体系；氯丁橡胶与丁腈橡胶并用，可以提高耐油性，改进黏辊性，便于压延和压出成型；为了改进氯丁橡胶的黏辊性能，提高压延和压出的工艺性能，可以采用氯丁橡胶与顺丁橡胶并用，同时弹性、耐磨性和压缩生热可以得到改善，但耐油性、抗臭氧性和强度降低；为了进一步的提高氯丁橡胶的抗臭氧性能，可以将氯丁橡胶与乙丙橡胶并用，同时可以改善耐热性能。

⑩ 氯丁橡胶的贮存稳定性差。由于氯丁橡胶在室温下也具有从 α 型聚合体向 μ 型聚合体转化的性质，因此贮存稳定性较差（在 30℃的自然条件下，硫黄调节型氯丁橡胶可存放 10 个月，非硫调节型可存放 40 个月）。经长期贮存后，氯丁橡胶出现塑性下降、硬度增大、焦烧时间缩短、硫化速度加快的现象，在加工中则表现为流动性差、黏着性低劣、压出胶坯粗糙、易焦烧，严重时导致胶料报废。

（3）氯丁橡胶的加工性能

硫黄调节型氯丁橡胶用低温塑炼取得可塑性，但非硫调节型的塑炼作用不大。此外，由于极性氯原子的存在，使氯丁橡胶在加工时对温度的敏感性强，当塑、混炼温度超出弹性态温度范围时，会产生黏辊现象，加一些如石蜡、凡士林等润滑剂有助于解决。表 3-23 是氯丁橡胶与天然橡胶在不同温度下的物理状态对比。

表 3-23　　氯丁橡胶与天然橡胶不同温度下的物理状态

状态	氯丁橡胶		天然橡胶
	硫黄调节型	非硫调节型	
弹性态	22～71℃	22～79℃	22～100℃
粒状态	71～93℃	79～93℃	100～120℃
塑性态	93℃以上	93℃以上	约 135℃

氯丁橡胶的炼胶温度应比天然橡胶低，否则剪切力不够，配合剂分散不开。但氯丁橡胶炼胶生热高，所以要注意冷却，加 MgO 时温度约 50℃为宜，如温度太低 MgO 易结块；硫化剂（ZnO）及促进剂应在混炼后期加入，若在密炼机加入，排料温度应在 105～110℃。

由于氯丁橡胶的结晶倾向大，胶料经长期放置后，会慢慢硬化，致使黏着性下降，造成成型困难，尤其是 W 型氯丁橡胶。

氯丁橡胶最宜硫化温度为150℃，但因它硫化不返原，所以可以采用170～230℃的高温硫化、高温连续硫化，如加热室硫化、高压蒸气硫化、流体床硫化、固体滚动床硫化等。

3.3.3.4 氯丁橡胶在制鞋工业中的应用

（1）在胶鞋围条中的应用（表3-24）

表3-24 氯丁橡胶/天然橡胶并用的围条配方

组　分	质量份	组　分	质量份	组　分	质量份
氯丁橡胶	80	软质炭黑	27	黑油膏	3
烟胶片	20	高耐磨炭黑	20	苯二甲酸二丁酯	5
促进剂D	0.4	陶土	42	防老剂4010	1
促进剂DM	0.25	硬脂酸	1.5	变压器油	7
氧化锌	5	氧化镁	3.2		

（2）制备特种鞋橡胶底（表3-25、表3-26）

表3-25 耐油鞋底配方

组　分	质量份	组　分	质量份	组　分	质量份
通用氯丁橡胶	50	促进剂D	0.2	二丁酯	12
丁腈橡胶40	50	防老剂4010	0.5	松焦油	5
氧化锌	4	高耐磨炉黑	20	硫黄	0.5
氧化镁	5	半补强炉黑	30	促进剂DM	0.5
硬脂酸	3	陶土	66	古马隆	15

表3-26 耐酸碱鞋底配方

组　分	质量份	组　分	质量份	组　分	质量份
氯丁橡胶	100	防老剂D	1	陶土	22
氧化锌	5	炉法炭黑	5	二丁酯	3
氧化镁	4	喷雾炭黑	20	防老剂A	1.5
硬脂酸	0.5	变压器油	5	硫酸钡	60

（3）黏合剂

在制鞋工业中氯丁橡胶应用最广泛的领域是鞋用黏合剂的制备（表3-27）。一般用于制备鞋用黏合剂的氯丁橡胶的类型是特殊型的，如AC型、AD型等，也有一些非硫黄调节型氯丁橡胶，如W型等也可用于黏合剂的制备，不过这些类型胶常与特殊型并用。

表3-27 黏合剂配方

组　分	质量份	组　分	质量份	组　分	质量份
氯丁橡胶LDJ-22	100	氧化镁	4	RX-80树脂	3
氧化锌(一级)	5	防老剂SP	2		

3.3.4 异戊橡胶

异戊橡胶（IR）是顺式-1,4-聚异戊二烯橡胶的简称，它是以异戊二烯为单体进行定向、溶液聚合的产物，因其分子结构与天然橡胶相同，性能与天然橡胶接近，故又称为“合成天然橡胶”。

3.3.4.1 异戊橡胶的分类品种

异戊橡胶按所用催化剂的不同，可分为钛胶、锂胶和稀土胶等，表3-28比较了各种异戊橡胶与天然橡胶的结构特点。

表3-28 异戊橡胶与天然橡胶的结构特点对比

催化体系	钛系	稀土系	锂系	天然橡胶
顺式-1,4含量/%	96～97	94～95	93	98
反式-1,4含量/%	0	0	0	0
1,2-含量/%	0	0	0	0
3,4-含量/%	2～3	5～6	7	2
重均相对分子质量	71万～135万	250万	122万	100万～1000万
相对分子质量分布指数	稍宽	较窄	窄	宽
分子形状	支化	支化	线形	支化
凝胶含量/%	7～30	0～2	0	15～30

3.3.4.2 异戊橡胶的结构特点

异戊橡胶的分子结构式与天然橡胶相同，即顺式-1,4-聚异戊二烯，结构如下：

$$\left[CH_2(CH_3)C{=}CH\,CH_2 \right]_n$$

（顺式结构：双键一侧为 CH_2 与 CH_3，另一侧为 CH_2 与 H）

与天然橡胶的结构和性质有以下主要差别：

① 杂质少，凝胶含量低，质地均匀。

② 相对分子质量分布较窄。

3.3.4.3 异戊橡胶的性能

（1）异戊橡胶的物理性质

异戊橡胶为白色或乳白色半透明弹性体，比天然橡胶纯净，凝胶含量少，无杂质，密度为 $0.91g/cm^3$，玻璃化温度－70℃，体积电阻 $10^{15}\Omega\cdot cm$，易溶于苯、甲苯等有机溶剂。

（2）异戊橡胶的使用性能和加工性能

① 在配方相同时，异戊橡胶因结构归整性低于天然橡胶，又缺少天然橡胶硫化助剂蛋白质、脂肪酸等，不仅硫化速度较慢，而且硫化胶的拉伸强度、定伸应力、撕裂强度和硬度等均较低，而断裂伸长率较大。但由于相对分子质量分布较窄，硫化胶的网构组织更加完善，所以，弹性好，生热小，抗龟裂性好。

② 由于异戊橡胶中非橡胶成分极少，所以耐水性、电绝缘性及耐老化性比天然橡胶好。

③ 因凝胶含量低，所以易于塑炼，对某些门尼黏度值较低的异戊橡胶，甚至可以省去塑炼过程。但由于相对分子质量分布较窄，缺少低相对分子质量级分的增塑作用，所以对填料的分散性以及黏着性能比天然橡胶差。此外，当异戊橡胶的相对分子质量较低时，生胶强度低，挺性差，会给加工工艺带来一定困难。

④ 由于结构归整性低于天然橡胶，因此异戊橡胶（特别是顺式含量低的锂型胶）在注压或传递模压成型过程中的结晶倾向小，流动性优于天然橡胶。

除此之外，异戊橡胶还具有质量均一，纯度高，硫化速度稳定的特点。

3.3.4.4 异戊橡胶在制鞋工业中的应用

异戊橡胶可以替代天然橡胶广泛用于制鞋工业。下面介绍它在制鞋工业中应用的一些配方实例。

（1）异戊橡胶在鞋底制备上的应用

100％异戊二烯橡胶制备透明底的配方见表 3-29。

表 3-29　100％异戊二烯橡胶制备透明底的配方

组　分	质量份	组　分	质量份	组　分	质量份
异戊二烯橡胶 IR-2200	100	促进剂 DM	1	黑油膏	5
透明氧化锌	2.5	促进剂 TS	0.4	碳酸镁	10
硬脂酸	2	沉淀白炭黑 VN_3	40	石蜡	0.5
硫黄	2	促进剂 No.6	1.8		

（2）低相对分子质量异戊二烯橡胶在胶鞋无露浆围条中的应用

① 制备胶浆：用低相对分子质量异戊二烯橡胶制备的这种胶浆是直接涂覆在围条上的，然后再将围条贴合在鞋帮上。用此法制备的胶鞋外型美观、胶鞋的鞋帮及围条结合处无露浆显出。此胶浆的配方见表 3-30。

表 3-30　低相对分子质量异戊二烯橡胶制备的胶浆配方

组　分	质量份	组　分	质量份	组　分	质量份
天然橡胶	25	硬脂酸	1	轻质碳酸钙	100
异戊二烯橡胶	25	促进剂 M	1.3	钛白粉	10
顺丁橡胶	20	促进剂 DM	0.8	防老剂	1
硫黄	3	促进剂 TS	0.4	氧化锌	5

上述胶料需在辊温 50℃时混炼，然后在辊温冷却至 30℃时下料。将上述胶料于室温中用丙酮溶解，以制备成含固量为 30％的胶浆。

② 制备复合围条的黏合层：将低相对分子质量异戊二烯橡胶制备成胶料，然后用压延或挤出的方法制备成一种厚度约为 0.5mm 的黏合层。将这黏合层复合在围条上，最后将这种带有黏合层的围条贴合在鞋帮上。用这种工艺制备出的胶鞋外型美观，胶鞋鞋帮与围条结合处外观无胶浆。此种黏合层的配方见表 3-31。

表 3-31　低相对分子质量异戊二烯橡胶制备的黏合层配方

组　分	质量份	组　分	质量份	组　分	质量份
天然橡胶	70	氧化锌	5	促进剂 TS	0.4
异戊二烯橡胶	25	硬脂酸	1	防老剂 BHT	1
顺丁橡胶	5	硫黄	3	促进剂 DM	0.8
轻质碳酸钙	90	促进剂 M	1.3	钛白粉	10

3.3.5 顺丁橡胶

顺丁橡胶（BR），是顺式-1,4-聚丁二烯橡胶的简称，它是由丁二烯单体在催化剂作用下通过溶液聚合制得的有规立构橡胶。

3.3.5.1　顺丁橡胶的分类品种

丁二烯单体在聚合反应中可能生成顺式-1,4、反式-1,4以及反式-1,2等三种结构。这三种结构的比例会因催化剂类型和反应条件的不同而有所区别。表3-32概括了不同催化剂类型制得的有价值的典型聚丁二烯橡胶的结构。

表3-32　聚丁二烯橡胶的结构

类　型	宏观结构			微观结构		
	重均相对分子质量	相对分子质量分布	歧化	顺式-1,4含量/%	反式-1,4含量/%	1,2-乙烯基含量/%
钴型聚丁二烯橡胶	37万	较窄	较少	98	1	1
镍型聚丁二烯橡胶	38万	较窄	较少	97	1	2
钛型聚丁二烯橡胶	39万	窄	少	94	3	3
锂型聚丁二烯橡胶	28万～35万 18.5万	很窄 很窄	很少 —	35 20	57.5 31	7.5 49

从表3-32可以看出，采用钛型、钴型、镍型等定向催化剂时，聚合物的顺式-1,4结构含量一般可控制在90%以上，称为有规立构橡胶，有较优异的性能。聚合物的性能与顺式-1,4结构含量的关系归纳于表3-33中。

表3-33　聚丁二烯橡胶性能与顺式-1,4结构含量的关系

性能	顺式-1,4结构含量由高→低	性能	顺式-1,4结构含量由高→低
工艺性能	好→差	扯断伸长率	大→小
弹性	高→低	撕裂强度	高→低
生热性	小→大	耐寒性	好→差
耐磨性	好→差	抗湿滑性	差→好
拉伸强度	高→低		

聚丁二烯橡胶按照顺式-1,4结构含量的不同，可分为高顺式（顺式含量96%～98%）、中顺式（顺式含量90%～95%）和低顺式（顺式含量40%以下）三种类型。

高顺式聚丁二烯橡胶的物理力学性能接近于天然橡胶，某些性能还超过了天然橡胶。因此，目前各国都以生产高顺式聚丁二烯橡胶为主；低顺式聚丁二烯橡胶中含有较多的乙烯基（即1,2结构），它具有较好的综合平衡性能，并克服了高顺式丁二烯橡胶的抗湿滑性差的缺点，最适宜制造轮胎；中顺式聚丁二烯橡胶，由于物理力学性能和加工性能都不及高顺式聚丁二烯橡胶，故趋于淘汰。

3.3.5.2　顺丁橡胶的结构特点

顺丁橡胶，即高顺式聚丁二烯橡胶的结构为：

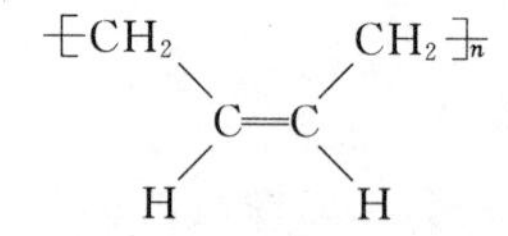

顺丁橡胶有着与天然橡胶非常相似的分子构型，只是在丁二烯链节中，双键一端的碳原子上少了甲基取代基。因此，顺丁橡胶的分子结构规整，可结晶，同时无极性，分子间作用力小，分子链非常柔顺；每个链节中存在一个双键，是高不饱和橡胶，无侧甲基的推电子作用，双键活性低于天然橡胶；除此之外，顺丁橡胶平均相对分子质量较低，相对分子质量分布较窄。

3.3.5.3 顺丁橡胶的性能

（1）顺丁橡胶的物理性质

顺丁橡胶是无色或浅色弹性体，密度 $0.910g/cm^3$。

（2）顺丁橡胶的使用性能

① 由于分子链非常柔顺、相对分子质量分布较窄，因此顺丁橡胶具有比天然橡胶还要高的回弹性，其弹性是通用橡胶中最好的，同时，滞后损失小，动态生热低；此外，还具有极好的耐寒性（玻璃化温度为－105℃），是通用橡胶中耐低温性能最好的胶种。

② 由于分子间作用力小，分子链非常柔顺，分子链段的运动性强，所以顺丁橡胶虽属结晶性橡胶，但在室温下仅稍有结晶性，只有拉伸到300%～400%的状态下或冷却到－30℃以下，结晶性才显著增加。因此，在通常的使用条件下，顺丁橡胶无自补强性，其纯胶硫化胶的拉伸强度低，仅有1～10MPa。通常需经炭黑补强后才有使用价值（炭黑补强硫化胶的拉伸强度可达17～25MPa）。此外，顺丁橡胶的撕裂强度也较低，特别在使用过程中，胶料会因老化而变硬脆，弹性和伸长率下降，导致其出现裂口后的抗裂口展开性尤差。

③ 由于分子的结构规整性好、无侧基、摩擦因数小，所以顺丁橡胶耐磨性突出，优于天然橡胶和丁苯橡胶，但也导致抗湿滑性差。

④ 由于分子链非常柔顺，因而耐曲挠性能优异，表现为制品的耐动态裂口生成速度较慢。

⑤ 由于是非极性橡胶，同时因分子链柔性好使分子间空隙较多，因此顺丁橡胶的耐油、耐溶剂性差。

⑥ 由于是高不饱和橡胶，易发生老化，因顺丁橡胶键的化学活性比天然橡胶稍低，所以耐热氧老化性能比天然橡胶稍好。

除上述之外，顺丁橡胶还具有易燃、绝缘性好的特性。

（3）顺丁橡胶的加工性能

① 由于分子链非常柔顺，在机械力作用下胶料的内应力易于重新分配，以柔克刚，且相对分子质量分布较窄，分子间力较小，因此加工性能较差。表现为开炼机加工时，塑性不易获得，辊温稍高就会产生脱辊现象（这是由于顺丁橡胶的拉伸结晶熔点为65℃左右，超过其熔点温度，结晶消失，胶片会因缺乏强韧性而脱辊）；成型贴合时，自黏性差。

② 由于分子链柔性好，湿润能力强，因此可比丁苯橡胶和天然橡胶填充更多的补强填料和操作油，从而有利于降低胶料成本。

③ 由于是非极性橡胶，分子间作用力较小，且由于相对分子质量较低，相对分子质

量分布较窄，缺少相对分子质量非常大的级分，分子链间的物理缠结点少，故胶料贮存时具有冷流性，但硫化时的流动性好，特别适于注射成型。

④ 由于是高不饱和橡胶，易使用硫黄硫化，硫化反应速度较天然橡胶慢，介于天然橡胶和丁苯橡胶之间。

3.3.5.4　顺丁橡胶在制鞋工业中的应用

目前，顺丁橡胶广泛地用于制备各种鞋类的胶制部件，如皮鞋底、胶鞋的外底、内底以及微孔鞋底等。其他一些聚丁二烯橡胶品种虽然在制鞋中也有应用的报道，但一般用量较少。

(1) 皮鞋底（表 3-34 至表 3-36）

表 3-34　　硫化皮鞋底的配方

组　　分	质量份	组　　分	质量份	组　　分	质量份
天然橡胶	70	促进剂 DM	2.5	再生胶	60
顺丁橡胶	20	硫黄	2	水杨酸	0.1
丁苯橡胶	10	氧化锌	4	陶土粉	10
促进剂 M	2.5	硬脂酸	3	促进剂 D	1.5

表 3-35　　胶粘皮鞋底配方

组　　分	质量份	组　　分	质量份	组　　分	质量份
烟胶片	50	硬脂酸	3	胎面再生胶	70
顺丁橡胶	50	促进剂 M	2	30# 机油	10
硫黄	2.8	促进剂 D	1.5	固体古马隆	16
氧化锌	5	促进剂 DM	1.5	防老剂 D	1.5
高耐磨炉黑	45	碳酸钙	28		

表 3-36　　模压皮鞋底配方

组　　分	质量份	组　　分	质量份	组　　分	质量份
烟胶片	30	硫黄	2.5	促进剂 M	1.8
顺丁橡胶	70	氧化锌	8	促进剂 D	1.8
再生胶	115	硬脂酸	3.5	促进剂 TMTD	0.4
防老剂 D	2	30# 机油	20	松焦油	6
高耐磨炉黑	25	石蜡	1	固体古马隆	25

(2) 胶鞋外底（表 3-37）

表 3-37　　模压透明橡胶外底配方

组　　分	质量份	组　　分	质量份	组　　分	质量份
白绉胶片	60	促进剂 H	1.1	锭子油	13
顺丁橡胶	40	促进剂 TMTD	0.15	联苯胺黄 G	0.05
碳酸锌	4	防老剂 MB	0.5	丙三醇	5
硬脂酸	2	透明白炭黑	40	促进剂 M	1

(3) 微孔鞋底(表 3-38)

表 3-38　微孔鞋底配方

组　分	质量份	组　分	质量份	组　分	质量份
顺丁橡胶	20	氧化锌	1	增塑剂 DBP	3
高压聚乙烯	80	硬脂酸	0.5	色母料	适量
交联剂 DCP	0.95	发泡剂 AC	3		

3.4 再生橡胶

再生橡胶是指废橡胶制品经化学、热及机械加工处理后，使硫化胶的网状结构破坏，有效地将其重新塑化再生，成为能够再次配合、加工和硫化的橡胶，简称再生胶。

再生胶具有一定的塑性和补强作用，易与生胶和配合剂凝合，可以替代部分生胶掺入到橡胶制品，也可以单独制成橡胶制品。使用再生胶有许多好处，归纳起来，主要有以下三点：①降低成本，节约生胶；②改善胶料工艺性能，使胶料易于压延、压出，且所得半制品表面光滑，收缩率小；③可提高制品的耐老化性能和耐酸碱性能。

但由于再生胶是由硫化胶裂解而制备成的，是相对分子质量较低的线型或小网状碎片的塑性物质。所以它的拉伸强度、伸长率、弹性等都比新胶硫化胶低，因此只能掺用于对物理力学性能要求不高的品种。

3.4.1 再生胶的生产

再生胶生产的主要反应过程是“脱硫”，但其脱硫时并没有把硫化胶中结合的硫黄脱出来。也就是说不可能把硫化胶复原到原有生胶的结构状态，而只是破坏硫化胶部分大分子链和交联结构，具有聚合物降解反应的特征。硫化胶的再生历程十分复杂，其原理也很复杂，但其主要影响因素有机械作用、热氧化-解聚作用及再生剂的作用。

再生胶的生产方法很多，归纳起来大致有五大类，即蒸汽法、蒸煮法、机械法、化学法和物理法。各大类下面又包括许多生产方法，具体见表 3-39。

虽然再生胶生产方法很多，但在我国较为常用的是油法、水油法和动态再生法。由于油法和水油法再生方法存在着生产效率低、劳动强度大、能源消耗大、对环境污染严重等缺点，加之其所采用的技术路线都是以废橡胶（含天然橡胶比例大的）为原料的。所以，近年来我国的再生胶生产方法正逐渐向动态再生法转移。

表 3-39　再生胶生产方法类别

大类	小类
蒸汽法	油法、过热蒸汽法、两压法、酸法
蒸煮法	水油法、中性法、碱法
机械法	密炼机法、螺杆压出法、快速脱硫法、旋转动态法、连续法
化学法	溶解法、接枝法、分散法、低温塑化法
物理法	高温连续脱硫法、微波法

3.4.2　再生胶的分类

再生胶的分类方法一般有两种：一是根据废旧橡胶种类划分；二是根据制造方法划分。根据废旧橡胶种类划分，不仅容易识别实物，而且能大致推测实物的质量好坏。根据制造方法分类则不行。目前国际上大都依据第一种方法来划分再生胶产品。中国现行再生胶分类见表 3-40。

表 3-40　　中国现行再生胶分类

品种	所用材料
轮胎再生胶	各种类型机动车所用废旧轮胎的橡胶及类似材料
胶鞋再生胶	各种胶面鞋、布面鞋所使用的废旧橡胶
杂品再生胶	各种规格内胎、水胎及其他废旧橡胶制品

3.4.3　再生胶的性能特点

（1）再生胶的优点

① 有良好的塑性，易于生胶和配合剂混合，节省工时，降低动力消耗。

② 收缩性小，能使制品有平滑的表面和准确的尺寸。

③ 流动性好，易于制作模压制品。

④ 耐老化性好，能改善橡胶制品的耐自然老化性能。

⑤ 具有良好的耐热、耐油、耐酸碱性。

⑥ 硫化速度快，耐焦烧性好。

（2）再生胶的缺点

① 曲挠龟裂大。再生胶本身的耐曲挠龟裂性差，这是因为废硫化胶再生后其分子内的结合力减弱所致。对曲挠龟裂要求较高的一些特殊制品，掺用再生胶时要斟酌使用，并注意使用量，掺用胶粉可提高耐曲挠的性能。

② 耐撕裂性差。影响耐撕裂性的因素较多，其中配合剂分散不均，制成的橡胶制品不仅物理力学性能低，耐老化性差，而且抗撕裂性也弱。再生胶在脱硫工艺过程中，如果拌料不均，再生剂分散不好，也会造成再生胶耐撕裂性差。掺用胶粉可提高耐撕裂性能。

3.4.4　再生胶在制鞋工业中的应用

再生橡胶能替代部分生胶用于一些制鞋产品，并可降低成本，改善胶料的加工性能。一般，再生胶可用于制备皮鞋底和胶鞋底，以及胶鞋的海绵中底和硬中底等部件（表 3-41、表 3-42）。

表 3-41　　黑底配方

组　分	质量份	组　分	质量份	组　分	质量份
烟胶片	25	防老剂 B	1	陶土	35
胎面再生胶	150	氧化锌	5	矿质橡胶	15
硫黄	4	硬脂酸	4	可混槽黑	75
促进剂 F	1.25				

表 3-42　模压皮鞋底配方

组　分	质量份	组　分	质量份	组　分	质量份
烟胶片	50	硫黄	3.5	24# 机油	10
顺丁橡胶	50	防老剂 SP-C	3	氧化锌	2
胎面再生胶	200	促进剂 M	2.4	高耐磨炭黑	75.9

3.5 热塑性弹性体

热塑性弹性体（TPE）是在高温下塑化成型，而在常温下能显示硫化橡胶弹性的一类新型材料。这类材料兼有热塑性塑料的加工成型性和硫化橡胶的高弹性性能。

热塑性弹性体有类似于硫化橡胶的物理力学性能，如较高的弹性、类似于硫化橡胶的强力、形变特性等。在性能满足使用要求的条件下，热塑性弹性体可以代替一般硫化橡胶，制成各种具有实用价值的弹性体制品。另一方面，由于热塑性弹性体具有类似于热塑性塑料的加工特性，因而不需要使用传统的橡胶硫化加工的硫化设备，可以直接采用塑料加工工艺，如注射、挤出、吹塑等，从而设备投资少，工艺操作简单，成型速度快，周期短，生产效率高。此外，由于热塑性弹性体的弹性和塑性两种物理状态之间的相互转变取决于温度变化，而且是可逆的，因而对加工生产中的边角料、废次品以及用过的废旧制品等，可以方便地重新加以利用。热塑性弹性体优异的橡胶弹性和良好的热塑性相结合，使其得到了迅速发展。它的兴起，使塑料与橡胶的界限变得更加模糊。

3.5.1 热塑性弹性体的分类

目前，热塑性弹性体的种类日趋增多，根据其化学组成，常用的有四大类。

① 热塑性聚氨酯弹性体（TPU）。按其合成所用的聚合物二醇又可分为聚醚型和聚酯型。

② 苯乙烯嵌段类热塑性弹性体（TPS）。典型品种为热塑性 SBS 弹性体（苯乙烯-丁二烯-苯乙烯三嵌段共聚物）和热塑性 SIS 弹性体（苯乙烯-异戊二烯-苯乙烯三嵌段共聚物）。此外，还有苯乙烯-丁二烯的星形嵌段共聚物。

③ 热塑性聚酯弹性体（TPEE）。该类弹性体通常是由二元羧酸及其衍生物（如对苯二甲酸二甲酯）、聚醚二醇（相对分子质量 600～6000）及低分子二醇的混合物通过熔融酯交换反应而得到的均聚无规嵌段共聚物。

④ 热塑性聚烯烃弹性体（TPO）。该类弹性体通常是通过共混法来制备。如应用具有部分结晶性质的二元乙丙橡胶（EPM）或三元乙丙橡胶（EPDM）与热塑性树脂（聚乙烯、聚丙烯等）共混，或在共混的同时采用动态硫化法使橡胶部分得到交联，甚至在橡胶链上接枝聚乙烯或聚丙烯。此外，还有丁基橡胶接枝聚乙烯而得到的热塑性聚烯烃弹性体。

除了上述四大类热塑性弹性体外，人们还在探索热塑性弹性体的新品种，如聚硅烷类热塑性弹性体、热塑性氟弹性体以及聚氯乙烯类热塑性弹性体。

3.5.2 热塑性弹性体的特点

如前所述，热塑性弹性体最大的特点是常温下显示出普通硫化橡胶的力学性能，而在高温下又具有热塑性塑料的加工工艺特点。可以说，它既类似于橡胶，又很像塑料，是介于橡胶和塑料之间的一种“边缘”材料。

（1）无需硫化即具有良好的物理力学性能

普通橡胶（包括天然橡胶和合成橡胶）在未硫化时，弹性和强度都很低。而一经硫化，高分子链之间的网状结构形成后，便产生了极好的物理力学性能，抗拉伸强度由低于1MPa一跃而为10MPa以上。而热塑性弹性体无需硫化其抗拉伸强度即可达10MPa以上，其中某些品种如共聚酯、聚氨酯等高达30～40MPa，远远超过普通硫化橡胶。

（2）存在两相结构

热塑性橡胶的分子链中，一般是由具有塑料刚性的“硬段”和橡胶弹性的“软段”组成。这些刚性的硬链段将弹性的软链段束缚起来，而刚性链段之间又通过分子间的作用力集结在一起，形成所谓的“物理交联网点”。这些“物理交联网点”起到了相当于硫化橡胶中“硫桥键”的作用，从而使材料具有了很高的内聚强度，赋予材料自补强特性。

（3）具有良好的加工性能

在加热的条件下，上述“物理交联网点”被破坏，共聚物分子链可以自由活动，材料具有很好的熔融流动性，因而能用注射、挤出等方式加工。当材料进入模腔冷却时，硬链段分子间由于内聚力的作用又重新集结，再度形成“物理交联网点”，赋予材料以弹性和强度。“物理交联网点”热则消失、冷则形成，反复循环，使材料具有良好的加工工艺性能。

（4）物理力学性能相对独立于相对分子质量的大小

和普通橡胶相比，热塑性弹性体的物理力学性能相对独立于相对分子质量的大小。一般而言，普通橡胶相对分子质量越大，强度等力学性能越高，而热塑性弹性体相对分子质量对物理力学性能影响较小，比较低的相对分子质量（20万～63万），决定了它具有无需塑炼和易溶、易流动等特点。

3.5.3 热塑性弹性体的结构

硫化橡胶的高弹性特点与橡胶硫化时在橡胶大分子链间形成交联键的结构特征有密切的关系。交联键的多少直接影响了弹性的高低。热塑性弹性体显示硫化橡胶的弹性性质，同样存在着大分子链间的“交联”，这种“交联”可以是化学“交联”也可以是物理“交联”。但无论哪一种“交联”，均具有可逆性的特征。即当温度升高至某个温度时，这种化学“交联”或者物理“交联”消失了；而当冷却到室温时，这种化学“交联”或物理“交联”又起到了与硫化橡胶交联键类似的作用。就热塑性弹性体来说，物理“交联”是主要的交联形式。

热塑性弹性体结构的另一突出特点是它同时串联或接枝一些化学结构不同的硬段和软段。对硬段要求链段间的作用能形成物理“交联”或“缔合”，或者具有在较高温度下能离解的化学键；对软段则要求是自由旋转能力较大的高弹性链段。

因为热塑性弹性体分子链中同时存在着串联或接枝的硬段和软段，当热塑性弹性体从流动的熔融态或溶液转变为固态时，分子间作用力较大的硬段首先凝集成不连续相，也叫分散相（塑料相），形成物理交联区，柔性链段构成连续相（橡胶相）。这种物理交联区的大小、形状随着硬段和软段的结构、数量比而发生变化，从而形成不同的微相分离结构。

由于热塑性弹性体中的“交联”区域为物理“交联”，故当温度上升至超过物理“交联”区域的硬段的玻璃化温度或结晶熔点时，硬段将被软化或熔化，网状结构就被破坏，热塑性弹性体可以在力的作用下流动，因此可以像塑料那样自由地进行成型加工。这种网状结构也可以溶解于某些有机溶剂而消失。而当温度下降或溶剂挥发时，则网状结构建立。所以热塑性弹性体可以采用普通塑料工业用的注射机来注射成型或用塑料挤出机挤出成型，也可模压成型或用其他塑料成型加工方法进行加工。

3.5.4 热塑性弹性体在制鞋工业中的应用

热塑性弹性体在制鞋业中因其优良的加工性能和良好的使用性能而得到了快速发展。它可以改善某些塑料的脆性，增强抗冲击性能等。用于制鞋方面的优点很多，主要有加工快速、方便、色泽鲜艳；鞋底富有弹性，密度小，穿着轻便舒适；摩擦因数大，天冷不变硬、不打滑，安全稳定，尤其适合中老年人和儿童的穿用。热塑性弹性体更适宜制作各式棉鞋和布鞋的鞋底，是耐寒性最好的一种橡胶。

例如，用热塑性 SBS 弹性体代替硫化橡胶和聚氯乙烯制作的鞋底弹性好（受力或残余变形小）、色彩美观，具有良好的抗湿滑性、透气性、耐磨性、耐低温性和耐曲挠性，不臭脚，穿着舒适等优点，对沥青路面、潮湿及积雪路面有较高的摩擦因数。废 SBS 鞋底可回收再利用，成本适中。鞋底式样可为半透明的牛筋底或色彩鲜艳的双色鞋底，也可制成发泡鞋底。用热塑性 SBS 弹性体制成的价廉的整体模压帆布鞋，其重量比聚氯乙烯树脂鞋轻 15%～25%，摩擦因数高 30%，具有优良的耐磨性和低温柔软性。热塑性 SBS 弹性体所具有这些优良性能，使得它在制鞋业中的应用十分广泛。热塑性 SBS 弹性体鞋底配方见表 3-43、表 3-44。

表 3-43　热塑性 SBS 弹性体皮鞋底配方

组　分	质量份	组　分	质量份	组　分	质量份
热塑性 SBS 弹性体	100	碳酸钙	15	硬脂酸锌	0.5
聚苯乙烯	15	稳定剂 1010	1.5	塑料棕	0.6
环烷油	20	DLTDP	0.5	中铬黄	0.02

表 3-44　热塑性 SBS 弹性体布鞋底配方

组　分	质量份	组　分	质量份	组　分	质量份
热塑性 SBS 弹性体	100	稳定剂 1010	0.3	硅粉	10
环烷油	25	聚 α-甲基苯乙烯	10	DLTDP	0.2

3.6 胶鞋用橡胶配方

3.6.1 大底的橡胶配方

大底应具有良好的强度、弹性、耐磨耗、耐曲挠疲劳等性能。胶料要求柔软，收缩小，黏着性好。

(1) 黑色大底与浅色大底

① 生胶:在天然橡胶使用上,黑色大底一般使用4#、5#胶,浅色底可用白绉片或国产1#天然胶。另外,它们常与丁苯橡胶、顺丁橡胶等并用。至于耐油大底则使用丁腈橡胶或与氯丁橡胶并用。

② 再生胶:胶鞋大底用再生胶有胎面再生胶、套鞋再生胶和球鞋再生胶等。其橡胶烃含量分别按45%、33%、35%计算。根据橡胶烃含量的多少,适当调整配方中硫黄的用量。

③ 硫化促进剂:通常选择能赋予胶料良好物理力学性能,硫化平坦性好,防焦烧性好及不污染、不变色、不喷出等的促进剂。常以促进剂M、促进剂D、促进剂M与促进剂D并用。促进剂M+促进剂DM与促进剂D之比一般为65∶35;促进剂M或促进剂DM与促进剂D之比一般为60∶40。在使用大量高耐磨炭黑的情况下,因胶料易于焦烧,可使用促进剂CZ等后效性促进剂。促进剂CZ用量一般为促进剂M与促进剂DM的2/3左右。

④ 补强剂:黑色大底一般使用高耐磨炭黑,用量为50%左右;并用丁苯橡胶时,按并用比适当增加炭黑用量。炭黑吸油值高,丙酮抽出物小,则胶料黏性差,伸长与耐曲挠性能下降,成品硬度增大。浅色大底应使用无污染性补强剂,如白炭黑、陶土、木质素和超细活性碳酸钙等。

⑤ 软化剂:常用软化剂有古马隆树脂、工业脂、机油、凡士林、松焦油、锭子油等。软化剂对胶料的硫化速度有影响,可根据使用量适当调整。固体古马隆树脂兼具补强作用,与机油、凡士林、松焦油、锭子油等比较,除使胶料硬度稍高外,其他性能均较优越,但软化能力较差,一般相当于液体软化剂的70%左右。掺用于丁苯橡胶的大底胶料中,固体古马隆树脂用量一般为15~20份,在浅色大底中一般用量在5份以下,以防变色。煤焦油、松焦油对浅色大底有污染变色影响。

⑥ 其他配合剂:硫黄用量一般为2.5份左右,随着丁苯橡胶用量的增加应适当减少。氧化锌用量一般为3~5份。防老剂用量一般为1~1.5份,其中防老剂D用量一般在1份以下,以防止喷出。硬脂酸用量一般为1~3份。

(2) 透明大底、半透明大底

① 生胶:胶种的透明程度是决定大底透明度的主要因素。适合制造这类大底的胶种主要有白绉片,透明丁苯橡胶(特别是充油丁苯橡胶)和透明顺丁橡胶。顺丁及充油丁苯橡胶、白绉胶可并用或单用。

② 填充补强剂:一般可采用透明白炭黑,也可用碳酸镁。

③ 促进剂与防老剂:硫化剂应选用易硫化和硫化后不易再结晶的品种,一般有二硫代氨基甲酸盐类促进剂(但用量要少,以防再结晶和焦烧)、促进剂DHC、促进剂FN与TMTD并用。防老剂需使用污染性小的品种,如防老剂EX和防老剂WSL等。

④ 活化剂与软化剂:多选用透明碳酸锌或硬脂酸锌、二甘醇和丙三醇等。

(3) 化学鞋大底

化学鞋大底分为橡塑并用微孔底和橡塑并用低发泡底两种。橡塑并用微孔底又分为透明底、半透明底和不透明底三种。

① 橡塑并用微孔底：橡塑并用微孔大底是以塑料为主的橡塑并用交联发泡而成的制品，这种制品的橡胶配方的最主要点是：a. 要注意橡塑微孔胶料的关联与发泡的速度相互配合，交联起点应稍快于发泡起点。b. 要根据橡塑微孔的要求，比如耐磨程度、软硬程度等来确定橡塑微孔配方中主体材料的选择、起发率的大小和各种配合组分的用量。c. 常用的配比为塑料：橡胶=(75～85)：(25～15)。要求塑料与通用橡胶的溶解度参数、结构及极性接近，故塑料选用高压聚乙烯为主，并用乙烯-醋酸乙烯共聚物（EVA）；橡胶可用天然橡胶或并用丁苯橡胶、顺丁橡胶、溶聚丁苯或三元乙丙橡胶。

用热硫化方法制取微孔制品，必须使用发泡剂。但在高温下塑料和橡胶的黏度很小，不能固定发泡剂分解时产生的气体，因而一定要同时加入硫化交联剂，产生空间网状结构，使体系黏度增大而与发泡剂分解产生的气体压力保持平衡，把发泡剂高温分解产生的气体固定下来。目前最常用的化学交联剂是有机过氧化物 DCP（过氧化二异丙苯），用量一般为 0.8～1.2 份。常用的发泡剂有很多种，如无机发泡剂（碳酸铵、碳酸氢钠等）和有机发泡剂（如发泡剂 AC、发泡剂 H 和尿素等）。在橡塑微孔制品里多单用发泡剂 AC（偶氮二甲酰胺）或并用发泡剂 H。发泡剂 AC 的用量一般为 4～6 份。由于发泡剂 AC 的分解温度较高（195～200℃），故需加入发泡助剂以降低其分解温度，使交联温度一致。目前多使用氧化锌与硬脂酸并用，三盐（三盐基碱式硫酸铅）、硬脂酸铅等发泡助剂，可单独使用或并用，用量在 3～5 份可降低发泡剂分解温度至160～170℃。

② 橡塑并用低发泡鞋底的配方：它与橡塑微孔底配方差不多，只不过在配方中加入很少量的发泡剂 AC，一般是 2 份以下，制成低发泡体。其特点是能够制成定型鞋底，简化生产工序，节约胶料。

3.6.2 鞋面的橡胶配方

因为鞋面（胶面靴）在穿着时经受频繁的变形，且鞋面的胶片较薄，所以要求有较高的耐曲挠性、耐疲劳性、耐老化性、抗撕裂性和抗张强度。鞋面的橡胶配方应注意如下事项：

① 生胶：天然橡胶一般使用 1# ～3# 烟胶片，用 3# ～5# 烟胶片要进行洗胶。掺用 5～10 份合成橡胶（如丁苯、顺丁橡胶等）对改善出型工艺有很好的效果。掺用丁苯橡胶时出型操作较安全，因为丁苯橡胶硫速慢，焦烧时间长。根据生产经验，鞋面配方掺用少量丁苯橡胶，可减弱喷霜。

② 硫化促进剂：促进剂 M、促进剂 DM 与促进剂 D 并用。总用量一般为 1.2～1.4 份，其中促进剂 D 占总用量的 23%～27%，有时为防止焦烧，也可适当使用防焦剂。

③ 防老剂：要求选用耐曲挠、耐老化性能好的品种，防老剂 A、防老剂 4010 及防老剂 H 并用。防老剂 4010 有助于耐老化、耐曲挠性能的提高，用量一般不超过 0.4 份；防老剂 H（1,4-二苯基对苯二胺）耐空气老化及耐日光老化好，用量一般不超过 0.2 份；防老剂 A 耐曲挠性能好，并且在生胶中溶解性大，不易喷霜，适用于黑色鞋面，彩色鞋面不宜使用，以防变色。

④ 软化剂：一般使用 3～6 份黑油膏。

⑤ 其他配合剂：全天然橡胶的硫黄用量为 2.1～2.3 份，掺用 10%丁苯橡胶的胶料可减

少硫黄0.1份左右。氧化锌应选择纯度高、无金属锌的品种，用量一般为5份。填充剂一般采用碳酸钙，也可与陶土并用。在黑色鞋面胶料中炭黑，一般作为着色剂使用，用量较低。

3.6.3　围条及外包头的橡胶配方

围条是胶鞋变形最大的部件，特别是跖趾部位的部件。因而要求具有良好的耐屈挠性能、耐老化性，并要严格控制配合剂的喷出。一般含胶率要稍高于其他部件，而定伸强度要比其他部件低。

① 生胶：一般使用天然橡胶1#～3#烟胶片，如用4#～5#烟胶片要进行洗胶，对鲜艳产品应考虑选择浅色胶片。

② 硫化促进剂：基本同于鞋面。

③ 防老剂：深色围条一般选用防老剂A、防老剂4010与防老剂H并用。浅色围条一般使用防老剂MB，也可选用不变色的耐曲挠疲劳、防日光老化的防老剂，如防老剂DOD。但应注意，促进剂M对防老剂MB的防老化性能有抑制作用，而促进剂D则起促进提高的作用。

④ 填充剂：填充剂一般选用碳酸钙，炭黑只作为黑色颜料少量使用。

⑤ 软化剂：深色围条一般使用固体古马隆树脂、工业脂等，浅色围条一般使凡士林（1～3份），不影响胶料光泽，并能延缓氧的扩散，从而起到防老化作用。

⑥ 着色剂：与其他胶制部件的选用原则相同。

3.6.4　海绵内底的橡胶配方

① 生胶：一般使用低级天然橡胶或与丁苯橡胶并用。另外可大量使用再生胶，要求再生胶有一定的强伸性能和较好的柔软性。如套鞋再生胶，用量根据海绵内底含胶率，使总的有效橡胶烃含量保持在30%左右；10%海绵内底配方，再生胶用量为生胶的6.5倍左右；5%含胶率的内底配方中，再生胶用量为生胶的13～15倍。

② 发孔剂：采用N型发孔助剂，可减少发孔剂用量，提高海绵质量，孔小而且均匀，闭孔多。明矾在硫化时与小苏打并用，帮助小苏打分解，促进起发，所以用了明矾后，可减少小苏打和发孔剂H的用量。

③ 氧化锌和硬脂酸：通常需要使用氧化锌，但在大量使用再生胶的情况下，可考虑减少用量或不用。硬脂酸除作为活性剂外，还可以降低发孔剂H的起发温度，防止混炼时黏辊现象的产生。

④ 硫化促进剂：因硫化促进剂直接影响海绵内底质量的好坏，一次硫化海绵内底的胶料发孔速度需与本身的硫化速度配合，还要与大底胶料的硫化速度配合。所以硫化罐硫化的海绵应选择诱导期较长的后效性促进剂体系，以达到在大量发孔的同时迅速硫化的目的。一般使用促进剂M、促进剂DM与促进剂D并用，或促进剂DM、促进剂M与促进剂TMTD并用。硫黄和促进剂的具体用量要根据实际试验而定。

⑤ 软化剂：软化剂除一般使用机油、工业脂外，采用黑油膏对提高海绵内底弹性和起发有利，但对强力和老化有一定影响。

⑥ 防老剂：由于海绵内底橡胶表面积大，并配有较多的软化剂，因此，容易造成老

化发黏，所以防老剂用量应适当增加，一般使用防老剂 A、防老剂 RD 等。

⑦ 填充剂：一般使用陶土，对改善孔眼结构和柔软性有一定作用。为了防臭，可适当加些防臭剂等。

3.6.5 胶浆的橡胶配方

在胶鞋生产中，为使胶料与织物之间或胶料与胶料间牢固黏合，必须在黏合部位喷涂胶浆。黏合牢度取决于胶浆的配方（如含胶率、硫化系统、配合剂的选择等）、工艺稳定性（机械稳定性和化学稳定性）、分散均匀性、工艺操作方法及黏合层的性质。

（1）汽油胶浆

一般选用1#～2#烟胶片，硫化促进系统基本与鞋面相同，为增加胶浆的黏性，一般以松香作为增黏剂，配方中一般使用2%的松香。松香用量多，橡胶不耐老化。胶浆含胶率比较高，可达75%左右，密度大的配合剂容易沉淀，不宜采用。天然胶汽油胶浆一般均用于加热黏合。

（2）胶乳浆

目前使用的是天然胶乳，其干胶含量为60%左右，总固形物为62%左右（离心法浓缩胶乳）。硫化剂使用硫黄，用量为0.5份。促进剂一般使用促进剂 D、促进剂 M、促进剂 DM、促进剂 TMTD 或两者并用。在围条浆的配方中氧化锌用量为0.5份，常用防老剂 A、防老剂 MB 等。有的胶乳浆由于胶浆层较薄，可借助于胶料中硫化促进剂在硫化过程中的迁移作用而使其硫化。故有的胶乳配方中可不配入上述配合剂，这样可以使胶乳浆具有较好的工艺稳定性。但胶料中的硫化促进系统应比原配方加强一些。

为了保证胶乳浆在工艺过程中保持稳定，可在配方中加入平平加、干酪素、氢氧化钾等。在不除氨的胶乳浆中有时还可加入少量质量分数为25%左右的氨水以提高胶乳浆的稳定性。为使配合剂能均匀分散于胶乳浆中，并使胶乳浆易于渗入纺织物中，可加入拉开粉、扩散剂 NF、湿润剂 JFC 等。

（3）水胶浆

水胶浆使用的各种配合剂基本与汽油胶浆相同，水胶浆是一种水分散剂，使橡胶粒悬浮散于水中，它的主要特点是不用汽油，有一定的使用价值。它可代替汽油胶浆等作为涂胶材料。

① 含胶量一般控制在40%～60%。

② 配方中忌用酸性物质，因为水胶浆的 pH 要求在8～10。

③ 配合分散剂（乳化剂）：分散剂的作用是促使胶料在水中乳化，适用的品种有皂化树脂、脂肪酸或树脂酸、油酸、蛋白质等。最典型的分散剂是使用油酸7.5份与氢氧化钾2.5份制得的弱碱性油酸钾皂，为乳白色膏状体，其游离碱含量应小于10%，用量一般为生胶的10%，油酸铵也适用。

④ 配用增稠剂：增稠剂使分散体膏化增厚，还有助于分散，以便于涂胶加工，一般采用酪素或动物胶，它们的用量约为生胶的3.5%。

⑤ 配用保护剂：目的是防止胶浆凝块，一般使用质量分数为5%的氨水，其用量相当于生胶的0.5%以上。

3.6.6 亮油的橡胶配方

胶面胶鞋表面一般都需涂上一层薄而亮的光油，即亮油。亮油在胶鞋的表面形成一层有光泽和弹性的坚韧的薄膜，使胶鞋表面光泽鲜艳，同时又起到防止老化的作用。因为亮油是一种物理防老剂，它能吸收一定的光波，减少胶料在日光作用下的老化，在一定程度上还能阻止空气中氧的入侵，延缓了胶鞋的氧化。为了达到上述目的，胶鞋亮油应具备的条件为：薄膜与橡胶结合迅速而牢固；薄膜的膨胀系数应与胶鞋胶料接近，薄膜富有弹性以耐曲挠变形；亮油本身要有一定的化学稳定性；不受气候变化和使用时条件的影响而发生脱漆、龟裂和起皱现象。

目前，胶鞋所用亮油分为黑色亮油和彩色胶鞋用的亮油（透明亮油、彩色亮油等）。

（1）黑色亮油

黑色亮油一般是由干性油、硫化剂、干燥剂、着色剂以及溶剂5种原料组成。

① 干性油：干性油是亮油成分的主体，亮油配方是以干性油100份为标准而与其他配合剂以不同比例来表示的。干性油主要品种为亚麻仁油、梓油等。亚麻仁油是一种不饱和的植物油，经氧化而聚合成可以形成薄膜。其相对密度为0.9316～0.9354，碘值为170～188。用于亮油中的亚麻仁油其碘值应大于175，碘值过低会影响亮油的干燥速度，使亮油发黏。亚麻仁油溶解于醚、苯、二硫化碳和汽油。

② 硫化剂：亮油中的硫化剂也是硫黄。它与亚麻仁油在加热熬煮时起加成聚合反应，改变亚麻仁油的性状，即增稠增黏，这一作用直到硫化胶鞋时仍持续进行，并且硫黄还与生胶发生化合，增强了亮油薄膜与胶料结合的牢度。硫黄用量不宜过多或过少，过多会使漆膜弹性降低，容易龟裂；过少会影响亚麻仁油的聚合，容易造成亮油发黏。

③ 干燥剂：大多使用氧化铅（黄色粉末）作为亚麻仁油的氧化剂，加速亮油的氧化干燥速度。氧化铅用量夏季应多些，但不宜过多，因为用量过多会使漆膜龟裂。

④ 着色剂：主要是油溶苯胺黑（简称油黑），它由苯胺及硝基苯制成，为油溶性黑色染料，外观呈黑色粉末状，熔点为240℃以上。

⑤ 溶剂：主要是汽油。其他溶剂如苯、甲苯、二硫化碳等因毒性大，很少使用。

（2）透明亮油

透明亮油又称无色亮油，用这种亮油涂在彩色胶鞋上，非但不会遮住胶料原有的色彩，而且由于其无色透明，漆膜光亮，可以使胶料原有的色彩更显鲜艳。

透明亮油的品种很多，生产上使用的有合成树脂类透明亮油和合成橡胶类透明亮油。合成树脂类透明亮油常用的是醇酸树脂透明亮油，合成橡胶类透明亮油常选用无色透明的顺丁橡胶等。

参考文献

[1] 李敏，张启跃. 橡胶工业手册 橡胶制品（上册）：第三版［M］. 北京：化学工业出版社，2012.

[2] 李敏，张启跃. 橡胶工业手册 橡胶制品（下册）：第三版［M］. 北京：化学工业出版社，2012.

[3] 吕柏源. 橡胶工业手册 橡胶机械（上册）：第三版［M］. 北京：化学工业出版社，2014.

[4] 吕柏源. 橡胶工业手册 橡胶机械（下册）：第三版［M］. 北京：化学工业出版社，2016.

[5] 王慧敏，游长江. 橡胶制品与杂品［M］. 北京：化学工业出版社. 2012.

[6] 《中国鞋业大全》编委会编. 中国鞋业大全 上 材料·标准·信息 [M]. 北京：化学工业出版社，1998.

[7] 谢遂志、刘登祥、周鸣峦. 橡胶工业手册，第一分册（修订版）[M]. 北京：化学工业出版社，1989.

[8] 刘大华等. 合成橡胶工业手册 [M]. 北京：化学工业出版社，1991.

[9] 于清溪. 橡胶原材料手册 [M]. 北京：化学工业出版社，1996.

[10] 张启耀，周俊伟. 橡胶工业手册，第十二分册（修订版）[M]. 北京：化学工业出版社，1996.

[11] 李淑芸，文普信. 鞋底配方设计与制作工艺 [M]. 成都：四川科技出版社，1985.

[12] 纪奎江. 实用橡胶制品生产技术 [M]. 北京：化学工业出版社，2001.

[13] （日）梅野昌. 丁苯橡胶加工技术 [M]. 刘登祥，刘世平，译. 北京：化学工业出版社，1983.

[14] 大连工学院，等. 顺丁橡胶生产 [M]. 北京：石油化学工业出版社，1978.

[15] （日）小室经治，等. 异戊橡胶加工技术 [M]. 盛德修，译. 北京：化学工业出版社，1980.

[16] （日）乡田兼成. 氯丁橡胶加工技术 [M]. 刘登祥，译. 北京：化学工业出版社，1980.

[17] 杨清芝. 现代橡胶工艺学 [M]. 北京：中国石化出版社，2004.

[18] 王文英. 橡胶加工工艺 [M]. 北京：化学工业出版社，1993.

作业：

1. 橡胶如何分类？天然橡胶的来源、品种及用途是什么？

2. 简述天然橡胶的化学结构及其特性。

3. 丁苯橡胶根据苯乙烯的含量可分为哪几类？顺丁橡胶根据顺式结构的含量不同可分为哪几类？

4. 聚氨酯橡胶的性能特点是什么？

5. 国产氯丁橡胶商品牌号的表示方法及数字代表的含义是什么？

6. 回答以下问题并解释原因：

① SBR 与 NR 相比，哪一种更耐热氧老化？

② EPDM 与 IIR 相比，哪一种更耐臭氧老化？

③ NBR 与 CR 相比，哪一种更耐石油类油脂？

④ CR 与 BR 相比，哪一种更耐臭氧老化？

⑤ BR 与 NR 相比，哪一种冷流性大？哪一种回弹性大？

7. 在 NR、IR、SBR、BR、EPR、IIR、CR 和 NBR 中，哪些属于结晶自补强橡胶？结晶是通过什么途径对橡胶起补强作用的？

8. 热塑性橡胶的性能是什么？

9. 试简述 NR 与 IR 在性能上的主要不同点及原因。

10. 试比较 NR、SBR 和 BR 的弹性、耐老化性与硫黄反应性等有何差异？并从化学结构上加以解释。

11. 鉴别橡胶：

① 两包生胶标识模糊，已知其中一包是 SBR-1502，另一包是 BR-DJ9000，试选择一定的方法，将其准确地区分开来。

② 有两块外观均为黑色的混炼胶，已知其一是掺有少许炭黑的氯丁橡胶，另一块是掺有少许炭黑的顺丁橡胶，至少试用两种最简单（不用任何仪器）的方法，将它们分辨开来。

12. 什么是再生胶？有何特性？橡胶再生过程的实质是什么？再生胶有何用途？

13. 试分析丁苯橡胶中苯乙烯对其性能的影响。

14. 丁苯橡胶在哪些性能上优于天然橡胶？试从结构上解释之。

15. 再生胶的制造方法主要有哪几种？

CHAPTER 4

第4章 鞋用塑料

【学习目标】

1. 掌握鞋用塑料的概念、种类、结构和性能。
2. 了解塑料的基本加工工艺。
3. 熟悉塑料在制鞋中的应用现状与发展。

【案例与分析】

案例 1

某品牌运动鞋厂采用的是热硫化粘贴法，工艺主要流程是：鞋帮制造—胶部件制造—成型—硫化—脱楦。鞋材料中沿条采用的是白色聚氯乙烯人造革。按上述工艺成型后进入硫化工序，发现沿条上原先的白色聚氯乙烯人造革有间断的不规律分布的变色发黑。仔细检查了鞋的制作过程和硫化模压的模具，工艺和装备都没有问题，流转的过程中也没有产生污染，而库房里对该批次 PVC 人造革的外观检验记录也是正常。

那问题出在哪里呢？市场部将这一现象反馈给了人造革供应商，供应商组织人员按照工艺流程展开调查。调查发现，某配料组在更换生产品种的时候发生了一点小失误：前一批次是沙发用白色 PVC 人造革，下一个生产单是鞋用 PVC 革。碰巧两种产品都是白色的，工作人员忽略了换料过程中的清洗工作，使得沙发革配方中的残余料（内有铅盐类的热稳定剂）混进了白鞋革的混合料中了，而鞋革的配方中热稳定剂明确要求不得使用含铅助剂。含铅助剂在成品鞋最后硫化处理时，铅与硫发生作用生成硫化铅，使鞋面材料变黑，导致整个鞋的报废，造成了旅游鞋生产的质量事故，直接导致了较为严重的经济损失。可见，细节决定成败。

案例 2

某运动鞋企业生产了一款造型时尚的运动鞋，鞋眼设计在一个塑料饰件上，塑料饰件缝制在鞋帮上，鞋帮上楦、绷紧后进入定型装置，定型装置的温度为 110～120℃，绷在楦上的鞋帮出了定型装置后，意外发生了：带有鞋眼的塑料饰件已经面目全非了，饰件不堪定型温度已经严重变形了。

分析：案例 1 是一个鞋面 PVC 人造革硫化后变色的问题。该案例中，PVC 是一种对热敏感的材料，PVC为无定形结构的白色粉末，支化度较小，密度为1.4g/cm^{3}左右，玻璃化温度77～90℃，170℃左右开始分解，对光和热的稳定性差，在100℃以上或经长时间阳光暴晒，就会分解而产生氯化氢，并进一步自动催化分解，引起变色，物理力学性能也迅速下降。在实际应用中必须加入稳定剂以提高对热和光的稳定性，稳定剂体系有多种，针对不同产品的使用要求做出相应的选择。

作为PVC人造革的使用者，应对人造革的性能和生产工艺技术有所了解，例如，鞋用合成革的无铅化稳定使用、颜料的选择等。另外，严格执行制鞋工艺技术规程，对整个生产流程做彻底清理，不留任何残留料渣，避免含有铅稳定剂的材料或含铅的颜料成分混入鞋材料中。

案例2是一个运动鞋鞋扣（塑料件）高压定型时软化变形的问题。这是由于采购饰件的时候，没有考虑成型过程对饰件的要求，即饰件在鞋的加工过程中能否经得住温度、压力等条件。选择饰件的时候只考虑了结构的漂亮、色彩的鲜艳、成本的优势以及柔韧性，忽略了塑料材料的热变形温度，选用了热变形温度较低的低密度聚乙烯饰件，结果在定型的时候就变形了，造成了生产的中断和经济的损失。

4.1 概述

4.1.1 塑料的概念

广义地讲，凡能够塑成一定形状的材料，或者是在一定温度或压力条件下，能够流动的材料（如石墨、玻璃、铜、铝等）都可称为“塑料”。狭义地讲，塑料是以高相对分子质量合成树脂为主要成分，在一定条件下（如温度、压力等）可塑制成具有一定形状且在常温下保持形状不变的材料。现在更多的是采用狭义的定义。

4.1.2 塑料的组成

在工业生产和应用上，单纯的聚合物的性能往往不能满足加工成型和实际使用的要求，因此，需加入添加剂来改善其工艺性能、使用性能或降低成本。塑料是以合成树脂为基本原料，并加入填料、增塑剂、着色剂、稳定剂等各种添加剂而组成的高分子材料。用途不同，添加剂种类也不同。塑料的类型和基本性能取决于合成树脂及添加剂的性能、成分、配比等。合成树脂是塑料的主体。

4.1.3 塑料的种类

塑料的种类很多，基本可分为18大类树脂，200多个品种（有资料介绍有300多品种），但其中常用的品种有二十几种。各有其特殊的物理、化学、电和机械等性能。分类方法有三种：

（1）根据塑料受热时的变化分类

根据塑料受热后的变化情况分为热塑性塑料和热固性塑料。

① 热塑性塑料：在特定温度范围内能软化、熔融并可进行各种成型加工，冷却硬化后能保持一定的形状而成为制品，而且在一定的条件下此过程可反复进行。这种塑料以热

塑性树脂为基本成分，具有链状的线性结构，成型加工方便，其制品丧失使用性能后可再生利用。热塑性塑料占塑料总产量的70%以上，主要品种有聚乙烯、聚丙烯、聚氯乙烯、聚酰胺、热塑性聚酯等。

② 热固性塑料：通常是指在特定温度下将单体原料加热使之流动，并交联生成不溶不熔的塑料制品的一类塑料材料。这种塑料以热固性树脂为基本成分，成型后具有网状的体型结构，受热后不再软化，高温时分解，不能反复塑制。热固性塑料受热后只能分解，不能再回复到可塑状态，因而难以再利用。常用热固性塑料有酚醛塑料、不饱和聚酯塑料、氨基塑料等。

（2）根据塑料的组成分类

根据塑料的组成可分为简单组分和复杂组分两类。

简单组分的塑料是由一种合成树脂和添加剂（如着色剂、稳定剂、润滑剂等）组成。

复杂组分的塑料是由两种或两种以上合成树脂和添加剂（如增塑剂、着色剂、稳定剂、润滑剂等）组成。

塑料的主体成分是合成树脂，加入添加剂是为了特定的用途（如提高塑性的增塑剂、防止老化的防老化剂）。

（3）根据塑料的用途分类

根据塑料的用途分为通用塑料、工程塑料及特种工程塑料。

① 通用塑料：原料来源广，产量大，价格低，性能一般，是用途广泛的塑料品种。其应用包括非结构材料，如聚乙烯、聚丙烯、聚氯乙烯、聚苯乙烯等。

② 工程塑料：通常产量小，价格高，具有较高的力学性能，能经受较宽的温度变化范围和较苛刻的环境条件，主要用于工程中作为力学构件，主要品种有聚酰胺、聚甲醛、聚碳酸酯、聚砜等。由于工程塑料的综合性能优异，其使用价值远远超过通用塑料，但价格高限制了其应用。

③ 特种工程塑料：耐热、高强度的工程塑料，品种有聚酰亚胺、聚砜、聚苯硫醚等。

（4）根据塑料的组分性质分类

根据塑料的组分分为纤维素塑料、蛋白质塑料和合成树脂塑料。

① 纤维素塑料：是以纤维素的衍生物为基本成分的塑料，如硝酸纤维（素）塑料、醋酸纤维（素）塑料、乙基纤维（素）塑料等。包装印刷常用的玻璃纸、摄影胶片、制版用的软片等皆属于这类塑料。

② 蛋白质塑料：是以蛋白质为基本成分的塑料，如大豆蛋白质塑料等，常用于制成玩具或和其他塑料并用作为改性剂。

③ 合成树脂塑料：即合成树脂，又称人造树脂。是由单体经聚合而成的树脂，种类很多。有的能溶于水或有机溶剂，有的加热软化，有的受热后变为不溶不熔状态。根据化学组成分为乙烯基树脂、丙烯酸树脂、聚酰胺树脂、聚酯树脂等，各有其物理、化学和电性能。

树脂是无定形的半固体、固体或假固体的有机物质，一般是大分子物质，呈透明或半透明乳白色，无固定熔点，但有软化或熔融范围，受热变软逐渐熔化，在力的作用下可流动。大多数树脂不溶于水，有的可溶于有机溶剂。根据来源分为天然树脂和合成树脂。

4.1.4 塑料的特点

① 质轻，密度一般在0.9～2.3g/cm³。比强度高，有些增强塑料的比强度接近或超过钢材，例如玻璃钢。

② 具有优异的电绝缘性能。几乎所有的塑料都具有优异的电绝缘性能，尼龙等例外。

③ 具有优良的化学稳定性能。一般塑料对酸、碱等化学药品均有良好的耐腐蚀能力，特别是聚四氟乙烯的耐腐蚀性比黄金还好，甚至能耐“王水”腐蚀，称为“塑料王”。

④ 减磨、耐磨性能好。

⑤ 多数塑料是透明或半透明，其中以聚乙烯树脂（半透明）、聚甲基丙烯酸甲酯（透明）为典型代表。

⑥ 具有减震、消音性能。

⑦ 加工性能良好。

⑧ 不足：耐热性比金属差，热膨胀系数比金属大3～5倍，易蠕变、老化等。

4.2 典型鞋用塑料

4.2.1 聚乙烯塑料

聚乙烯塑料是由聚乙烯树脂（PE）、着色剂、填充剂等在高温下加工而制成的一种具有良好韧性和加工性能的材料。这种塑料在塑料品种中产量最大，应用广泛，约占世界塑料总产量的1/4，已有80多年的工业化历史。目前，全球聚乙烯产能已达1.12亿吨。

聚乙烯分子为长链状或带支链型的结构，具有很高的强度和刚性，是一种典型的结晶型的聚合物。根据合成的单体、方法、路线的不同可分为低密度聚乙烯、高密度聚乙烯和线性低密度聚乙烯等品种。

① 低密度聚乙烯（LDPE）：也叫作高压聚乙烯，是由浓度为99.95%的乙烯单体经高压自由基聚合而成，密度较低，为0.91～0.93g/cm³。

② 高密度聚乙烯（HDPE）：也叫低压聚乙烯，是由浓度为99.95%的乙烯单体经低压聚合而成，按离子聚合反应历程进行，密度较高，为0.93～0.965g/cm³。

③ 线型低密度聚乙烯（LLDPE）：树脂是乙烯与少量的α烯烃共聚（约含量8%）形成在线型乙烯主链上带有非常短小的共聚单体支链的分子结构，结构与HDPE相似，密度与LDPE相似。

聚乙烯是一种典型的结晶型高聚物，质软、无毒、价廉、加工方便。

聚乙烯树脂外观为乳白色半透明状，像蜡一样的滑腻感，敲击声音绵软，燃烧容易，离火后继续燃烧；火焰顶端呈黄色，底部呈蓝色（蓝芯），无烟，火焰熄灭后，有白烟，气味类似于石蜡，熔融滴落。聚乙烯化学稳定性较好，能耐一般酸、碱、盐的腐蚀，印刷困难，但不耐发烟硫酸、浓硝酸，常温下无溶剂，强化条件下可溶于二甲苯（60℃）和四氢化萘+氢化萘（100℃以上）。

为了使聚乙烯塑料具有良好的性能和更低的成本，在其加工过程中往往需要加入各种助剂，如抗氧剂、稳定剂、着色剂、填充剂等。其中，加入抗氧剂是为了防止在日光照射下加工和使用过程中产生的热氧老化；加入稳定剂以提高其耐光性和使用寿命。

聚乙烯塑料在制鞋中主要用来制作鞋楦、鞋跟、鞋掌、鞋底、泡沫拖鞋、凉鞋以及包装材料等。

4.2.2 聚丙烯塑料

聚丙烯（PP）塑料是由聚丙烯树脂以及有关的配合剂加工获得的塑料。

聚丙烯于1957年由意大利开始工业化生产，聚丙烯单体主要有两个来源，一是从石油和石油炼制产物的裂解气体中提取，二是从天然气的裂解产物中提取。聚丙烯生产采用低压定向配位聚合，工艺路线可分为四类，即溶剂法、溶液法、气相法和液相本体法。

聚丙烯为线型结构，与聚乙烯相似，不同的是在主链上每隔一个碳原子有一个侧甲基存在，整个分子在空间结构上产生三种不同异构体，即全同聚丙烯（等规PP）、间同聚丙烯（间规PP）和无规聚丙烯三种立体化学结构。聚丙烯通常是全同聚丙烯，具有高度的结晶性。

聚丙烯的相对分子质量的大小对性能和加工有很大的影响，一般用熔体流动速率MFR来表示。

聚丙烯树脂为乳白色半透明状，通常是粉料或颗粒料，润滑，无滑腻感；燃烧容易，离火后继续燃烧，火焰顶端呈黄色，底部呈蓝色，有少量黑烟，有石油气味和蜡味，熔融滴落。

聚丙烯的密度为0.9g/cm^3，是热塑性塑料中最轻的。聚丙烯是结晶性塑料，在室温下溶剂不能溶解聚丙烯，只有一些卤代化合物、芳烃和高沸点的脂肪烃能使之溶胀，在高温下才能溶解聚丙烯。

聚丙烯的透水、透气性能较低；化学稳定性好，除发烟硫酸、发烟硝酸外，耐一般的酸、碱、盐的腐蚀；加热溶于甲苯；聚丙烯的力学性能一般，强度较大，但脆性大，耐低温性差，拉伸强度为21～39MPa，弯曲强度为42～56MPa，压缩强度为39～56MPa，断裂伸长率为200%～400%，缺口冲击强度为2.2～5kJ/m^2，低温缺口冲击强度为1～2kJ/m^2，洛氏硬度为R95～105。聚丙烯的耐疲劳性能较好，可弯曲10万次，可用来制造活动铰链(小铰链可折叠7000次)。聚丙烯尺寸精度低，刚性不足，易变形，其制品对缺口效应十分敏感，因此在设计制品时，应尽量避免尖锐的夹角、缺口，避免厚薄悬殊太大。由于结构的原因，聚丙烯的玻璃化温度和熔点均比聚乙烯高，熔点T_m为168～171℃，聚丙烯的耐热性是通用塑料中最好的，能在135℃下长期使用（甚至可达150℃），可用于煮沸消毒，做耐温管道、蒸煮食品包装膜、医疗器械等。但聚丙烯的耐低温性较差，低温脆性大，脆性温度为-35℃。

聚丙烯极易老化，比聚乙烯对氧更敏感。聚丙烯分子主链上含有许多带甲基的叔碳原子，叔碳原子上的活泼氢易氧化，所以聚丙烯的耐老化性能极差，纯的聚丙烯无使用价值，户外12天老化，室内4个月老化，必须添加抗氧剂或紫外线吸收剂，接触铜也会加速材料的老化，工厂中称为铜害。

4.2.3 聚氯乙烯塑料

聚氯乙烯（PVC）塑料是以聚氯乙烯树脂为基料，根据塑料产品的要求，添加增塑剂、稳定剂、填充剂、润滑剂、着色剂、发泡剂等综合而成。

聚氯乙烯工业化生产方法主要有悬浮法、乳液法、本体法和溶液法。其中以悬浮法为主，其产量约占聚氯乙烯总产量的85%。20世纪30年代，德国开始工业化生产，由于原料来源丰富、价格低廉而得到发展。60年代以前居世界塑料产量的首位，目前聚氯乙烯世界产量与我国的产量均居树脂的第二位，我国于1958年开始工业化生产，2018年产能2418.5万吨，产量为2079.6万吨，13家企业产能超过50万吨，8家企业产量超过50万吨。

聚氯乙烯树脂为白色无定形粉末，在显微镜下观察，其颗粒形态分为两种结构：一种为疏松型（XS），也有称为棉花球型的；另一种为紧密型（XJ），也称为乒乓球型。颗粒形态主要取决于悬浮剂，悬浮剂选用聚乙烯醇得疏松型，选用明胶则得紧密型。疏松型树脂颗粒直径一般为50～100μm，粒径较大，表面不规则、多孔，呈棉花球样，容易吸收增塑剂，容易塑化，成型加工性好，但从制品强度上看，相对略低于同样配方、同样工艺条件下的紧密型树脂。紧密型树脂颗粒直径一般为5～10μm，粒径较小，表面规则，呈球型，实心，不太容易吸收增塑剂，不易塑化，成型加工性稍差，但制品强度略高。

聚氯乙烯树脂分为卫生级聚氯乙烯（无毒PVC）和普通级聚氯乙烯（有毒PVC）两种。卫生级是指在聚氯乙烯树脂中，氯乙烯单体的含量不能超过10mg/kg，也有要求不能超过5mg/kg或1mg/kg的，平均相对分子质量在3万～10万，相对分子质量高的可达25万；聚氯乙烯的密度为1.4g/cm^3，折光率为1.544，可以制得透明制品。

聚氯乙烯稳定性能良好，耐一般的酸、碱、盐的腐蚀，它的主要溶剂有二氯乙烷、环乙烷、四氢呋喃等。但是，聚氯乙烯的热稳定性差，使用温度为−15～55℃，特殊配方可以达到90℃。

聚氯乙烯塑料在80～85℃开始软化，130～150℃开始少量分解，180℃大量分解，200℃完全分解，期间塑料的颜色变化：白色→粉红色→红色→棕色→黑色。

聚氯乙烯分解时脱掉氯化氢，形成多烯结构，出现交联，致使制品显色、变硬、发脆直至破坏，同时，树脂分解放出的HCl能进一步促进聚氯乙烯的分解，并腐蚀设备。

聚氯乙烯有阻燃性，离开火源后会自动熄灭，价格低廉，力学强度及绝缘性良好。但是冲击强度低，回弹性差，压缩永久变形大。

聚氯乙烯塑料可以用来制作全塑鞋的帮与底，还可制作鞋楦、鞋跟、主跟等部件。

① 聚氯乙烯全塑鞋：即鞋帮、鞋底均用聚氯乙烯塑料制作的鞋靴。包括二次成型的全塑料凉鞋、全塑胶靴、塑料拖鞋、沙滩鞋等。

② 聚氯乙烯鞋底：布鞋、皮鞋、旅游鞋所用的注塑成型鞋底。

③ 聚氯乙烯人造革鞋：这种鞋卫生性能比较差，将被聚氨酯（PU）人造革鞋取代。

④ 聚氯乙烯微孔塑料拖鞋：这种鞋底料由聚氯乙烯塑料经过高压发泡制成，鞋带是软质聚氯乙烯塑料注塑成型，再将两者组装在一起。其优点是轻软、舒适、美观、耐用，基本取代了海绵橡胶制品。

⑤ 其他聚氯乙烯塑料鞋件：如鞋楦、鞋跟、主跟等。

4.2.4 聚苯乙烯塑料

4.2.4.1 聚苯乙烯树脂

聚苯乙烯（PS）是一种常用的热塑性树脂，1935年美国陶氏公司开始工业化生产。

由于分子链上有刚性的苯环取代基，分子的内旋转受到限制，因此聚苯乙烯呈现刚性、脆性；玻璃化温度较高，为80～100℃；聚苯乙烯很难结晶，为无定形、非极性聚合物，分子间作用力小，流动性好，易加工，易染色，相对分子质量一般在5万～25万。

聚苯乙烯无臭、无色、无味，透明，无延展性，似玻璃状；易燃，火焰呈橙黄色伴有黑色浓烟，有黑炭灰，发出特殊的苯乙烯气味，并软化起泡。聚苯乙烯密度为1.04～1.09g/cm^3；尺寸稳定性好，制品收缩率为0.4%～0.6%；吸水率低，约为0.02%；透明度为88%～92%，折光率为1.59～1.60。

聚苯乙烯的热变形温度为70～98℃，最高连续使用温度为60～80℃（与承载负荷的大小有关）。聚苯乙烯裂解时放出43%的挥发物（41%是苯乙烯，2%是甲苯），其余为残留物，有二聚、三聚、四聚及多聚物。

经过改性处理，又开发了许多新产品，如增强聚苯乙烯树脂（HIPS）、聚苯乙烯-甲基丙烯酸甲酯共聚物（MBS）等，都获得了新的性能。

（1）聚苯乙烯树脂的性能

① 通用级聚苯乙烯树脂为无色透明珠状或粒状的热塑性树脂，具有良好的刚性、光泽度，无毒、无味，能自由着色；但性脆易裂，不耐冲击，耐热性低。

② 聚苯乙烯耐化学药品性差，可溶于苯、甲苯、四氯化碳、氯仿、酮类（丙酮除外）、酯类和一些油类。

③ 聚苯乙烯透光率仅次于有机玻璃，受光照射或长时间存放，会出现变浊、发黄等现象。

④ 聚苯乙烯有比较高的抗冲击强度，但拉伸强度下降，透明性变差。

⑤ 聚苯乙烯树脂都具有比较好的加工性能，可以采用热塑性材料的各种成型加工方法，如注塑、挤出、模压、吹塑、真空成型等。

（2）聚苯乙烯树脂在制鞋业中的应用

① 主要用于制作无纺布包头、主跟。

② 制作特殊鞋底，如特别耐磨的仿皮底，密度比较轻，还具有高强度、高刚度和耐曲挠性；还有耐油底、微孔底等。

③ 用于SBS（苯乙烯-丁二烯-苯乙烯嵌段共聚物）鞋料配方。在SBS中加入聚苯乙烯，能有效地提高混合物的硬度、刚性、耐磨性以及抗撕裂性，但不影响工艺性和物理力学性能。

4.2.4.2 ABS树脂

ABS树脂1947年由美国橡胶公司研制，是丙烯腈、丁二烯、苯乙烯三种单体共聚而成的共聚物，是一种性能优异的工程塑料，性能及价格处于通用塑料与工程塑料之间。由于ABS是由三种单体共聚合的，故它能表现出三种组分的协同性能。A使聚合物耐化学腐蚀，具有一定的表面硬度及提高制品表面亮度；B使聚合物呈橡胶状韧性；S使聚合物具有刚性和流动性。所以，ABS具有耐热，表面硬度高，尺寸稳定，耐化学性能及电性能良好，易于成型和机械加工等特点。如今，ABS已不是三种成分的简单共聚体，而是AS树脂连续相内有顺丁橡胶、丁苯橡胶、丁腈橡胶等橡胶状聚合物微分散的两相不均匀结构聚合物，写作AXS比较合适，可以把ABS看作抗冲AS树脂，或合成橡胶增韧AS树脂，橡胶含量一般在20%～30%。

ABS 不透明，一般呈浅象牙色，密度为 1.05g/cm³ 左右，制品收缩率为 0.4%～0.8%，吸水率低，约为 1%左右。注塑加工使用时，应进行烘干，大多采用 80℃、4h，热变形温度为 65～125℃，ABS 制品的使用温度范围为－40～100℃（与承载负荷的大小有关）。ABS 无毒、无味，可用注射、挤出和真空等成型方法进行加工，成型塑料的表面有较好的光泽，能通过着色而制成具有高度光泽的其他任何色泽制品，电镀级的外表可进行电镀、真空镀膜等装饰。

通用级 ABS 不透水，燃烧缓慢，燃烧时软化，火焰呈黄色，有黑烟，最后烧焦，有特殊气味，但无熔融滴落。ABS 的缺点是耐热性不高，并且耐气候性较差，在紫外线作用下易变硬发脆。

ABS 树脂在制鞋业中主要用来制作鞋后跟。这种鞋后跟耐磨性好，且能适应不同的温度环境，即使在低温下也能保持韧性，在高温下能保持良好的刚性。这种鞋后跟可以进行包皮、喷镀、电镀等二次加工，用于生产中高档皮鞋。用热塑性丁苯橡胶共混改性的 ABS 树脂，可用来生产冰鞋的包头，其耐低温和抗冲击性能都能满足穿用要求。

4.2.4.3　SBS 树脂

SBS 树脂是苯乙烯-丁二烯-苯乙烯的嵌段共聚物，采取逐步加成和偶合法生产的，有两种结构，一种为星型，一种为线型。SBS 是一种热塑性弹性体，目前应用领域主要是防水卷材、按摩鞋垫、改性沥青等。SBS 具有较好的物理力学性能、化学性能和加工性能。

SBS 配方由 SBS、稳定剂、操作油、填充剂、聚合物添加剂和着色剂 6 部分组成。

SBS 在鞋业中的应用包括制作鞋底和各类部件。鞋底可用于皮鞋、胶鞋和布鞋。

① 皮鞋底：与皮革面相匹配，要求弹性好，硬度高，耐磨，耐曲挠，可以采用强度比较大、苯乙烯含量比较高的 SBS 为基料，并用聚苯乙烯、聚丙烯、聚乙烯、乙丁烯共聚弹性体、热塑性聚氨酯弹性体等来调节硬度及其他性能。

② 胶鞋底：一般为直接注射成型，要求流动性更好、黏合力更强、耐磨耐弯曲、色泽鲜艳。

③ 布鞋底：基本和胶鞋底相似。

④ 部件：是包括旅游鞋、练习鞋、冰鞋、滑雪鞋、皮鞋的后掌面和鞋底平片等。

4.2.5　聚酰胺（PA）塑料

聚酰胺是指主链上有酰胺基团（CONH）重复结构单元的线型聚合物，由二元酸与二元胺或由内酰胺经缩聚而得。1939 年由美国杜邦公司生产出替代真丝的合成纤维，其商品名为“尼龙”，由于酰胺键的存在，所以称之为聚酰胺。聚酰胺是白色至淡黄色的不透明、角质状固体物，在常温下具有比较高的拉伸强度，良好的冲击韧性、耐热性、耐油性、耐磨性、耐药品性、自润滑性以及自熄性等性能。

聚酰胺无毒、无臭，不霉烂，多数燃烧时带有噼啪声，慢慢熄灭，火焰上端呈黄色、下端呈蓝色，熔融滴落拉丝，起泡，有芳香味，类似特殊羊毛味，密度在 1.02～1.17g/cm³；成型收缩率较大，为 1.0%～2.5%；因为尼龙有酰胺基团，呈极性能形成氢键，熔点高；易吸水，吸水率为 1%～2.5%；结晶度高（40%～60%）。

聚酰胺在制鞋业中的应用：

① 纤维型聚酰胺有比较好的耐磨性和卫生性能，可以做鞋帮以及搭扣。

② 塑料型聚酰胺可以用于制作鞋后跟、鞋掌面、冰鞋底、跑鞋底、足球鞋底、拉锁、工作鞋包头、勾心以及鞋楦。用聚酰胺制作的后跟坚固耐用，可以用纯聚酰胺生产，也可以与聚乙烯共混制作高跟、半高跟。用聚酰胺制作鞋掌面，具有比较好的耐磨性。用聚酰胺制作的劳保鞋的包头耐冲击、耐磨、耐腐蚀、防锈，还能隔绝寒冷和炎热。

4.2.6 乙烯-醋酸乙烯共聚物（EVA）

EVA是一种弹性塑料或热塑性弹性体，由乙烯与醋酸乙烯（VA）共聚而成。共聚使聚乙烯原有大分子的规整性对称性遭到破坏，结晶能力下降，呈现无规结构。EVA的性能与醋酸乙烯的含量有关，乙酸乙烯的含量越少，EVA的性能越接近低密度聚乙烯，乙酸乙烯的含量越多，则越接近橡胶状弹性体。EVA中的乙酸乙烯含量可在5%～50%之间变化。可见，EVA的弹性性能在很大程度上取决于醋酸乙烯含量的高低，含量越高，EVA的柔软性、弹性就越好。

EVA具有良好的柔韧性、耐低温性（－58℃仍有曲挠性）、耐候性、耐应力开裂性、热合性、黏结性、透明性和光泽性，同时还具有橡胶般的弹性、优良的抗臭氧性、易加工性和染色性。

EVA塑料在制鞋业中用作布鞋、拖鞋底以及运动鞋发泡中底片、皮鞋和旅游鞋等的透明外底。

4.2.7 聚氨酯塑料

聚氨酯是聚氨基甲酸酯的简称。由二元或多元异氰酸酯与二元或多元羟基化合物反应制得。其主链上含有许多重复的—NH—C—O—基团。根据所用原料不同，可以获得不同性质的产品，可以是热塑性的，也可以是热固性的；可以是很柔软的弹性体，也可以是很硬的塑料；既可以制作橡胶、塑料制品，也可以制成合成纤维、黏合剂和涂料。因此，聚氨酯是一种多功能、多用途的材料。

聚氨酯的主要原料是以甲苯二异氰酸酯（TDI）或二苯甲烷二异氰酸酯（MDI）等多元异氰酸酯和多元醇（聚醚型或聚酯型）在催化剂或固化剂的作用下进行聚合制得。由这几种材料不同配比可制得各种性能的聚氨酯。MDI比TDI反应活性高，挥发性小，作业时毒性小，主要用于涂料和黏合剂。

聚氨酯具有可发泡性、弹性、耐磨性、粘接性、耐低温性、耐溶剂性、耐老化性能优良，是目前最耐磨的弹性体，堪称“耐磨之王”（为天然橡胶的2～10倍）。聚氨酯以优异的物理性能、耐磨性能和耐油性能等著称于世界，所以广泛应用于机电、船舶、航空、车辆、土木建筑、轻工、纺织等行业。但是聚氨酯易水解。

聚氨酯在鞋制造业中应用非常广泛，既可以作面料（聚氨酯人造革、PU泡沫复合面料、聚氨酯二层贴膜革等），也可以制作鞋底（包括外底、中底、掌面），还能作黏合剂、涂饰剂等。

4.3 典型鞋用塑料成型工艺

4.3.1 鞋用平面型塑料片、膜成型工艺

在制鞋过程中，常常会用到塑料片或膜，其生产是采用挤出成型工艺。挤出成型是借助螺杆或柱塞的挤压作用，使塑化均匀的塑料强行通过口模而成为具有恒定截面的连续制品。挤出成型过程如下：

加料→在螺杆中熔融塑化→机头口模挤出→定型→冷却→牵引→切割

挤出成型工艺的特点：连续化，效率高，质量稳定；应用范围广；设备简单，投资少，见效快；生产环境卫生，劳动强度低；适于大批量生产。

挤出成型工艺适用于绝大部分热塑性塑料及部分热固性塑料，如聚氯乙烯、聚苯乙烯、ABS、聚碳酸酯、聚乙烯、聚丙烯、聚酰胺、丙烯酸树脂、环氧树脂、酚醛树脂及密胺树脂等。

(1) 热收缩膜的生产

热收缩膜是鞋类常用的包装之一。收缩包装就是利用有热收缩性能的塑料薄膜包裹产品或包装件，然后迅速加热处理，包装薄膜即按一定的比例自行收缩，紧贴住被包装件的一种包装方法。收缩薄膜是采用预拉伸技术和急冷工艺制成的。

用于鞋的热收缩包装材料有聚氯乙烯、聚乙烯、聚丙烯和EVA热收缩膜。其中最常用的是软聚氯乙烯热收缩膜。软聚氯乙烯（25%增塑剂）热稳定性差，为多组分、分子不规整的结构，难以结晶，但透明度高。可采用预拉伸技术制造热收缩膜。软聚氯乙烯收缩膜具有以下特点：

① 收缩温度低、温度范围宽（在T_g附近进入高弹态、膜软化变形），40℃左右就可以收缩，160℃停止收缩，并开始有热分解产物出现，所以聚氯乙烯热通道温度一般为100～150℃（以收缩率限定收缩温度）。

② 透湿率高、透氧率低（透明、对热敏感；有呼吸、防雾气等功能）。

③ 抗冲击性差、尤其是低温脆性大［分子链柔性差，分子间力强，分散应力弱，低温下脆化温度（T_x）升高，处于硬玻璃态］，外力作用下易脆断。所以不适宜用于耐寒包装。

④ 封缝强度低。热封时，有HCl气体产生。

⑤ 聚氯乙烯膜耐候性不好，光照而断裂，失去光泽。

⑥ 热收缩快，作业性好，包装件透明而美观，热封部分也整洁。

(2) 塑料气泡膜的生产

塑料气泡膜，又称气垫膜、气珠膜、气泡布、气泡纸、泡泡膜、气泡薄膜、气垫薄膜，具有良好的减震性、抗冲击性、热合性，无毒，无味，防潮、耐腐蚀、透明度好。由于气垫膜中间层充满空气，所以体轻，透明，富有弹性，具有隔音、防震、防磨损的性能。生产工艺流程如图4-1所示。

塑料气泡膜在鞋业生产中多用在包装和物流。

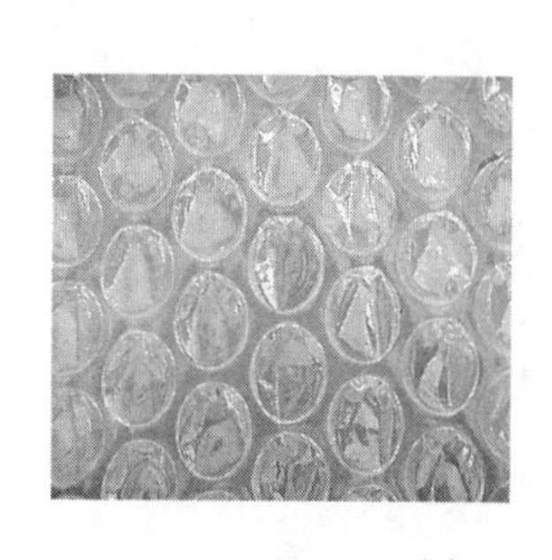

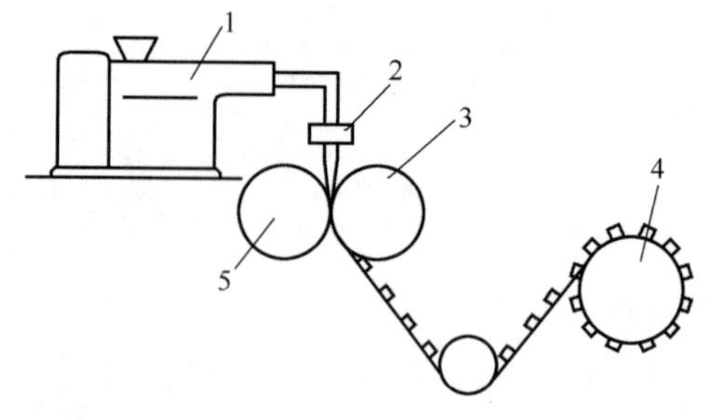

图 4-1　气垫膜与气垫膜工艺流程

1—挤出机　2—T 型机头　3—真空成型辊　4—卷取　5—冷却辊

（3）塑料板材、片材的生产

在鞋的中底、内衬和包头等部位常会用到塑料板或塑料片。塑料板材是指厚度在 2mm 以上的软质平面材料和厚度在 0.5mm 以上的硬质平面材料；塑料片材是指厚度在 0.25～2.00mm 的软质平面材料和厚度在 0.5mm 以下的硬质平面材料。塑料板材和片材的生产方法有挤出法、压延法、层压法、浇注法。挤出法和压延法是连续生产工艺，其他方法是间歇生产工艺。挤出法工艺流程如图 4-2 所示。

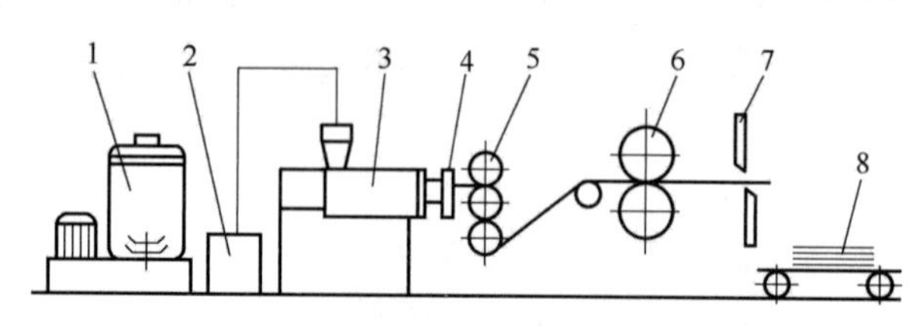

图 4-2　塑料板片生产工艺流程

1—高混机　2—贮料罐　3—挤出机　4—T 型机头　5—三辊压光机　6—牵引装置　7—切割装置　8—堆放装置

用于塑料板材、片材的主要原材料有聚乙烯、聚丙烯、聚苯乙烯、ABS、酚醛树脂、丙烯酸酯类树脂等。

SBS 能用普通的塑料挤出成型设备进行加工。例如 SBS 鞋底片的制作流程如图 4-3 所示。即利用挤出机头成片，并可根据需要在前掌部位加厚和刻制花纹。

要获得厚度均匀、外观光滑平整的片材，主要应控制以下工艺条件：

① 挤出温度：挤出机机身温度对于制鞋底用 SBS 来说基本和同用途的聚氯乙烯要求差不多，但略高 10℃左右。一般进料段温度为 130℃，中间段温度 160℃，近机头处温度 170℃，机头温度 180℃。机头温度如果过低，片材表面不光滑，且易裂易断；如果温度过高，料易分解，片材断面会出现小孔。

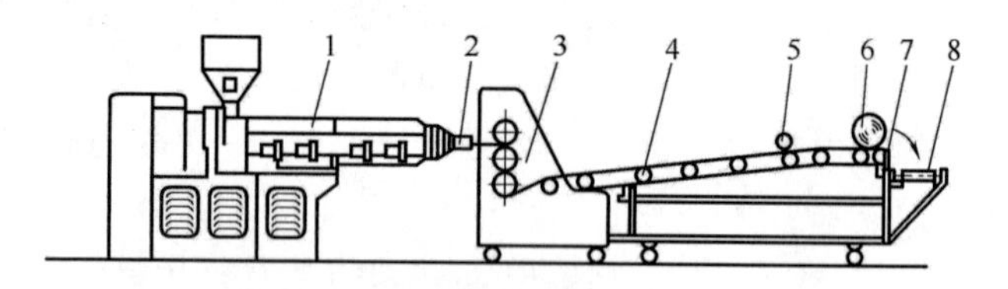

图 4-3　SBS 鞋底片挤出成型流程图

1—挤出机　2—模头　3—三辊压光机　4—冷却输送辊　5—切边装置　6—成品　7—卷取装置　8—卸放装置

② 压光机温度：片材挤出后，由于温度较高，为防止片材产生内应力而翘曲，应使片材缓慢冷却，这就要求压光机的三个辊筒可以加热，并设调温装置。辊筒表面温度应高到足以使挤出片完全与之贴合，否则片材的下表面便会出现斑纹。但辊筒的温度也不能过

高，温度过高则导致片材难以脱辊，表面产生横向条纹。SBS片材压光时辊温控制大致是：上辊70～80℃，中辊80～90℃，下辊60～70℃。

③ 牵引速度：从理论上说，牵引速度应与挤出线速度相等，这样可以制得内应力小的片材，但实际上很难做到。通常都是使牵引速度略大于挤出速度，这对于保持片材的均匀生产很有利，但也不能太大。否则片材产生内应力，使用时会产生较大的收缩、翘曲等弊病。

挤出成型的连续化作业，是注射、压制工艺所不可比的。挤出成型动态实现了不同材质的熔融复合，达到材料的特殊性能要求，促进了挤出成型工艺在鞋用材料加工中的应用。

4.3.2 鞋用非平面型塑料材料成型

4.3.2.1 注塑成型

（1）注塑成型工艺

注塑成型是一种重要的聚合物成型方法，适用于形状复杂部件的批量生产，是重要的加工方法之一。在一定温度下，将粉状或粒状塑料从注射机料斗加入料筒中加热熔融塑化，在螺杆的旋转挤压作用下，物料被压缩并向前移动，通过料筒前端的喷嘴以一定的速度和压力注射入温度较低的闭合模具内，经一定时间冷却定型后开启模具即得制品。

注塑成型方法的优点是生产速度快，效率高，操作可实现自动化，花色品种多，制品形状可以由简到繁，尺寸可以由大到小，而且制品尺寸精确，产品易更新换代，能制成形状复杂的部件，注塑成型适用于大量生产与形状复杂产品等成型加工领域。

注塑成型离不开注塑机和注塑模。注塑机主要由注射系统、合模系统、机身、液压系统、加热系统、控制系统、加料装置等组成，图4-4所示为注塑机的结构组成。

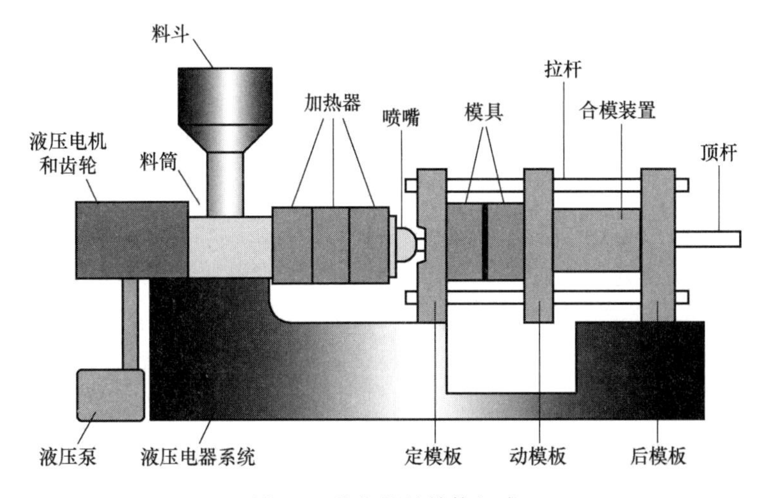

图4-4 注塑机的结构组成

注塑成型的过程包括了合模、射胶、保压、冷却（塑化）、开模、制品取出，这些工艺反复进行，就可批量周期性生产出制品。

注塑工艺要从温度、压力、时间等方面加以控制，俗称注射工艺三要素。

注塑成型工艺多应用于旅游鞋、运动鞋、运动式休闲鞋等鞋类生产中。注塑工艺又分为整鞋注塑成型工艺（鞋帮另制）和鞋底注塑工艺，鞋底注塑工艺又可分为单色注塑工艺和多色注塑工艺。

（2）应用实例：SBS鞋底的注射成型

注射成型是SBS最主要的加工成型方式之一。直接将SBS熔融混合料注射到鞋帮脚上，这是最快速而又简便的成型方法。将混合料先注射成鞋底，而后再用黏合剂将其与鞋帮黏合，则能最大限度地满足制作各种不同花色品种鞋的需要。

① 注射温度：升高温度对SBS的注射成型是有利的。但温度太高则聚合物会降解，物料还易从喷嘴处流涎；而温度太低，不但流动性不好，而且由于分子取向强烈，制品各向异性严重。

② 注射压力：在较低的剪切应力下，SBS熔融物料表现出近似于牛顿液体的性能。也就是说，它的流动性与所施加的压力成正比而黏度维持不变。当剪切应力提高至某一范围时，熔液出现高弹性湍流，料流不透明且表面粗糙；剪切应力继续增加，即出现熔体破裂，以至于无法成型。

③ 注射时间：注射过程按工艺控制因素，可分为进料加热时间、注射时间、保压时间和冷却定型时间等，这4个时间形成一个周期。在整个成型周期中，以注射时间和冷却时间最重要，它们对制品的质量有决定性的影响。

（3）成型不良及其处理方法

在SBS注射成型过程中，由于设备、模具、原辅材料、配方以及多种工艺因素等的影响，往往出现制品外观和物理力学性能低劣的现象，如成型不足、翘曲、飞边、气泡、收缩、色差等。现择其主要者，分析处理如下：

① 成型不足：一般表现为距浇口位置远的地方鞋底花纹不清晰或者根本就未填满，严重的甚至缺料。这可能由以下几方面原因造成：给料不足、模腔排气不良导致料充不进去、料温或模温过低、注射压力不足、注射速度慢、料道浇口阻力大不符合要求等。解决办法是：a. 增加注射量；b. 提高注射压力；c. 升高物料和模具温度；d. 提高注射速度；e. 检查主流道与喷嘴和模腔排气孔有无异物堵塞或者几何形状是否偏小偏长。

② 鞋底呈现扭、翘、歪等形变：这主要是由于冷却定型时间短、模温过高就生拉硬拽取出，或者取出后存放不当。解决办法是：延长冷却定型时间，并注意从模具中取鞋和随后的存放方式，不生拉硬拽，不马上叠加乱放。

③ 收缩凹陷：浇口处、大底周边、后跟部甚至整只鞋表面都可能出现这种情况。造成的原因是：料温过高而模温又过低；或者保压时间不足，冷却定型时间也短。当然，料量不足，或者模具溢料，模具设计不合理，厚薄相差太大等，也都能引起这方面的问题。为此，应首先降低熔融温度，增加锁模力和延长保压时间。其次应考虑适当提高模具温度。此外，设计模具时，空腔部位应尽量做到厚薄一致。

④ 飞边、溢料多：注射压力过高，料量过多以及料温太高、模具变形等，都是导致这个缺陷的原因。因此，要相应降低熔融温度和注射压力，增加充模时间，调整注胶量，并检查校对模具是否合缝良好。对出现这一缺陷的制品应增加修正工序。

⑤ 水印（即料流痕迹明显）：产生这种现象除了模具设计方面的原因，如浇口位置不合适，浇口尺寸过小等以外，主要是温度控制不当，应适当提高料温和模温。

⑥ 其他：如制成的鞋底太硬或太软，脱模困难，料流连接缝线明显等。这些弊病的

产生除了因为某些模具设计不合理以外，多数是因温度、压力及注射、保压时间控制不当所致。

4.3.2.2 模压成型

（1）模压成型工艺

模压成型又称压缩模塑或压制成型，主要用于热固性塑料的成型，也可用于热塑性塑料的成型。这种方法是将粉状、粒状、碎屑状或纤维状的塑料放入加热的阴模中，合上阳模后加热使其熔化，并在压力的作用下，使物料充满模腔，形成与模腔形状一样的模制品，再经加热或冷却，脱模后即得制品。从工艺角度看，上述过程可分为三个阶段：流动阶段、胶凝阶段、硬化阶段。

模压成型设备投资少，工艺简单，易操作，压力损失小，多用于成型大型平面制品及多型腔制品；材料取向小；无流道及浇口，材料浪费少；适用的材料广泛（可成型带碎屑状、片状及纤维状填料制品）。但是，其固化时间长，生产效率低；精度不高；合模面处易产生飞边；对形状复杂或带复杂嵌件的制品不易成型；自动化程度低。

模压成型在压机（图 4-5）上进行。压机有上动式和下动式，由上下压板、固定（活动）垫块、柱塞（主机筒）组成。

模具是模压成型必备的工具，一副模具由阴阳模具组成，阳模具上设计有各种花纹图案。

模压工艺控制主要包括温度、压力和时间三个要素。

模压温度使物料熔融流动充满型腔，提供固化所需热量。原则上应做到保证充模固化定型并尽可能缩短模塑周期，一般模压温度越高，模塑周期越短。

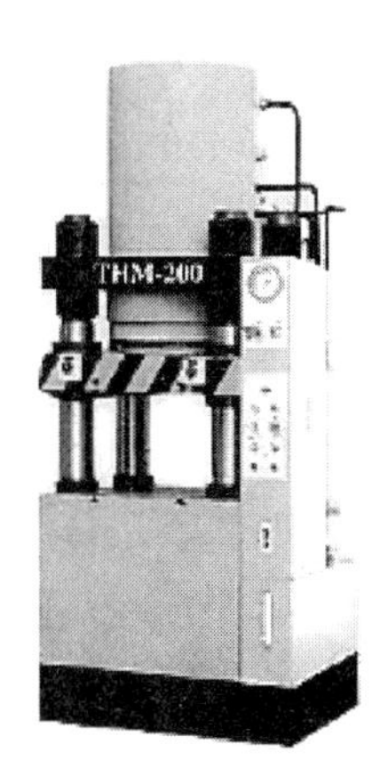

图 4-5 压机

模压压力使塑料在模腔内流动，增加原料的密实性，克服树脂在缩聚反应中放出的低分子物和塑料中其他挥发物所产生的压力，避免出现胀大、脱层等缺陷；使模具紧密闭合，从而使制品具有固定的尺寸、形状和最小毛边；防止制品在冷却时发生变形。物料流动性越小，固化速度越快，物料的压缩率越大时，所需模具压力越大。制品形状越复杂，所需压力越大。

模压时间是指熔融体充满型腔到固化定型所需的时间。一般提高模温，可缩短模压时间；模具温度不变，壁厚增加，模压时间延长。另外，模压时间还受预热、固化速率、制品壁厚等因素的影响。通常，模压压力、温度和时间三者并不是独立的，实际生产中一般是凭经验确定三个参数中的一个，再由试验调整其他两个参数，若效果不好，再对已确定的参数进行调整。

模压工艺在帮底结合强度要求高的鞋类品种中应用较多，如劳动保护鞋、军用鞋等。模压工艺分为绷帮模压和套楦模压两种。绷帮模压工艺主要流程是将绷好帮的鞋帮，经过起毛、拨出原楦、涂上胶粘剂等处理后，套在模压机同型号铝楦上，然后在底模中放入胶料，再经过模压机加温热熔和向下施压，最后胶料热熔，压制的同时与鞋帮紧密合成，整个工艺就基本完成了。

模压制作外底是将调配和混炼好的塑料经称量放入模具，经过高温热熔压制而最终形成外底。比如SBS鞋底的模压成型不同于橡胶，物料装入模具后，经加热加压，熔融流动，充满模腔，不发生交联反应，需将模具冷却使之固化才能启模。因此压制成型时塑模需要交替地加热、冷却，生产周期长，效率低。但在模制较大平面的制品，特别是取适于作鞋底材料的闭孔结构的发泡片材时，应用模压法又十分方便。

（2）模压成型工艺常出现的质量问题及解决方法（表4-1）

表4-1　模压成型不正常现象及解决方案

不正常现象	产生原因	解决办法
制品表面起泡和内部鼓起	1. 压缩粉中的水分及挥发物含量过多 2. 模具温度过低或过高 3. 成型压力过低 4. 保持温度时间过长或过短 5. 模具内有其他气体 6. 材料压缩率太大，含空气量过多 7. 加压不均匀	1. 将压塑粉干燥和预热 2. 调节好温度 3. 增加成型压力 4. 延长固化时间 5. 闭模时缓慢和加压模具 6. 物料先预热，改变加料方式 7. 改进加压装置
制品欠压有缺料现象	1. 塑料流动性过小 2. 加料少 3. 加压时物料溢出模具 4. 压力不足 5. 模具温度过高，以致存料过早固化	1. 改用流动性大的物料 2. 加大加料量 3. 增加压力 4. 调节压力 5. 加速闭模、降低成型温度
毛料（飞边）过厚	1. 加料过长 2. 物料流动性太小 3. 模具设计不合理 4. 模具导柱孔被堵塞 5. 模具毛刺清理不净	1. 准确加料 2. 降低成型温度 3. 改进模具设计 4. 彻底清理模具，保证闭模严密 5. 仔细清模
制品尺寸不合格	1. 材料不符合要求 2. 加料不准确 3. 模具已坏或设计加工尺寸不准确	1. 改用合格材料 2. 调整加料量 3. 修理与更换模具

4.3.2.3　浇注成型

浇铸也称铸塑，是指在常压下将树脂的液态单体或预聚体灌入大口模腔，经聚合固化定型成为制品的成型方法，包括静态浇铸、嵌铸、离心浇铸、搪塑及滚塑等。聚甲基丙烯酸甲酯（有机玻璃）、环氧树脂等常采用静态浇铸的方法生产各种型材和制品。浇铸成型工艺一般有以下几个工序：浇铸液的配制、过滤和脱泡、浇铸、硬化、脱模、后处理等。

浇铸成型的特点：塑料在铸塑过程中一般不需加压，故不需要加压设备；塑模的强度要求也较低；所得制品大分子取向低，内应力小，质量较均匀；制品的尺寸大小限制也较少；生产周期长及制品尺寸准确性较差。

浇铸工艺过程可分为模具的准备、原料的配制和浇铸、固化等几个步骤。

聚氨酯底（PU底）分量较轻，一般耐折、耐磨、耐寒性较好。聚氨酯鞋底可以通过浇铸工艺实现。浇铸成型时，将两组分（异氰酸酯组分与聚醚多元醇组分）迅速混合均匀后，及时送到敞露的阴模中，再盖上阳模。随后进行化学反应，液态混合物逐步增稠，进而膏化、固化并同时发泡膨胀成弹性体。完成此过程的机械称作聚氨酯机，主要包括3个部件：供料缸、计量泵、混合头。供料缸用于贮存A、B液，有搅拌装置，使各组分不相互分离，并有精确的温控装置，能承受0.3～0.4MPa的气压。计量泵将每种材料以准确的数量输送至混合头，泵的大小根据在一定时间内需要混合的化学品数量和反应性而定。在鞋底的生产中，每双鞋底的材料用量很少（一般50～500g），它们需要在2～4s内送至模具中，因此用的泵为中小型泵。计量泵一般用电机驱动，速度可在需要更改两个组分的混合比时改变，在生产过程中电机速度应是恒定的。这就是为什么要通过温度控制使化学品保持恒定黏度的原因，因为黏度变化泵速也会发生变化，这就会使送到混合器的每种化学品数量不一。

混合头的作用极其重要，它决定着组分的混合质量，即最终弹性体的质量。大体上混合聚氨酯化学品可采用两种技术：a. 高压技术，组分在一个很小的混合室（约1mL）中对冲混合；b. 低压技术，组分在马达驱动下，机械地搅拌混合。

模具是提供鞋底准确形状和尺寸的器具，可用钢、铝或合金铝以及金属填充的环氧树脂等制成，主要根据经济因素和生产鞋底的数量而定。环氧树脂模一般只在小批量生产上应用。模具必须密闭，否则注入液体后会造成泄漏。另外还需有一套锁紧装置，因为物料反应时会产生压力（0.3MPa左右）。锁紧装置的设计有多种，它们可结合在载模架上。模具的温度必须控制得很好，才能得到最佳的鞋底脱模时间。金属模温比较容易控制，如果使用环氧树脂模具，为了能较好地导热，需填充大量金属粉末。

载模架转台式设计是最有效的方式，锁模装置结合在载模架中，并有模温控制系统。另一种输送带式设计，虽然比较简单和经济，但每一副模具都要有独立的锁模装置，而且模温控制也难得准确。还有一种是任意摆放的载模架，它包括固定的载模架和可移动的混合头，在需要把化学混合物送到模具时将混合头移到模具上。这种技术一般用于小批量生产成型底，容许日后随产量扩大而增加模具。

聚氨酯鞋底浇铸成型时正确使用脱模剂也很关键。聚氨酯脱模剂都是由特制的硅烷油或合成油或者两者的混合物配制而成，如甲基硅油、苯基硅油等。如果要求鞋底表面没有光泽，或者具有特别的黏合性能，这些脱模剂必须含有蜡。为满足特殊需要，例如在制造复式密度鞋底时，还要加入特种添加剂。工业上聚氨酯脱模剂大都含有有机溶剂。它既可以是脱模剂活性成分的载体，也可作为稀释剂，以调整聚氨酯达到合适的浓度，还可以作为一种助剂，使脱模剂（例如蜡）呈薄膜分布及生成在模具表面。作为脱模剂用的溶剂，除了满足经济适用、安全操作及环境污染小等方面的要求外，还必须具有较合适的挥发速度。因为溶剂要在喷洒与浇铸之间的时间段内蒸发，而这个时间段又受浇铸设备、原液反应时间等许多因素的影响，常用溶剂有二氯甲烷、特种石脑油、1,1,1-三氯乙烷、一氟三氯甲烷等。

4.3.3 泡沫鞋用塑料的成型

泡沫塑料是以树脂为基体，内部有无数泡孔的塑料。不同的树脂发泡工艺可以形成泡孔形态各异、性能各异的发泡材料，发泡材料具有密度低、对流小、绝热、耐冲击和降噪等优点。如果泡孔是相互隔绝的，则称为闭孔泡沫，否则称为开孔泡沫，但是闭孔泡沫可以通过机械或化学的方法使其成为开孔结构。

泡沫塑料有三种发泡方式：物理发泡、机械发泡和化学发泡。物理发泡可以将惰性气体在加压下使其溶于聚合物熔体或糊状复合物中，经减压释放高压气体而发泡；也可以利用低沸点液体蒸发而发泡；利用液体介质吸附溶解塑料中事先添加的固体物质而发泡；还可以在塑料中加入中空微球后经固化而形成泡沫材料。机械发泡是利用机械的搅拌作用，混入空气而发泡。化学发泡则是利用原料组分间的化学反应所放出的气体而发泡。

物理发泡具有毒性小、发泡原料成本低、发泡剂无残留、设备投资较大等特点。如聚苯乙烯泡沫塑料，将高相对分子质量的聚苯乙烯在挤出机内熔融塑化，在高压下把发泡剂（二氯甲烷和氯甲烷）注入塑化段，从口模中把混合物挤出，经过气体膨胀、缓冷和切割等制成聚苯乙烯片材，其缺点是泡孔尺寸不容易控制；或将高相对分子质量的聚苯乙烯与发泡液体预制成易于流动的半透明可发性的聚苯乙烯球粒，然后通过蒸汽箱模塑法、挤出法或注射法生产泡沫制品。

泡沫塑料按照软硬程度分为软质、半硬质和硬质泡沫塑料，在相对湿度为23%和50%时，弹性模量大于700MPa的为硬质泡沫，弹性模量为70～700MPa的为半硬质泡沫，弹性模量低于70MPa的为软质泡沫。按照密度大小分为低发泡、中发泡和高发泡塑料。低发泡是指密度为0.4g/cm^3，气体/固体＜1.5的泡沫；中发泡是指密度为0.1～0.4g/cm^3，气体/固体＝1.5～9的泡沫；高发泡是指密度为0.1g/cm^3，气体/固体＞9的泡沫。按发泡制品成型工艺可分为模压发泡、挤出发泡、注射发泡和压延发泡等。按树脂种类可分为聚乙烯泡沫、聚氯乙烯泡沫和聚氨酯泡沫等。

泡沫塑料由于具有质量轻、弹性好、保暖性佳、易于裁切缝制等特点，在制鞋中得到了广泛的应用。鞋面材料如聚氯乙烯发泡人造革、聚氨酯发泡合成革，还可用于制作发泡鞋底和鞋衬等。

4.4 鞋用塑料的要求

4.4.1 成型工艺性

鞋是一类不规则的产品，各部件的结构复杂，且各部件间的对接要求高。鞋靴中常用的聚乙烯、聚丙烯、聚氯乙烯、聚氨酯等热塑性塑料具有优良的加工流动性，加工特性好，并且可用的加工方法也多，而且加工方便，效率高，成本低。成型的过程主要是以物理变化为主，对环境友好，其中聚氯乙烯和聚氨酯还可以通过配方设计，调整产品的柔软度，以适应不同的鞋靴或者鞋靴的不同部位对材料柔软度的要求。可通过改变配方，加工工艺，制成具有各种特殊性能的工程材料，富有装饰性，还可以制成透明的制品，也可制成各种颜色的制品，而且色泽美观、耐久，还可用先进的印刷、压花、电镀及烫金技术制成具有各种图案、花型和表面立体感、金属感的制品。

4.4.2 质轻、节能

鞋用塑料大多数质轻，比强度大，属于一种轻质高强的材料，较好地满足鞋的使用要求。比如国家标准中规定塑料鞋帮的厚度≥1.0mm，与其他材料相比，厚度最薄，加之塑料本身密度较小，大多数塑料的密度都在0.9～1.4g/cm^3，同时可塑性使得塑料的成型方法多，且容易实现连续化或自动化的生产，效率高，生产和使用都属于低能耗。

4.4.3 基本力学性能

由于鞋要承受足部活动时的各种作用力（崩力、拉伸力、摩擦力等），因而鞋用塑料应该具备一定的力学性能。

这里以《GB 12011—2000 电绝缘鞋通用技术条件》为例，说明鞋对材料的性能要求（表 4-2）。

表 4-2　　电气绝缘鞋对所用塑料材料的要求

序号	项目	性能	技术要求
1	革类	撕裂强度	≥60kN/m
2	塑料	拉伸性能——断裂伸长率	≥250%
3	鞋帮与围条	粘接强度	≥2.0kN/m
4	鞋帮与织物	粘接强度	≥0.6kN/m
5	外底	防滑性	有
6	外底	厚度(不含花纹)	≥4mm
7	外底磨痕长度	耐磨性	≤10mm
8	外底	耐曲折性	≥40000 次

从表 4-2 可以看出，不同部件对所用塑料有不同的要求。对于普通鞋类产品而言，塑料在鞋底中的应用一般多于其他部件。作为鞋底用塑料，需要关注其防滑性、耐磨性、耐折性、硬度以及耐黄变性。

4.4.4 功能特性

随着社会文明的发展、物质资料的丰富，生活水平的提高以及对美好生活的向往，鞋也被赋予了多元化功能的需求，功能性的鞋材是关键，比如保暖性（隔热性）、透气性、透湿性和抗菌性等鞋材的开发和应用具有较好的市场前景。塑料作为主要的鞋用材料之一，通过先进的化学改性技术或者生产技术，可以获得这些功能特性。

保暖性也称为隔热性，是指鞋材阻止鞋内的热量向外扩散的性能。不同季节对鞋的保暖性有不同的要求。冬季需要鞋材保暖性好，以防止脚被冻伤；夏季则要求鞋材的透热性佳，以利于脚部热量的散发，使脚感觉到凉爽适宜；春秋季穿则要求鞋材保暖性适中。除了传统上选择不同内里材料调节鞋的保暖性外，还可以改变鞋用塑料材料的配方和结构设计，如加入放热性的添加剂，或者采用闭孔结构的泡沫材料，都可以实现鞋的保暖性。

透气性是人们对鞋的基本要求，但通常因为透气性差，导致人们因运动而产生的汗液被封闭在鞋里，滋生了霉菌，染上了脚气，给生活带来了尴尬的烦恼。尤其是以塑料为主材的各类鞋，透气性差制约了塑料作为鞋材的应用与发展。不过通过开发材料的结构和配方，也可以大幅提高塑料鞋材的透气性，比如高分子材料拉丝编织制成鞋帮已经成为时下的新宠。

透湿性也称透水汽性，是指鞋材吸收鞋内的水分并由内向外扩散的能力，以及水分从鞋外部向内部渗透的能力。鞋材最好具有单向的透水气性，也就是说水分由内往外的渗透能力越大越好，而水分由外往内的渗透能力越小越好，这样鞋在热天穿起来才会觉得干爽舒适，而遇到下雨天或者路面有水的时候，水却不会进入到鞋腔。具有吸水性的材料在鞋帮中的应用为保证鞋内干爽提供了另一途径，吸水性树脂和吸水性助剂在鞋材中的应用值得期待。

抗菌性是近期材料研究的热点，抗菌鞋材主要是在鞋材中加入一些药物或者微量元素，可以起到抑制细菌滋生和除臭的效果，对人体起到卫生保健作用。目前，国内外很多鞋厂都推出了具有抗菌、防臭、保健功能的新式皮鞋，有的是在鞋面、鞋里、鞋底等部位嵌入按摩乳头颗粒及磁体，有的是加入药液层，有的是在材料配方中加入抗菌组分。这些新型材料的应用，将医疗、保健功能与鞋的常规功能结合起来，具有抗菌、预防慢性疾病的功能。

4.4.5 其他

这里主要是强调特种鞋用塑料的技术要求。在《GB 12623—1990 防护鞋通用技术条件》中，要求防护鞋外底必须具有防滑块，鞋底防滑系数 μ_0 不得低于 0.15（模拟地面上用布均匀地涂以 30# 工业润滑油）。对于硬度不高或高低不平以及比较坚硬但却能被防滑钉刺破的工作地面，可采取在外底上制作防滑钉与工作地面啮合，或在工作地面上铺设人造地面的防滑措施。针对鞋后跟的缓冲性，要求鞋后跟吸收能量不得低于 28J。

在《GB 16756—1997 耐油防护鞋通用技术条件》中，要求鞋底耐油性应满足体积增加不超过原体积的 12%，体积减小不少于原体积的 0.5%或硬度增加大于 10（邵尔 A）。同时对防鞋底穿刺、防静电和电绝缘等性能也要求符合相应的 LD 50、GB 4385 和 GB 12011、GB 12015 等国家（行业）标准的规定。

总之，随着人们对鞋靴要求的不断提高，会不断出现新的特殊鞋用塑料。

4.5 塑料在鞋类产品中的应用

4.5.1 塑料在鞋底中的应用

鞋底的构造较为复杂，包括外底、中底与鞋跟等所有构成底部的部件。一般外底材料应具备耐磨、耐水、耐油、耐热、耐压、耐冲击，弹性好，容易适合脚型，定型后不易变形，保温，易吸收湿气等性能，同时更要配合中底，在走路换脚时有刹车作用使人不至于滑倒及易于停步。

鞋外底中常用到的热塑性塑料有聚氨酯、EVA、聚氯乙烯、ABS、聚碳酸酯、聚乙烯、聚丙烯等，热塑性树脂的优点是加工成型简便，具有较高的力学性能，缺点是耐热性和刚性较差。热固性树脂的优点是耐热性高，受压不易变形，缺点是力学性能较差，热固性树脂有酚醛、环氧、氨基、不饱和聚酯以及硅醚树脂等。

① 聚氨酯底（PU）：多用于制造高档皮鞋、运动鞋、旅游鞋等。优点为密度低，质地柔软，弹性佳，穿着舒适轻便，具有良好的耐氧化性能、优异的耐磨性能、耐折性能，硬度高，优异的减震、防滑性能，较好的耐温性能，良好的耐化学品性能，易腐蚀利于环保。缺点为吸水性强，易黄变，抗湿滑性差，透气性差。

② EVA 底：常用于慢跑鞋、慢步鞋、休闲鞋、足训鞋中底。EVA 底质轻，易于加工，不耐磨，不耐油。优点有轻便，弹性好，柔韧好，不易皱，有着极好的着色性，适于

各种气候。缺点为易吸水，不易腐蚀，不利于环保，易脏。

③ MD底：属EVA二次高压成型品。MD鞋底中一定都含有EVA，MD底也叫PHYLON底。比如MD＝EVA＋橡胶或者EVA＋橡胶＋热塑性橡胶，还有一些鞋是橡胶＋聚氨酯等。优点为轻便，有弹性，外观细，软度佳，容易清洗，硬度、密度、抗张强度、撕裂强度、延伸率佳。缺点包括不易腐蚀，不利于环保，高温时易皱、易收缩，耐久性差，使用时间一长其吸震力便会降低，透气性差等。

④ 热塑性橡胶（TPR）底：TPR是以热塑性体SBS为主生产的一种新型高分子鞋用材料，既有橡胶的性能又能按热塑性塑料进行加工和回收，可以用普通塑胶成型机以射出成型、挤出成型、吹塑成型的方式制成橡胶制品。以TPR粒料热熔后注模成型，成型时分子以发射性运动。优点是易塑型，价格便宜，具有轻便、舒适、高弹性、易沾色、透气好、强度高等特点，特别是耐低温性优异，摩擦因数高，抓着力强。缺点包括材质重、磨耗差（不耐磨），柔软度较差，耐折性差、吸震能力差等。

⑤ 热塑性聚氨酯弹性体（TPU）底：它是由二异氰酸酯和大分子多元醇、扩链剂共同反应生成的线性高分子材料，是一种新型的环保材料。优点为具有优异的力学强度、耐磨性、耐油性和耐屈挠性，特别是耐磨性最为突出，外观好。缺点为耐热性、耐热水性、耐压缩性较差，易变黄，加工中易黏模具，较硬、较重，透气性差。

⑥ 聚氯乙烯底（仿底革）：本色为微黄色半透明状，有光泽。在曲折处会出现白化现象。优点是价格较便宜，耐油，耐磨，绝缘性能好；缺点是防滑性能差，质地差，不耐寒，不耐折，透气性差。

⑦ 聚碳酸酯底：聚碳酸酯（PC）树脂是一种性能优良的热塑性工程塑料，具有突出的抗冲击能力，耐蠕变，尺寸稳定性好，耐热，吸水率低，无毒，介电性能优良，是五大工程塑料中唯一具有良好透明性的产品，也是近年来增长速度最快的通用工程塑料。聚碳酸酯底具有耐候性好、外观美、抗冲击、透光率高、可塑性强的特点。

⑧ ABS底：具有优良的综合性能，有极好的抗冲击强度，尺寸稳定性好，电性能、耐磨性、抗化学药品性、染色性、成型加工和机械加工较好。缺点是热变形温度较低，可燃，耐候性较差。

⑨ 聚乙烯底：聚乙烯塑料耐腐蚀性、电绝缘性（尤其高频绝缘性）优良，刚性、硬度和强度较高，吸水性小，有良好的电性能和耐辐射性。聚乙烯底柔软性、伸长率、抗冲击强度、渗透性、耐疲劳、耐磨、耐腐蚀性能较好。

⑩ 聚丙烯底：聚丙烯鞋底密度小，强度、刚度、硬度、耐热性佳，具有良好的电性能和高频绝缘性，不受湿度影响，耐腐蚀。但低温时变脆，不耐磨，易老化，特定条件下容易分解。

4.5.2 塑料在鞋楦中的应用

鞋楦是制鞋的模型。为了提高制鞋的机械化程度，现在制楦企业中99%的鞋楦均选用塑料楦。由于塑料楦尺寸稳定，不受气候、温度、水分变化的影响，并且“含钉”能力强，生产周期短，还可回收再利用，每年能为国家节约大量木材，所以，塑料楦得到快速普及。

作为鞋楦材料的聚乙烯塑料具有以下特性，能满足制楦的要求。

① 具有很高的强度、硬度和一定的弹性，硬而不脆，韧而不软，钉上不易开裂，并

有比较强的含钉力。

② 对温度、湿度不敏感，日晒、雨淋不变形，尺寸稳定性好。

③ 密度小，易加工成型，能进行车、铣、刨、磨等机械加工。

④ 表面光滑，不易黏住浆糊、胶水，拔楦省力，操作方便。

⑤ 鞋楦寿命长，钉眼可以修补，废楦可以再生，生产周期短。

⑥ 价格便宜，来源广泛。

塑料楦一般采用高、低压合成聚乙烯树脂制造，成型楦加工前先用注塑机将聚乙烯原料注射成楦坯，然后再用刻楦机进行粗刻和细刻，也有一次刻制成型的。

塑料楦吸水能力差，所以绷帮后干燥时间较长。

以聚乙烯为主要原料，加入填料、润滑剂、促进剂、发泡剂等，通过共混改性制成塑料鞋楦坯料、经切削加工制成塑料鞋楦。主要工艺过程是：配料—注塑成型—冷却定型—切削加工—成品验收。

配料：按配方和原辅材料的要求准备称量，一次加入捏合机内混合，混合时间为20～30min，温度控制在40℃以下。

注射成型：用圆盘多工位锁模装置，配 $\phi 80$ 挤出机塑化挤出注射模具成型。挤塑温度一般控制170℃左右，每次挤出注射时间为60s左右。

冷却定型：挤出注射成型后，先在模具中冷却定型15～18min，然后分别在温水和冷水中定型30min以上，修整余料成为合格的塑料坯楦。

切削加工：在专用的鞋楦机床上对塑料坯进行切削加工，经过粗机和细机两次切削，切除前后顶尖部位，修整后成为标准的塑料鞋楦。

成品验收：依据《GB/T 3293—1982 中国鞋号及鞋楦系列》有关规定，结合订货单位的具体要求严格检验。

4.5.3 塑料在鞋帮中的应用

塑料鞋按用途分为塑料凉鞋和塑料拖鞋两类。

近几年市场流行的透明鞋，例如夏季的透明凉鞋、女式单鞋，就是用塑料片作为部分鞋帮区域，做出的鞋给人们以透明的感觉，给鞋子的款式和风格变化注入了新的元素（图4-6）。

(a)

(b)

图4-6 透明鞋

(a) 凉鞋 (b) 单鞋

4.5.4　塑料在鞋扣及配饰品中的应用

不论是男鞋还是女鞋，也不论是浅帮鞋或高腰鞋，大多数皮鞋设计人员会在皮鞋表面精心设计装配一些皮鞋饰件。饰件有起加固作用的，也有起连接作用的，更有为穿着美观的，近年来鞋类饰件（鞋扣和配饰）可谓“绚丽多彩”。

饰件材料由原来单一金属材料占主导地位发展为现今的多种原材料制作的多元化倾向。就像拉锁一样，原先大多是铜制、铝制的拉头和锁牙，而现今多用的是尼龙、工程塑料，更简单方便的还有尼龙搭扣形式。工程塑料、皮革饰条、饰物，毛皮（裘皮）饰物，仿毛织物材料，以及由上述材料搭配制作的组合装饰件，都是近几年发展起来的新材料。塑料以其物美价廉、质轻色艳，占据了鞋扣及配饰品的重要地位，图4-7和图4-8分别是带有塑料装饰件和塑料鞋扣的女鞋。

图4-7　有塑料装饰件的鞋

图4-8　有塑料鞋扣的女鞋

不管什么风格，都必须考虑到生产工艺的方便与可行，同时又必须认真考虑“实用”与“个性化”的完美结合。

参考文献

[1]　张军. 橡塑制鞋材料及应用［M］. 北京：中国轻工业出版社，1999.

[2]　王文博. 实用鞋靴材料［M］. 北京：化学工业出版社，2014.

[3]　《中国鞋业大全》编委会. 中国鞋业大全（上）材料·标准·信息［M］. 北京：化学工业出版社，1998.

[4]　包建成. 塑料在鞋底中应用与研究进展. 第九届中国塑料工业高新技术及产业化研讨会暨2014中国塑协塑料技术协作委员会年会（7届2次）·技术交流会. 福建泉州，2014.6.

[5]　杨大全. 塑料鞋楦在制鞋工业中的应用［J］. 西部皮革，1983（1）：29-30.

[6]　刘太闯. 塑料注塑工就业百分百［M］. 文化发展出版社有限公司，2016.

[7]　徐冬梅. 塑料挤出工就业百分百［M］. 北京：印刷工业出版社，2017.

[8]　杨鸣波，黄锐. 塑料成型工艺［M］. 北京：中国轻工业出版社，2014.

[9]　GB 12011—2000 电绝缘鞋通用技术条件。

[10]　GB/T 3293—1982 中国鞋号及鞋楦系列。

[11] 桑永. 塑料材料与配方 [M]. 北京：化学工业出版社，2005.

作业：

1. 什么叫塑料？如何分类？各种塑料有何特点？

2. 鞋底材料有何要求？哪些塑料可以用作鞋底？

3. 为什么说聚氯乙烯是热敏性树脂？如何理解聚氯乙烯是多组分塑料？

4. 聚乙烯塑料有哪些类型？

5. 聚乙烯、聚丙烯是最常用的通用塑料，在制鞋工业中具有广泛的应用，试分别举例说明。

6. 塑料常用的成型工艺有哪些？在制鞋工艺中都有哪些工艺？

7. 浇注聚氨酯鞋底需要用什么材料？工艺过程是什么？浇注鞋底有何特点？

8. 聚氨酯作为鞋底材料，有什么特点？

9. 透气、吸湿是人们对鞋的要求，试讨论从鞋用塑料角度如何改善透气性和吸湿性。

10. 试分析聚乙烯、聚丙烯、聚氯乙烯三种塑料的识别方法。

CHAPTER 5

第5章 鞋用胶粘剂

【学习目标】

1. 了解鞋用胶粘剂的组成、分类与发展。
2. 掌握胶粘剂的粘接理论及影响粘接强度的因素。
3. 熟悉胶粘剂在制鞋生产上的应用。
4. 熟悉制鞋中常用的胶粘剂种类和性能。

【案例与分析】

案例：有一天早上下了一场中雨，进入办公室后小张突然叹息一声："唉！皮鞋进水了，右脚袜子都湿了"。小李走过来拿着小张的皮鞋一看，发现小张的皮鞋是胶粘鞋，在其右脚鞋前面内侧鞋帮与鞋底结合处有一道 1cm 左右的裂口，皮鞋进水的原因找到了。这时小张又突发疑问："鞋的这里怎么会出现裂口呢?" 要解开小张的疑惑，就需要从鞋帮和鞋底的粘接材料以及粘接原理说起。

分析：按照鞋帮与鞋底的结合方式不同，将皮鞋分为胶粘鞋、线缝鞋、注塑鞋等，本案例中的皮鞋因鞋帮与鞋底的结合是通过胶粘剂实现的，就属于胶粘鞋。鞋帮与鞋底的结合出现裂口，说明粘接强度不够高，显然是质量不佳。胶粘鞋的鞋帮与鞋底粘接强度的大小与胶粘剂的种类和性能有关，也与胶粘剂使用中的技术条件控制有关。出现裂口，就说明粘接强度不高，没有达到皮鞋的质量要求，具体原因是胶粘剂质量问题还是粘接过程的条件控制问题，则需要进行有关检测才可确定。所以，这个案例告诉我们，了解胶粘鞋所用的胶粘剂种类和性能，掌握胶粘剂的作用原理，对于保证皮鞋质量具有重要意义。

5.1 概述

5.1.1 胶粘剂的定义

能将两种或两种以上同质或异质的材料连接在一起，固化后具有足够强度的有机或无机的、天然或合成的一类物质统称为黏合剂或胶粘剂、粘接剂，习惯上简称为胶。

5.1.2 胶粘剂的组成

胶粘剂的主要组成有黏料、固化剂、增塑剂、填充剂、溶剂等。为了满足某些特殊使用要求，有的还要加入一些改性剂或其他配合剂。对一种胶粘剂而言，不一定都含有这几种组分，有的可能多达几十种，这主要由胶粘剂的性能和用途来决定。

5.1.2.1 黏料

黏料也被称为基料或主剂。在胶粘剂的黏合中起重要作用，是胶粘剂的基本成分。

黏料具有良好的黏附性或润湿性。作为黏料的物质大多数是高分子物质，例如合成树脂（热固性或热塑性树脂）、合成橡胶（氯丁橡胶、丁腈橡胶、丁基橡胶、聚硫橡胶等）、天然高分子物质（如淀粉、蛋白质、天然橡胶）以及无机化合物（如硅酸盐、磷酸盐）等。

胶粘剂的性质、用途和使用工艺主要由黏料的性质所决定。一般胶粘剂的名称也是用黏料的名称来命名的。

5.1.2.2 固化剂

固化剂是促使黏结物质通过化学反应加快固化的组分。固化剂也是胶粘剂的主要组分，其性质和用量对胶粘剂的性能起着重要的作用。

加入固化剂的目的就是为了使某些线型高分子化合物与它交联，形成体型网状结构，固化剂是直接参与化学反应的。例如：环氧树脂中加入胺类或酸酐类固化剂，在室温或高温作用后就能固化成坚硬的胶层。

在配制固化剂时，考虑到配制时的损耗、气体的挥发、气温的高低和固化反应的快慢，往往实际用量比计算用量要大些。一般是根据实际经验来选择固化剂用量，例如，夏季气温高，用量要少一点；冬季气温低，用量可多一点；有时等着用，要求固化快，就可多加一些固化剂。总之，固化剂的用量不能超过它的允许使用限度，否则会影响粘接性能，使胶层变脆。

5.1.2.3 增塑剂

为增强胶层的柔韧性，提高胶层的冲击韧性，降低固化时的反应热和收缩率，改善胶粘剂的流动性，需加入些增塑剂，通常用量在黏料用量的20%以内。例如环氧树脂固化后性能脆硬，抗冲击性差，容易断裂，若加入增塑剂就能使它的抗冲击性获得较大的改善，而且增加对裂缝延伸的抵抗性，疲劳性能也好。但是增塑剂用量过多时，由于降低了分子间的作用力，粘接强度反而下降。

增塑剂是一种高沸点液体或低熔点固体化合物，与黏料有混溶性，但不参与固化反应，如邻苯二甲酸二丁或二辛酯、磷酸三苯酯等；热塑性树脂增塑剂如聚酰胺树脂；合成橡胶增塑剂如聚硫橡胶和羧基丁腈橡胶等。

5.1.2.4 填料

为了改善胶粘剂的加工性、耐久性、强度及其他性能，或为了降低成本，常加入非黏性的固体填料。

常用的填料有炭黑、白炭黑、滑石粉、金属粉及一些金属氧化物等。所有各种填料都要求干燥，显中性或弱碱性，与黏料、固化剂及胶粘剂中的其他辅助材料不发生化学反应，填料一定要研磨成细碎粉末，才能与黏料混合均匀。填料的用量由胶粘剂的黏度、性能要求和填料的性质来决定，需灵活掌握，以不影响浸润和操作为原则。常用填料的选用可参考表 5-1。

表 5-1　常用填料的作用和用量

名称	作　用	用量/(g/100g 树脂)
铝粉	导电,导热,降低收缩力和热应力,提高热稳定性及高温性能	100～300
铁粉	导电,导热,改善导磁率	50～300
铜粉	导电,导热	200～300
银粉	导电	200～300
氧化铝	提高耐热性和耐稳定性,提高粘接强度和介电性	100～300
石英粉	减少内应力,提高尺寸稳定性和粘接强度	100～300
炭黑	导电,导热,着色	100～150
石墨粉	导电,提高耐热性能	30～80
滑石粉	提高延伸性能和粘接强度,降低成本	100～200
二硫化钼	提高耐磨性和润滑性能	30～80
碳酸钙	使应力分布均匀,增白,降低成本	100～250
钛酸钡	提高介电性能	自选
玻璃纤维	提高粘接强度和抗冲击性	10～40

5.1.2.5　溶剂（稀释剂）

在溶剂型胶粘剂中，需要用有机溶剂溶解黏料，调节胶粘剂的黏度，以便于操作和喷涂，增加胶粘剂的浸润能力和分子活动能力，从而提高粘接强度。

不同的胶粘剂选用的溶剂有所不同，一般溶剂与高分子材料的溶度参数越接近，相容性越好，溶剂的挥发速度不宜太快或太慢。此外，还要考虑其来源、价格及溶剂对操作工人身体健康的影响。

常用的溶剂有甲苯、苯、乙酸乙酯、乙醇、汽油、丙酮等。

5.1.2.6　其他附加剂

为了改善某些性能，满足特殊需要，在胶粘剂中有时还要加入其他一些成分，例如防腐剂、防老剂、偶联剂等。

5.1.3　鞋用胶粘剂的分类

制鞋生产中使用胶粘剂显著提高了生产效率，增加了产品的花色品种。目前，制鞋生产中所使用的胶粘剂种类繁多。

按化学成分不同胶粘剂可分为天然胶、淀粉胶、氯丁胶、聚氨酯胶、纤维素胶、聚乙烯醇缩甲醛胶、EVA 胶、聚烯烃胶、聚酯胶、聚酰胺胶、SBS 胶等。

按形态不同胶粘剂可分为溶液型、乳液型、固体型、粉末型、膏型、薄膜型等。

按固化形式胶粘剂不同可分为溶剂型、反应型、热熔型等。

按用途不同胶粘剂可分为合布胶、抿边胶、涂包头胶、绷楦胶、粘外底胶、粘主跟包头胶等。

当然，以上分类之间互相关联，不可分割。

鞋用胶粘剂的种类和用途见表 5-2。

表 5-2　　鞋用胶粘剂的种类和用途

胶粘剂种类	胶粘剂形态	胶粘剂用途
氯丁胶	溶剂型	外底胶、绷楦胶、抿边胶、包鞋跟胶、半托底胶、粘勾心胶
	乳液型	绷楦胶、抿边胶、包鞋跟胶、粘衬里胶
接枝氯丁胶	溶剂型	外底胶、中底胶
聚氨酯胶	溶剂型	外底胶、中底胶
SBS 胶	溶剂型	半托底胶、粘勾心胶、外底胶
淀粉胶	水溶型	合布胶
天然橡胶	溶剂型	合布胶、粘鞋垫胶、粘衬里胶、围条胶、包头胶
	乳液型	合布胶、围条胶、中底胶、包头胶
羧甲基纤维素胶	水溶型	合布胶、粘衬里胶
聚乙烯醇及其缩醛胶	水溶型	合布胶、粘衬里胶、包鞋跟胶
聚酯胶	热熔型	绷楦胶
聚酰胺胶	热熔型	绷楦胶、抿边胶
改性聚烯烃胶	热熔型	绷楦胶、抿边胶
聚乙烯胶	热熔型	合布胶
EVA 胶	热熔型	粘主跟、包头胶
	与纤维复合	粘主跟、包头胶

5.1.4　鞋用胶粘剂的应用与发展

5.1.4.1　鞋用胶粘剂的应用

根据材料的不同，我国将鞋分为胶鞋、布鞋、塑料鞋和皮鞋。

（1）胶鞋用胶粘剂

胶鞋分全胶鞋和布面胶鞋，胶鞋所用的胶粘剂主要是乳胶和汽油胶，其主要用途是作为合布胶。早先时期合布胶主要用汽油胶，出于环保、安全及价格成本的原因，后来多用乳胶作为合布胶。不少厂家为了降低成本，在乳胶中加入一定量的淀粉胶、树脂乳液等，但总体上仍属乳胶范畴。胶粘剂还用于胶鞋的围条黏合和其他部件的黏合。

（2）布鞋用胶粘剂

布鞋包括注塑布鞋、胶粘布鞋和缝绱布鞋。布鞋生产中胶粘剂主要用作合布胶，其主要原材料是淀粉、改性淀粉或羧甲基纤维素（CMC）。一些厂家为了提高布鞋帮面的挺括性和黏合力，在淀粉合布胶中加入一定量的乳胶，但仍然以淀粉为主。淀粉胶、CMC 胶也用于布鞋帮面部件、中底的黏合。胶粘布鞋的帮底黏合一般用氯丁胶或改性氯丁胶。

（3）塑料鞋用胶粘剂

长期以来，塑料鞋是不用胶粘剂的，原因是以前的塑料鞋多采用一次性注塑成型或鞋帮带与鞋底插入组合成型的生产方式。最近几年，塑料拖鞋也开始注重款式多样化，便出现了先将鞋帮部件印刷上图案、符号等，然后用胶粘剂将鞋底与鞋帮部件进行黏合。用 EVA、改性聚乙烯等发泡片材生产拖鞋也用到胶粘剂，使得近年来塑料鞋用胶粘剂的用量有所增加。所用胶粘剂主要为聚氨酯胶或改性氯丁胶。

（4）皮鞋、旅游鞋用胶粘剂

皮鞋、旅游鞋 90%采用胶粘工艺，用胶量大，品种多，具体包括抿边用汽油胶或聚酰胺热熔胶；聚氨酯革与 EVA 泡沫片复合用改性氯丁胶；绷楦用天然乳胶、氯丁乳胶、氯丁溶剂或热熔胶（包括聚酯、聚酰胺、聚烯烃等基料热熔胶）。中底纤维板与 EVA 复合用氯丁胶；包跟用氯丁胶或乳胶；皮鞋面里黏合用缩醛胶、EVA热熔胶、汽油胶或氯丁胶；旅游鞋鞋帮复合用氯丁胶、热熔压敏胶，其中热溶压敏胶的使用近年来迅速增加；外底与鞋帮黏合、中底与外底黏合用氯丁胶、改性氯丁胶或聚氨酯胶。

5.1.4.2　鞋用胶粘剂的发展沿革及趋势

在各种鞋用胶粘剂中，以粘外底胶最为重要，胶粘性能要求最高，也是制鞋企业、胶粘剂生产企业最为关注的胶粘剂品种。

最早用于粘外底的胶粘剂是硝化纤维素胶，只能用于皮革鞋帮与皮革底的粘接。随着合成新材料在鞋类生产中的应用，硝化纤维素胶就不适应了。

氯丁橡胶自20世纪30年代由美国杜邦公司研制成功后，其用途之一即作为胶粘剂，氯丁胶是我国传统的大宗胶粘剂品种，俗称万能胶，在制鞋工业中得到广泛应用。伴随着制鞋工业的发展，聚氯乙烯人造革、聚氨酯合成革得到大量使用，第一代普通氯丁胶粘剂已无法满足对这些“难粘”材料的粘接，随即出现了第二代经甲基丙烯酸甲酯接枝的氯丁胶粘剂和聚氨酯胶粘剂。

随着全球性环保意识的提高和制鞋业中“三苯”的严重污染和毒害问题的日趋严重，第三代不含“三苯”溶剂的接枝氯丁胶粘剂和聚氨酯胶粘剂应运而生。无“三苯”鞋用胶粘剂虽然采用了低毒配方，大大降低了对人体和环境的危害，但其中大量的有机溶剂依然会对人体和生态环境造成危害。

20世纪70年代中期开始应用聚酰胺系热熔胶粘接皮底皮帮。随着国家治理污染力度的加强和可持续发展战略的实施，第四代鞋用胶粘剂最终将走向彻底环保化的热熔型和水基型胶粘剂。

5.2　粘接理论

所谓粘接，就是通过胶粘剂将两个或两个以上同质或不同质的物体连接在一起。粘接过程是一个复杂的物理、化学过程。研究粘接理论的目的在于揭示粘接现象的本质，探索粘接过程的规律，以指导选用合适的胶粘剂，采用合理的粘接工艺，获得牢固的粘接强度。

5.2.1　被粘物的表面层结构和性质

粘接工艺涉及的被粘物都是固体，而且粘接作用仅仅发生在表面及其薄层，所以粘接实际上是一种界面现象，因此了解固体的表面特征尤为重要。

对于任何一个物体，其表面层的性质与它的内部情况往往是有所不同的。经过长时间暴露后，其差别更为显著。除非在绝对真空条件下，固体表面都会吸附空气中的各种气体、油污、尘埃等污物；同时，还易与空气中的氧作用，生成氧化膜。因此，固体表面层通常是由气体吸附层、油污和尘埃污染层、氧化层、氧化物-基体过渡层构成。

物体表面宏观上是光滑的，而在微观上却非常粗糙、凹凸不平，具有不平滑性。这样两种固体表面的接触，只能是最高点的接触，其接触面积是非常小的。

此外，固体表面又具有多孔性、缺陷性及吸附性等。对这样的表面进行粘接时，常因表面层被破坏而导致粘接强度的降低，因而称这种表面层为“薄弱表面层”，在粘接前必须进行表面处理，去除表面层。

表面处理的方法一般有两类：一类是净化表面，即除去被粘物和表面层中不利于粘接的杂质，在制鞋工业中现在多采用机械的方法；另一类是改变被粘物表面的物理、化学性质，使其表面活化，以获得良好的粘接性能，对于惰性材料常采用这种表面处理方法。

5.2.2 胶粘剂对被粘物表面的浸润

为了使胶粘剂与被粘物表面牢固地结合，胶粘剂与被粘物表面必须紧密地结合在一起。任何固体表面放大起来看都是高低不平的，要使胶粘剂适合这种“地貌”，在粘接过程中必须使胶粘剂变成液体，并且完全浸润固体表面。

要获得强度最大的粘接，首先必须使胶粘剂与被粘物能良好地浸润。如果浸润不完全，就会有许多气泡出现在界面中，在应力的作用下，气泡周围就会产生应力集中现象，使粘接强度大大下降。除此之外，要获得很好的粘接强度，还要满足粘接的充分条件，就是胶粘剂与被粘物发生某种相互作用而形成足够的粘接力。总之，粘接作用的形成，一是需要浸润，二是需要粘接力，两者缺一不可。

要使胶粘剂很好地浸润固体表面，需要高能表面的固体和低能表面的胶粘剂。

金属和无机物表面张力在 10^{-3}N/cm 以上，称为高能表面。一般有机液体都能在高能表面上展开，浸润好，所以胶粘剂大多用有机物作为溶剂。像塑料那样的有机物表面张力比较低，称为低能表面。胶粘剂对低能表面的浸润就不太容易，所以塑料属于难粘材料，在实际应用中要采取一些措施，如表面活化、降低胶液黏度、给胶层以压力等，以使胶粘剂充分浸润被粘物。

液体对固体表面浸润情况的一种表示方法是临界表面张力（γ_c），即当液体的表面张力小于固体的临界表面张力时就能浸润。所谓临界表面张力就是液体能浸润固体表面的最小表面张力。常用胶粘剂的表面张力见表 5-3，常用聚合物的临界表面张力见表 5-4。

对比表 5-3 与表 5-4 可以看出，用环氧树脂难以粘接临界表面张力比它小的聚乙烯、聚四氟乙烯等高聚物。

表 5-3　　常用胶粘剂的表面张力 γ_c（20℃）

胶粘剂	γ_c/($\times10^{-5}$N/cm)	胶粘剂	γ_c/($\times10^{-5}$N/cm)
水	72.8	动物胶	43.0
酚醛树脂(酸固化)	78.0	聚醋酸乙烯酯乳液	38.0
间苯二酚-甲醛树脂	71.0	天然胶-松香胶	36.0
脲醛树脂	48.0	环氧树脂(通用环氧)	47.0(25℃)
酪朊胶粘剂	47.0	硝化纤维素胶	26.0

注：首先列出水，是因为水在实际使用中通常被用来比较被粘物表面浸润的程度。

表 5-4　　常用聚合物的临界表面张力 γ_c（20℃）

聚合物	γ_c/($\times10^{-5}$N/cm)	聚合物	γ_c/($\times10^{-5}$N/cm)
脲醛树脂	61.0	聚醋酸乙烯酯	37.0
聚丙烯腈	44.0	聚乙烯醇	37.0
聚氧化乙烯	43.0	聚苯乙烯	32.8
尼龙-66	42.5	尼龙-1010	32.0
尼龙-6	42.0	聚丁二烯(顺式)	32.0

续表

聚合物	γ_c/($\times10^{-5}$N/cm)	聚合物	γ_c/($\times10^{-5}$N/cm)
聚砜	41.0	聚乙烯	31.0
聚甲基丙烯酸甲酯	40.0	聚氨酯	29.0
聚偏二氯乙烯	39.0	丁基橡胶	27.0
聚氯乙烯	39.0	聚二甲基硅氧烷	24.0
聚乙烯醇缩甲醛	38.0	硅橡胶	22.0
氯磺化聚乙烯	37.0	聚四氟乙烯	18.5

实际上，某些低能表面材料的粘接，也是基于胶粘剂对被粘物表面充分浸润的原理来进行特殊处理的。降低胶液黏度，提高胶液流动性，给胶层以压力，都能提高胶粘剂的浸润能力。如在胶粘皮鞋生产中，对鞋帮、鞋底起毛，采用气压机对成鞋进行加压，都能使胶粘剂的浸润能力增强，从而提高粘接强度。

在实际操作中，为得到最佳的粘接条件，必须满足下列要求：

① 液态胶粘剂与被粘物表面的接触角要尽可能的小，以得到最充分的浸润。

② 粘物表面应尽量清除“薄弱表面层”，使其净化，以防止胶粘剂与被粘物表面之间产生气泡或空隙等。

③ 对粗糙或具有孔隙的表面，应选择黏度低、流动性好的胶粘剂，以利于胶粘剂的浸入。

5.2.3 胶接界面的粘接理论

在粘接过程中，胶粘剂分子经过润湿、移动、扩散和渗透等，逐渐向被粘物表面靠近。当胶粘剂分子与被粘物表面分子间的距离小于 0.5nm 时，胶粘剂就能与被粘物产生物理、化学结合，即产生粘接力。

粘接力是胶粘剂与被粘物表面之间通过界面相互吸引产生连接作用的力。粘接力的来源是多方面的，它包括机械作用力、分子间力和化学键力。

5.2.3.1 机械结合理论

由于固体表面是粗糙的，当胶粘剂充满粗糙表面并转化成固体后，在界面区必然会发生胶粘剂与被粘表面峰谷的相互啮合力。胶粘剂和被粘物之间的这种粘接力称为机械作用力。这种观点称为机械结合理论。

这种力虽然很小，却是不可忽视的。特别在粘接多孔材料如皮革、布、织物及纸张时，机械作用力是很重要的。

该理论的不足之处是不能解释非多孔性材料，也无法解释由于材料表面性能的变化对胶接作用的影响。

5.2.3.2 吸附理论

此理论认为，粘接作用是胶粘剂与被粘物分子在界面层上相互吸附而产生的。胶粘剂分子与被粘物表面分子相互作用的过程有两个阶段：第一阶段是胶粘剂中的高分子溶液由于分子的“微布朗”运动迁移到被粘物表面，使高分子极性基团向被粘物中的极性基团靠近，在没有溶剂的情况下，可以通过加热使胶粘剂的黏度降低，这样，高分子极性基团也能很好地靠近被粘物表面；第二阶段是吸附力的产生，近代物理学告诉我们，原子、分子之间都有相互作用力，这些作用力可以分为强的作用力（即主价力或化学键）和弱的作用力（即次价力或范德华力）。当胶粘剂与被粘物分子间的距离小于0.5nm时，这些分子间力便产生作用，使胶粘剂与被粘物牢固地结合起来。

大量的实验证明，凡是高分子链节上带有极性基团的高分子化合物，一般都具有良好的粘接性能，所以在制备胶粘剂时就要选用极性较大的高分子化合物作为胶粘剂的组分。例如，在天然橡胶中加入10%的甲基丙烯酸甲酯，就可以使均匀剥离强度增加，达到4MPa；若在橡胶中引入氰基，如加入丙烯腈 $CH_2{=}CH{-}CN$ 或甲基丙烯腈，这种改性后的橡胶也具有很高的粘接性能。

吸附理论在解释极性相近的胶粘剂与被粘物之间具有高的粘接强度以及增加胶粘剂与被粘物的极性能提高粘接强度时，是比较成功的。例如聚乙烯醚不是较好的胶粘剂，而聚乙烯醇缩醛树脂、环氧树脂、酚醛树脂却是很好的胶粘剂。但是该理论的也存在不足之处：①不能圆满地解释胶粘剂与被胶接物之间的粘接力大于胶粘剂本身的作用力；②在测定粘接强度时，为克服分子间的力所作的功，应当与分子间的分离速度无关，事实上粘接力的大小与剥离速度有关；③不能解释某些非极性聚合物（如聚异丁烯、天然橡胶）之间有很强的粘接力等现象。

5.2.3.3 扩散理论

这种理论认为，在两种聚合物具有相容性的前提下，当它们相互紧密接触时，由于分子的布朗运动或链段的摆动产生相互扩散现象，加上胶粘剂与被粘物必须相互可溶、相互渗透或胶粘剂以溶液的形式涂布、扩散和交织使界面消失，从而使胶粘剂与被粘物之间形成牢固的粘接接头。

由于扩散理论认为在胶粘剂与被粘物之间存在着分子扩散层，所以扩散理论很容易解释粘接力随高聚物黏合后剥离速度的快慢而变异的现象，也可以解释塑料粘接的一些现象。但是扩散理论有很大的局限性，它是以高分子链具有柔顺性为条件，只能适用于与胶粘剂相容的链状高分子材料的粘接，对于用胶粘剂粘接金属、玻璃、陶瓷等材料，还不能完全用扩散理论进行解释。

5.2.3.4 化学键结合

化学键包括离子键、共价键及金属键。它们的键能为：离子键583～1045J/mol，共价键62.7～70.6J/mol，金属键123～1000J/mol。

由于化学键的作用力比范德华力高得多，因此胶粘剂与被粘物之间如果能够形成化学键结合，无疑有很多好处。

高聚物与金属之间形成化学键的一个典型例子是硫化橡胶与镀黄铜的金属之间的粘接。用电子衍射法可以证明，黄铜表面上形成了一层硫化亚铜，它通过硫原子与橡胶分子结合在一起。

化学键起作用的另一个例子是金属与橡胶、合成纤维与橡胶之间通过氰酸酯进行粘接。

一些难粘材料，如聚乙烯、聚丙烯、聚四氟乙烯、聚有机硅氧烷等，表面经过氧化处理或者辉光放电处理之后，能使粘接强度大大提高，很可能与这些材料获得反应活性有关。

化学键结合对于粘接工艺的重要意义最容易从硅烷偶联剂的广泛应用得到说明。偶联剂分子必须具有能与被粘物表面发生化学反应的基团，而分子的另一端能与胶粘剂发生化学反应。

化学键结合理论的不足之处是无法解释大多数不发生化学反应的粘接现象。

5.2.3.5　静电理论

此理论认为，当胶粘剂-被粘物体是一种电子的接受体-供给体的组合形式时，由于电子从供给体相（如金属）转移到接受体相（聚合物），在界面区两侧形成双电层。双电层电荷的性质相反，从而产生静电引力。这就是静电吸引理论对聚合物和金属粘接的解释。这样对不产生双电层的非极性物质就似乎不能粘接，或具有很小的粘接力，但事实上很多非极性物质可以进行牢固的粘接，因此静电理论不能完全解释粘接原理。

任何物体的粘接都不是一种作用力所导致的结果，不是由一个理论所能解释得了的，一般都存在多种作用力，需要用多种粘接理论去解释。

5.3　粘接接头及其破坏

5.3.1　粘接接头

粘接接头是一个多相体系，由三个均匀相（胶粘剂基体和两个被粘物基体）和两个界面区构成（图 5-1）。

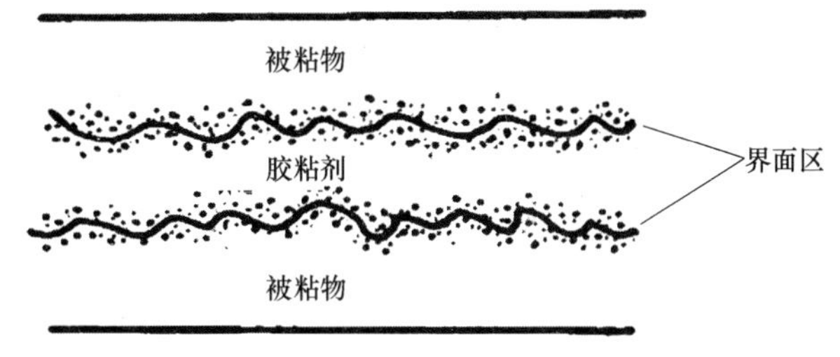

图 5-1　粘接接头结构

5.3.2　粘接接头的破坏

当粘接接头受到外力作用时，应力就分布在组成这个接头的每一部分中，而组成接头的任何一部分的破坏都将导致整个接头的破坏。

根据接头破坏的位置，胶接破坏可以划分为四种类型（图 5-2）：

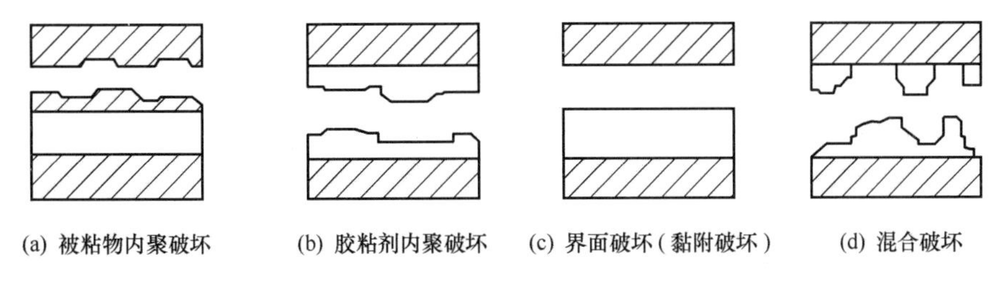

图 5-2　粘接接头的破坏形式

① 被粘物内聚破坏（在被粘物内部发生目视可见的破坏现象）：被粘物是粘接接头的最薄弱环节，粘接强度取决于被粘物的内聚力。

② 胶粘剂内聚破坏（在胶粘剂内部发生目视可见的破坏现象）：胶层是粘接接头的最薄弱环节，粘接强度取决于胶粘剂的内聚力。发生这种破坏时，被粘物两个表面都粘有胶粘剂，破坏面凹凸不平。

③ 粘接破坏或界面破坏（在胶粘剂和被粘物界面上发生目视可见的破坏现象）：界面是粘接接头的最薄弱环节，粘接强度取决于界面强度。这种破坏在粘接面上只有一个被粘物表面有胶粘剂，破坏面光滑平整，通常叫开胶。被粘物表面处理得不好，常会引起这种破坏。

④ 混合破坏：兼有内聚破坏和粘接破坏。通常不存在真正的粘接破坏，目视可见的粘接破坏在显微镜下都会在被粘物上观察到胶粘剂的残留，这是粘接破坏的一个重要现象，也是粘接的一个重要特点。这种破坏面一部分光滑，一部分粗糙。

5.4 影响粘接强度的因素

影响粘接强度的因素有很多，下面介绍几个主要因素。

5.4.1 胶粘剂性质对粘接强度的影响

胶粘剂性质对粘接强度的影响很大，胶粘剂的相对分子质量、分子结构、极性及胶粘剂中所加的各种助剂均对粘接强度有影响。

相对分子质量是聚合物很重要的参数，它对聚合物一系列性能起决定性的作用。以直链状无支化结构的聚合物为例，有两种不同的情况。其一是在粘接体系均为内聚破坏的情况下，粘接强度随着相对分子质量的增大而升高，并高到一定范围后渐趋向一个定值。其二是粘接体系有多种形式破坏时，往往存在下述规律：相对分子质量较低时，一般发生内聚破坏，此时粘接强度随着相对分子质量增加而上升，并趋向一个定值；当相对分子质量增大到使胶层的内聚力等于界面的粘接力时，开始发生混合破坏；相对分子质量继续增大，由于胶粘剂的湿润性能下降，粘接体系发生界面破坏，而使粘接强度严重降低。所以一般可选择中等相对分子质量的高聚物作为胶粘剂黏料，它既有很好的扩散能力，又具有良好的粘接力。

黏料的分子结构与粘接性能也有着密切的关系。分子中含有的极性基团越多粘接力越强，粘接强度越高。含有极性基因的胶粘剂对于极性高分子化合物具有较强的粘接力，而对非极性高分子化合物则粘接性能较差，这是由于结构相似，混溶性较好，有利于胶粘剂的扩散。

胶粘剂的其他组分如填料、固化剂、溶剂（稀释剂）等对粘接强度也有一定的影响。加入适当的稀释剂可降低黏稠度，增加流动性，有利于浸润；但若加入过多，会影响胶粘剂的耐温性和内聚强度，还会造成浪费，使操作工艺复杂化。因此，要根据被粘物性质以及工艺要求选择适宜的胶粘剂配方。例如氯丁胶胶粘剂有高结晶型、中结晶型、低结晶型之分，胶粘鞋流水线只适于使用低结晶氯丁胶，若采用高结晶的氯丁胶粘接时，由于氯丁胶已经固化，所以不能粘接。可见，选择最适宜的胶粘剂是获得最大粘接强度的先决条件。

5.4.2 被粘物表面性质对粘接强度的影响

被粘物的表面状况对胶粘剂的选择及粘接过程有很大影响，它直接影响粘接力的产生，对粘接强度的影响也较大。

被粘物表面常常吸附有水分、尘埃、油污等，这些附着物会降低胶粘剂的浸润性，阻碍胶粘剂直接接触被粘物的基本表面。因此，从表面张力角度来说，只有被粘物表面清洁性好，才能保证具有相当高的表面能，使胶粘剂对被粘物表面有良好的亲和力。

被粘物表面粗糙度对粘接强度也有影响，一般被粘物的粗糙表面比光滑表面更容易被浸润，因此，常通过打磨等处理方法，使被粘物表面具有一定的粗糙度。但是，表面过于粗糙，又会影响胶粘剂对被粘物表面的浸润性，而且易于吸附空气，使表面峰尖容易切断胶层，造成粘接界面的不连续性，构成应力集中点，使粘接界面提前破坏，反而降低了粘接强度，因此打毛等表面处理要适中。

被粘物表面除需要清洁和适当的粗糙度外，表面的化学性质对粘接效果也有很大影响。表面化学性质是指被粘物表面张力大小、极性强弱等，它可以影响胶粘剂的浸润性和化学键的形成。随着化学工业的发展，许多新的合成材料进入制鞋工业，用以代替天然材料。有些材料如聚乙烯、聚丙烯等，分子间排列规整、致密、表面惰性大，一般较难粘接，如果采用一般的处理方法，则粘接强度会大大下降，只有经过表面活化处理，提高表面极性，才能得到理想的粘接效果。

由此可见，要得到良好的粘接强度，必须重视被粘材料的表面处理。

5.4.3　胶层厚度对粘接强度的影响

一般粘接强度随着胶层厚度的增加而降低。这是因为胶层薄有利于胶粘剂分子的定向作用，不易产生裂纹和缺陷，同时胶粘界面上的粘接力起主要作用，而粘接力往往大于内聚力，还可以节约用胶量，降低成本；反之，胶层越厚界面上产生的缺陷越多，使粘接强度下降。因此胶层以薄一些为好，但也不是越薄越好。胶层太薄，容易造成缺胶现象，不能形成连续的胶层，反而使粘接强度下降。通常对胶层厚度应加以控制，无机胶的胶层厚度控制在 0.1～0.2mm，有机胶的胶层厚度最好控制在 0.03～0.15mm。

5.4.4　黏合温度与压力对粘接强度的影响

被粘物用胶粘剂粘接形成接头时，如升高温度分子热运动加强，有利于提高粘接力。增大压力是为了获得最大接触面积，对于液态胶粘剂只需有接触压力就行了；对固态胶粘剂增大压力则有利于胶粘剂均匀铺展在粘接面上，使粘接力提高。

5.4.5　胶粘剂的配方

为了使胶粘剂具备综合的力学性能，人们研究出各种成分复杂的配方。在前面已经分别叙述过各种因素的影响，为了清楚起见，现在把这些因素粗略地加以归纳并列入表 5-5 中。

表 5-5　　胶粘剂配方中各种因素的影响

影响因素	第一方面的影响	第二方面的影响
聚合物相对分子质量提高	(1)力学强度提高 (2)低温韧性提高	(1)黏度提高 (2)浸润速度减慢
高分子的极性增加	(1)内聚力提高 (2)对极性表面粘接力提高 (3)耐热性增加	(1)耐水性下降 (2)黏度增加
交联密度提高	(1)耐热性提高 (2)耐介质性提高 (3)蠕变减少	(1)模量提高 (2)延伸率降低 (3)低温脆性增加

续表

影响因素	第一方面的影响	第二方面的影响
增塑剂用量增加	(1)抗冲击强度提高 (2)黏度下降	(1)内聚强度下降 (2)蠕变增加 (3)耐热性急剧下降
增韧剂用量增加	(1)韧性提高 (2)抗剥离强度提高	内聚强度及耐热性缓慢下降
填料用量增加	(1)热膨胀系数下降 (2)固化收缩率下降 (3)使胶粘剂有触变性 (4)成本下降	(1)硬度增加 (2)黏度增加 (3)用量过多使胶粘剂变脆
加入偶联剂	(1)黏着性提高 (2)耐湿热老化提高	有时耐热性下降

5.5 鞋用胶粘剂

5.5.1 鞋材粘接物的表面处理

5.5.1.1 鞋材的种类和性质

一双鞋需要粘接的部位和部件很多，但根据实际情况真正需要对粘接材料或粘接面进行表面处理的仅仅是鞋帮脚和外底两处，其他如衬里和面料的粘接以及主跟、包头、鞋跟、勾心、鞋垫等的粘接，皆因强度要求不高而无需进行表面处理。

目前帮面材料应用最多的是天然皮革、合成革、人造革和织物等，鞋底料主要是橡胶、塑料、热塑性弹性体、聚氨酯等。

天然皮革属于易粘材质，因为它具有微孔结构，有利于胶粘剂的渗透；再加上它的胶原纤维构造，极性较强，因此与胶粘剂的亲和力较大。

合成革和人造革根据其表层材质，大致可分为两类，一是 PVC 类，一是 PU 类。从粘接的角度看，两者都属于高表面能材料，有利于粘接，但由于 PVC 革中含有大量的油脂类增塑剂，因此增加了粘接难度，一般需要进行表面处理。

普通织物由于其多孔构造，对粘接十分有利，再加上大部分纤维（包括天然和合成纤维）均为极性材质，因而一般无需进行处理即可粘接。

鞋底材料中天然橡胶应用较多，除了它的物理力学性能较全面以外，它的加工性能和粘接性能也比较好。尽管从分子结构上看橡胶也属于低表面能材料，但由于在橡胶烃团粒中存在一部分蛋白质类极性物质，再加上大量的配合剂，因而使它的粘接性能得到改善。合成丁苯胶和顺丁胶尽管也可以加入各种配合剂，但由于结构上的纯净，粘接性能要比天然胶差一些。前述几种常用橡胶用作鞋底材料时由于它们本身结构的致密性和低表面能，一般均需进行表面处理。

用聚氯乙烯作外底时，也和聚氯乙烯人造革一样，由于大量增塑剂的存在，使其和胶粘剂之间的粘接力大为降低，甚至有使黏膜溶解之嫌，因此必须选用合适的胶粘剂和进行必要的处理。

热塑性橡胶（TPR）是一种低表面能材料，用它作外底时，无论选用何种胶粘剂，均需进行表面处理。

乙烯-醋酸乙烯酯共聚物（EVA）也是一种低表面能材料，目前直接用其作外底的还不太多，一般是经发泡后用作中插底或某些轻便鞋的外底，这种材质通常也需进行表面处理才能达到良好的粘接。

5.5.1.2　鞋材的表面处理方法

目前主要有两种方法，即机械起毛和化学处理，两种方式几乎都是结合使用。

（1）机械起毛

所谓机械起毛就是用砂轮、钢丝轮或木工锉刀等对皮革、橡胶等鞋帮和鞋底材料进行摩擦的过程。其作用有四：一是除去鞋帮和鞋底加工制作过程中表面所沾染的油污（如橡胶底、聚氨酯底的脱模剂等）；二是将被粘材料易脱落或有碍粘接的表层磨去，如皮革的表皮层和表面涂层；三是有效地增加粘接的表面；四是通过机械摩擦，部分切断鞋面和鞋底等高分子材料的链节，从而增加粘接面的活性。

机械起毛是最简单，也是最通用、最有效的前处理方法。原则上可以适用于所有的鞋帮和鞋底材料，但具体运用时需要注意，砂轮等高速起毛器具只适用于如皮革、聚氨酯底、EVA底、硫化橡胶底等。而对于聚氯乙烯、热塑性橡胶等材质则不宜机械处理。即使要处理，也只适宜于用低速器具如手工锉刀等进行，因为高速摩擦热足以使其表层熔融。

砂轮的转速和砂粒大小对起毛效果有很大影响。一般而言，速度宜慢不宜快，以1500～2000r/min较合适，最高也不宜高于3000r/min。最好是根据材料种类适当调整。如牛、羊皮面革，可用转速稍高、砂粒较细的砂轮处理，而对于硫化橡胶等密质材料底则应以低速且砂粒较粗的磨轮进行。猪皮革往往因结构紧密，高速细砂难以拉出纤维，也以低速粒砂为好。

为了有效地利用高分子材料经机械起毛后表面被切断的分子链活性，在吸净粉尘后应及时涂处理剂或胶粘剂，以期达到最佳的粘接效果。

（2）化学处理

化学处理是保证牢固粘接的又一重要手段。机械起毛虽然能对大多数材质的粘接有效，但对某些鞋帮和鞋底料仅仅用机械起毛是达不到预期效果的，而必须通过化学处理才能牢固粘接。

化学处理可分为三种情况：一是通过有机溶剂清除表面油污，例如在聚氯乙烯革与聚氯乙烯底的粘接时，使用某些有机溶剂进行处理即可达到此目的；二是对于某些非极性材料，如热塑性橡胶、天然橡胶等，则需要用某些化学活性材料与其反应，从而达到改变表面结构状况，有利于粘接的目的；三是在被粘材料的表面与胶粘剂之间形成一个中间过渡层（又称媒介层），这个过渡层既和被粘物表面具有良好的相容性，又和胶粘剂有较大的亲和力。

5.5.1.3　处理剂的种类

（1）溶剂型处理剂

溶剂型处理剂不含任何固体或液体溶解物，而是由一种或数种有机溶剂组成。对于鞋帮和鞋底生产过程中油脂的污染，以及脱模剂、增塑剂在表面的滞留物、析出物等，都能起到很好的溶解作用。例如聚氯乙烯革的帮脚、聚氯乙烯鞋底、聚氨酯革、聚氨酯底，以及其他橡胶底等，均可用溶剂进行处理。由于处理物的对象不一，因而所用溶剂也不相同。

（2）媒介型处理剂

这类处理剂一般是含有和被粘物结构相似但极性中等或稍具极性的材料，如氯化橡胶。氯化橡胶系将天然橡胶部分氯化，当其有机溶液涂覆于橡胶底的表面时，即在橡胶底表面上形成一膜层。这个膜层由于和橡胶具有相同的结构，因而结合紧密，但在分子中的某些双键上又有少量活性较强的氯基存在，这就加强了它与胶粘剂之间的亲和力从而有利于粘接。

（3）化学反应型处理剂

它是处理剂中最重要的一种，特别对于某些非极性或弱极性材料的粘接，经常使用这类处理剂对被粘物进行表面处理。典型的例子是 TPR 的表面处理剂。

5.5.2 制鞋生产中常用的胶粘剂

5.5.2.1 氯丁橡胶胶粘剂

氯丁橡胶胶粘剂是橡胶型胶粘剂中最重要的品种之一，产量最大，用途最广。它适合于皮革、橡胶、织物、塑料、木材等非金属材料的粘接。目前我国胶粘皮鞋中用量最大的也是氯丁橡胶胶粘剂，广泛用于绷楦和帮底粘接工艺上。

（1）氯丁橡胶粘剂的组成

① 黏料：氯丁橡胶粘剂的黏料为氯丁橡胶，是由氯丁二烯经乳液聚合而得的聚合物。其中 1,4-反式结构占 80%以上，结构比较规整，分子链上又有极性较大的氯原子存在，结晶性大，在－35～32℃都能结晶（以 0℃为最快）。这些特性使氯丁橡胶在室温下即使不硫化也具有较高的内聚强度和较好的粘接性能，非常适合作为胶粘剂使用。

② 金属氧化物：氯丁橡胶胶粘剂配入的金属氧化物主要有氧化锌和氧化镁。氧化锌主要起硫化剂的作用，在室温或加热时，与氯丁橡胶中的氯原子作用生成二氯化锌，同时发生交联反应，使氯丁橡胶产生硫化，由线型结构转变成网型结构，硫化后的橡胶不易燃烧，对臭氧及许多化学试剂的作用均很稳定。氧化镁能吸收因氯丁橡胶老化缓慢释放出来的氯化氢，是有效的稳定剂，也有硫化作用。总之，金属氧化物同时可以作为硫化剂、酸吸收剂和防焦剂。氧化锌应选用橡胶专用氧化锌，氧化镁用轻质氧化镁。

③ 树脂：纯橡胶型及填料型氯丁橡胶胶粘剂耐热性低，对金属、玻璃、软质橡胶、尼龙和聚酯纤维等材料的粘接性能差，使它们的应用受到很大的限制。在基本型胶粘剂中加入某些树脂，可以提高耐热性，改善对金属等材料的粘接性能和其他性能。可用作改性的树脂有低熔点的热塑性树脂、萜烯酚醛树脂以及热固性的烷基酚醛树脂等。古马隆树脂和松香类树脂能延长胶粘剂的黏性保持期，萜烯酚醛树脂能防止胶粘剂产生触变性，但这些树脂皆不能很有效地改善胶膜的高温性能，对常温粘接性能也无显著的影响。惟有某些热固性烷基酚醛树脂（如对叔丁基酚醛树脂）能与氧化镁形成高熔点的改性物，因而大大提高氯丁橡胶胶粘剂的耐热性。由于这种树脂分子的极性较大，加入后还能明显增加对金属等被粘材料的粘接能力。因此，对叔丁基酚醛树脂改性的氯丁橡胶胶粘剂已发展成为氯丁橡胶胶粘剂中性能最好、应用最广、最重要的品种。

④ 防老剂：为了防止氯丁橡胶的分解，增强抗老化能力，提高胶膜的耐热氧老化性，改善胶液贮存稳定性，必须加入防老剂。氯丁橡胶常用的防老剂有防老剂 D，其熔点为 105℃，

防老效果好，价格又便宜，配方中用量一般为2份。此外，防老剂也可以选用苯酚类。

⑤ 溶剂：溶剂的加入主要是为了降低胶液的黏度，便于操作和喷涂，提高胶液的浸润性和流动性。氯丁橡胶仅能溶于苯、甲苯、二甲苯、四氯化碳、丁酮中，在汽油、醋酸乙酯等溶剂中有一定的溶胀。一般采用混合溶剂提高溶解度。常用的氯丁橡胶溶剂为甲苯：醋酸乙酯：汽油＝3：2.5：4.5（体积比）的混合溶液，配制成固含量为20％～30％的氯丁橡胶液。

⑥ 填充剂：加入填充剂的目的是为了提高粘接强度和降低成本。常用的填充剂有炭黑、陶土、碳酸钙、白炭黑等。

⑦ 交联剂：交联剂也称室温硫化剂，可提高氯丁橡胶胶粘剂的粘接强度和耐热性。最常用的是列克那JQ-1胶（20％三苯基甲烷三异氰酸酯的二氯乙烷溶液），其外观为蓝色或红紫色，用量为总固体物的5％～15％。对于浅色粘接物可用JQ-4或7900（固体四异氰酸酯），用量为3％。7900的突出特点是固体粉末，无毒无味，色浅耐光，使用方便，粘接牢固。这些交联剂反应活性高，加入氯丁橡胶胶粘剂中2～3h后即可产生交联形成凝胶，因此要在临用前调配，混合后立即使用。

（2）氯丁橡胶胶粘剂的特点

① 初始粘接力大。大部分氯丁橡胶胶粘剂属于室温固化接触型，涂胶于表面，经适当晾置，合拢接触后就能瞬时结晶，有很大的初始粘接力。

② 耐久性好，具有优良的防燃性、耐光性、抗臭氧性和耐大气老化性。

③ 胶层柔韧，弹性良好，耐冲击和震动。

④ 耐介质性好，有较好的耐油、耐水、耐碱、耐酸、耐溶剂性能。

⑤ 可以配成单组分胶，使用方便，价格低廉。

⑥ 对多种材料都有较好的粘接性，所以有“万能胶”的美称。

⑦ 贮存稳定性较差，耐寒性不佳。溶剂型氯丁胶稍有毒性。

（3）氯丁橡胶胶粘剂的种类

① 基本型：基本型氯丁橡胶胶粘剂配方（质量份）如下：

氯丁橡胶	100	氧化镁	4～8
氧化锌	5～10	防老剂	2
溶剂	适量		

基本型对皮革、棉帆布、木材、硬质橡胶及硬聚氯乙烯等材料也有较好的常温粘接强度。

② 填料型：为了降低成本，并进一步提高粘接性能，可在基本型的胶粘剂中加入大量的无机填料，如沉淀白炭黑和水合硅酸钙，这些填料对氯丁橡胶胶粘剂也有很大的补强作用。四川槽黑对提高高温粘接强度特别有效。

填料型氯丁橡胶胶粘剂成本低，一般适用于那些性能要求不太高，但用量比较大的产品的粘接，比如地毯的粘接等。

国产填料型氯丁橡胶胶粘剂配方（质量份，按混炼顺序）：

氯丁橡胶（通用型）	100	氧化镁	8
碳酸钙	100	防老剂丁	2
氧化锌	10	汽油	136
乙酸乙酯	272		

③ 树脂改性型：皮鞋用树脂改性型氯丁橡胶胶粘剂配方（质量份）：

通用型氯丁橡胶	100	氧化镁	4
防老剂D	2	白炭黑	15
氧化锌	2	叔丁基酚醛树脂	50
水	0.5	甲苯	320
正己烷	134	氯甲烷	27
胶液黏度	2.8Pa·s		

④ 室温硫化型双组分氯丁橡胶胶粘剂：加入室温硫化剂列克那，即可制得室温硫化型的双组分氯丁橡胶胶粘剂，配方如下（质量份）：

通用型氯丁橡胶	100	氧化镁	4
防老剂丁	2	氧化锌	2

氯丁橡胶混炼后溶于乙酸乙酯：汽油＝2：1的混合溶剂中，制成20%浓度的胶液，使用前加入胶液质量10%的列克那溶液，搅拌均匀即可使用。使用期小于3h。

⑤ 胶乳型：胶乳型橡胶胶粘剂（简称胶乳胶粘剂）是由乳液聚合所得的橡胶胶乳直接加入各种配合剂制成的。它与溶液型橡胶胶粘剂相比，虽然有水分挥发慢、粘接强度较低等缺点，但鉴于它无毒、不燃、操作安全，在工业上同样得到广泛的应用。

氯丁胶乳是最早开发的合成胶乳，具有和天然胶乳相似的性能，成膜性能良好、弹性、物理力学性能与天然胶乳接近，并有耐候性、耐氧、耐油、耐燃、耐热、耐溶剂和化学品等特性，它的制品具有其他胶乳品所没有的许多特点，并具有优良的粘接性能。

氯丁胶乳胶粘剂是由氯丁胶乳直接加入稳定剂、防老剂、硫化剂、增黏剂、填料、增稠剂等配合剂调配而成的。稳定剂可采用阴离子型或非离子型表面活性剂。能与氯丁胶乳相溶的增黏剂有丙烯酸树脂、古马隆树脂、沥青、聚乙烯醇、淀粉等。增稠剂常用甲基纤维素。填料可用滑石粉、碳酸钙、胶体二氧化硅等。硫化剂除氧化锌外，也可配用硫黄和促进剂，以提高胶膜的物理力学性能。

例如，鞋底用氯丁胶乳配方（质量份）：

氯丁胶乳	100	稳定剂	5～6
氧化锌	5	防老剂丁	2
填料	120	皂土	6
增黏剂	适量	增稠剂	适量

⑥ 接枝型：新的鞋底材料如聚氯乙烯、聚氨酯、SBS、EVA等的出现，氯丁橡胶胶粘剂已不能适应这些材料的冷粘要求，所以应对氯丁橡胶（CR）进行接枝改性。用甲基丙烯酸甲酯（MMA）进行聚合接枝，使接枝共聚物既有对聚氯乙烯的粘接性，又有对聚氯乙烯的弹性和初粘性，这种胶粘剂主要用于人造革、凉鞋、旅游鞋、橡塑仿皮底鞋等的粘接。

例如（质量份）：

氯丁橡胶	100	甲基丙烯酸甲酯	70～100
过氧化苯甲酰（BPO）	1～1.5	对苯二酚	1
甲苯	600～630	防老剂D	1～1.15
增黏树脂	70～120		

制备时将氯丁橡胶加入溶剂中，加热至完全溶解后再加入MMA和过氧化二苯甲酰，

继续加热到 90℃，并不断搅拌，当黏度达到适中时马上加阻聚剂，同时降温并保持数小时，再降至室温。在冷却过程中可适当添加增黏树脂、防老剂，为调节黏度，也可补充少量溶剂。接枝后的胶粘液为半透明棕黄色。

这种胶粘剂是生产聚氯乙烯、聚氨酯革面运动鞋、旅游鞋、橡塑凉鞋和皮鞋的理想胶粘剂，能解决聚氯乙烯人造革、聚氨酯合成革鞋面与聚氯乙烯底、聚氨酯底、TPR 底、SBS 底、EVA 泡沫底之间的粘接问题。而且 CR/MMA 接枝胶粘剂的初粘力增长很快，初期和后期的粘接力比普通用的氯丁橡胶胶浆大。因此，CR/MMA 接枝胶能很好地满足皮鞋各工艺的要求。

在使用 CR/MMA 接枝胶粘剂时可添加少量的列克那溶液，其用量为 5%～10%。对于浅色制品可用四异氰酸酯（7900），其用量为 5%～8%，从而显著提高粘接强度。

5.5.2.2　天然橡胶类胶粘剂

（1）汽油胶

天然橡胶的粘接性强，粘接速度较快，粘接时只需轻微加压，因此它在鞋用胶粘剂领域中占有重要地位，已被广泛应用。

汽油胶是把天然橡胶用汽油作为溶剂配制而成，它具有初期粘接强度高的特点，很适于制帮抿边工序临时固定粘接用，也可用于粘鞋里、鞋垫以及粘解放鞋的围条与鞋面。

汽油胶的制作比较容易，工厂可以自行配制，而且配方简单：天然橡胶 5 份，120# 汽油 95 份。

将大块固体天然橡胶送入切胶机，切成大小适宜的小块，再送入炼胶机塑炼。而后趁热放入装有溶剂的溶胶罐中，搅拌溶解成均匀一致的胶浆。

（2）天然橡胶乳胶粘剂

天然橡胶乳胶粘剂是模压皮鞋专用胶粘剂，它直接用胶乳制成。天然橡胶乳胶粘剂以水为溶剂，具有渗透好、粘接力强的特点，但它只限于粘接具有微孔表面的材料，吸收水分迅速凝聚固化。

使用天然橡胶乳胶粘剂，只需刷一薄层胶浆即可，比用汽油胶（两遍）可提高效率 1 倍，同时帮脚与外底的粘接强度大大提高，各种面革的皮鞋粘接强度可达 0.5MPa 以上，有时可高达 1MPa 以上。除此之外，它还可以与聚乙烯醇胶粘剂混合使用，这种混合胶浆用于绷楦，可耐 100℃ 以上的高温，粘接牢固，不仅适用于手工棚楦，也可用于机器绷楦。

天然橡胶乳胶粘剂以天然胶乳为主要原料，除配入一般天然橡胶用的各种配合剂之外，还配有胶乳专用配合剂，如渗透剂 JFC、稳定剂（KOH、平平加）、扩散剂（酪素 NF）以及增黏剂（202 橡胶浆）等。

（3）绷楦胶

绷楦胶配方比汽油胶复杂，除以天然橡胶作为主要原料外，还配有促进剂、防老剂、活性剂和增黏剂等。

① 聚乙烯醇缩甲醛-天然胶乳：天然胶乳和聚乙烯醇以 3∶1 的比例在室温下混合均匀则可制得无毒绷楦胶粘剂，它具有粘接力强、无毒、耐高温（大于 100℃）、只需刷一遍胶等特点，被广泛用于手工和机器绷楦。

② 改性天然橡胶胶粘剂：用各种方法将天然橡胶进行化学改性，可以增加分子极性，

改善天然橡胶的粘接性能。

此胶粘剂主要用于手工或机器绷楦。

(4) 硫化型汽油胶

① 黑胶浆：黑胶浆主要用于硫化皮鞋、模压皮鞋的生产。

在硫化皮鞋生产中，天然黑胶浆主要用在粘中底、粘帮脚、粘外围条及合底等工序中。在硫化罐中经115℃、60min（现多采用95℃、70min）完成硫化成型。

在模压皮鞋中主要用于脚帮与外底的粘接。将黑胶浆涂刷在鞋帮脚粘接面上，外底混炼胶料置于没有加热装置的模压机鞋模内，在加压、加热的条件下完成胶底硫化成型及帮底粘合。

在胶鞋生产中，黑胶浆用于布面胶鞋，围条与鞋面布的黏合及鞋面布间的黏合。

将天然橡胶塑炼、混炼（不加硫黄）后，用4倍120# 汽油溶解，使用前加入硫黄，黑胶浆配方见表5-6。

表5-6　黑胶浆的配方

原料名称	质量份	原料名称	质量份
天然橡胶	100	松焦油	1
硫黄	2.30	松香	1.7
促进剂D	0.7	炭黑	5
促进剂M	1	碳酸钙	27
促进剂DM	0.7	着色剂	适量
氧化锌	7	机油	1
硬脂酸	2	汽油	400

② 白胶浆：对于织物材料，为防止黑胶浆透过，使内底变黑，应先刷一遍白胶浆。配方见表5-7。

表5-7　白胶浆的配方

原料名称	质量份	原料名称	质量份
天然橡胶	100	氧化锌	2.6
硫黄	2.4	硬脂酸	1
促进剂D	0.4	碳酸钙	132
促进剂M	0.4	立德粉	10.4
促进剂DM	0.6	汽油	适量

③ 单组分硫化汽油胶：用于模压鞋帮底黏合的是单组分的慢速硫化汽油胶。其配方见表5-8。

表5-8　单组分硫化汽油胶配方

原料名称	质量份	原料名称	质量份
天然橡胶(64%)	100	松焦油	4.4
硫黄	2.4	松香	2
促进剂D	0.4	硬脂酸	2
促进剂M	0.8	碳酸钙	20
促进剂TMTD	0.6	高耐磨炭黑	15
防老剂	1.5	汽油	适量

④ 双组分快速硫化汽油胶：模压鞋的帮底粘合也可采用双组分快速硫化汽油胶。其配方见表 5-9。

表 5-9　　双组分快速硫化汽油胶配方

乙组分		甲组分	
原料名称	质量份	原料名称	质量份
烟片胶(78%)	10	烟片胶(78%)	100
促进剂 M	2.4	硫黄	6
促进剂 D	2	氧化锌	20
促进剂 TT	0.4	铁红	1.6
硬脂酸	1		
铁红	0.2		
防老剂 D	3		
固体古马隆	8		
陶土	10.6		
合计	127.6	合计	127.6

使用前将胶浆用适量汽油溶解，调配至合适的黏度，再将甲、乙两组分混合，胶浆需在 12h 内用完。夏季可酌减促进剂的用量。

5.5.2.3　聚氨酯胶粘剂

聚氨酯胶粘剂是 20 世纪 60 年代出现的一种胶粘剂。

聚氨酯胶粘剂种类多，广泛用于粘接皮革、泡沫塑料、棉布等多孔性材料，也可粘接尼龙、橡胶、塑料等表现较光洁的材料，对含有增塑剂的聚氯乙烯也具有很好的粘接性能。聚氨酯胶粘剂最适于软质聚氯乙烯与皮革的注塑粘接与胶粘粘接。

在多种聚氨酯胶粘剂中，用于制鞋工业的是异氰酸酯基聚氨酯预聚体胶粘剂及一步法制备的聚氨酯胶粘剂。这一类胶粘剂是聚氨酯胶粘剂中最重要的一部分，其特点是初始粘接强度大，弹性好，耐低温性能超过其他品种，是制鞋生产中重要的胶粘剂。

(1) 聚氨酯的结构与性能

① 聚氨酯的结构：聚氨酯结构包括软段结构和硬段结构。聚氨酯软段由低聚物多元醇（通常是聚醚或聚酯二醇）组成，硬段由多异氰酸酯或其与小分子扩链剂组成。软段与硬段互相交替，形成链状聚合物。

由于两种链段的热力学不相容性会产生微观相分离，在聚合物基体内部形成相区或微相区。聚氨酯中硬段基团会产生氢键，氢键对硬段相区的形成具有较大的贡献，聚氨酯的硬段区起增强作用，提供多官能度物理交联，软段基体被硬段相区交联（图 5-3）。

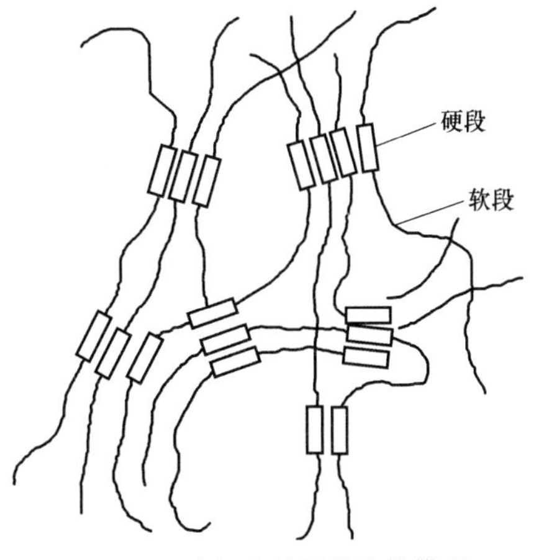

图 5-3　聚氨酯软硬段结构模型

聚氨酯的优良性能归因于微相区的形成以及硬段和软段之间形成的氢键。

影响聚氨酯结构与性质的主要因素为软硬段结构、异氰酸酯结构、聚氨酯相对分子质量和交联度等。

② 聚氨酯胶粘剂的性能：

a. 粘接力大，并具有很高的弹性。

b. 耐低温性能极好是其突出特点，低温时的粘接强度比室温时的粘接强度高出2～3倍。

c. 耐冲击、耐震动、耐疲劳性很好，且耐溶剂、耐臭氧、耐磨等。

d. 良好的气密性、耐候性，电绝缘性好。

e. 工艺性好，容易浸润，适用期长（密闭时可达1～5天）。

f. 室温或高温固化，可粘接多种材料。

g. 对水敏感，胶层易产生气泡，耐水、耐湿热性差。

h. 耐强酸或强碱性能比较差。

（2）制鞋常用聚氨酯胶粘剂

① 溶剂型聚氨酯鞋用胶粘剂：溶剂型聚氨酯胶粘剂由TPU粒料溶解于有机溶剂配制而成，或采用溶液聚合法直接得到。

目前我国鞋用聚氨酯胶粘剂中除含甲苯外，一般不含国家标准中其他苯类和卤代烃类的溶剂，固体质量分数为13%～16%，黏度为1200～2000mPa·s，甲苯含量控制在国家标准范围内，保质期为半年。其代表性的品种规格见表5-10。

表5-10　鞋用聚氨酯胶粘剂品种规格

代号	外观	固体质量分数/%	黏度/mPa·s	干燥条件/(60～65℃)/min	备注
700N1	透明黏液	13.5±0.5	1800±200	5～6	HDI型，溶液聚合，开放期短
700N2	半透明黏液	14.5±0.5	1500±200	5～6	同700N1
700N3	透明黏液	15.0±0.5	1500±200	5～6	同700N1
700N4	微雾状黏液	15.5±0.5	1700±200	5～6	同700N1
805	透明黏液	13.5±0.5	1500±200	5～6	同700N1
700W	半透明黏液	14.5±0.5	1500±200	5～6	由MDI型TPU粒溶解配制，开放期长
798N	透明黏液	16.5±0.5	500±100	5～6	HDI型，溶液聚合，用作底涂胶

注：佛山市南海区南兴树脂有限公司产品规格。

鞋用聚氨酯胶粘剂对各类鞋材的粘接性能完全达到国家标准要求，尤其是初期剥离强度（即初粘力）要高于标准的1～2倍，其粘接性能见表5-11。

表5-11　鞋和箱包用胶粘剂的粘接性能　　单位：N/mm

项　目	规　定　值	实　测　值
初期剥离强度	≥1.0	≥2.5
后期剥离强度	≥4.0	≥5.0

注：实测值为未加交联剂，被粘材料为软质聚氯乙烯透明片。规定值参照GB 19340—2003标准。

聚氨酯胶粘剂在使用前必须加入质量分数为3%～5%的多异氰酸酯交联剂，使大分子间形成网状结构，可大大提高耐热性。

溶剂型聚氨酯胶粘剂对目前所有的鞋材都可获得尚佳的粘接效果，解决了鞋帮与聚氨酯和聚氯乙烯鞋底“难粘”的难题，而且聚氨酯胶粘剂色泽浅，黏度较低，刷涂性能好，结晶速度快，初粘强度高，特别适合流水线生产。同时用胶量可大幅减少，用胶成本反而较低。现在我国生产的皮鞋和旅游鞋几乎都已采用聚氨酯胶粘剂粘接鞋帮与鞋底，所以鞋开胶的现象基本不存在。

② 水性聚氨酯鞋用胶粘剂：水性聚氨酯是聚氨酯粒子分散在连续相（水）中的二元胶体体系。因聚氨酯和水是不相容的，因此要先将亲水性的离子基团引入聚氨酯大分子链中才能使聚氨酯分散在水中形成乳液，并且乳液粒子的平均尺寸要小于 0.5μm 才能形成稳定的分散液。表 5-12 中列出的 Bayer 公司商品牌号为 Dispercoll 的 U-53 和 U-54 两种产品的主要性能参数，它们是由聚酯多元醇和脂肪族多异氰酸酯为主要原料合成的阴离子型水性聚氨酯胶粘剂。

表 5-12　DispercollU 系列产品的性能参数

产品牌号	固体质量分数/%	pH	黏度/mPa·s	最低成膜温度/℃	最低活化温度/℃	软化点/℃
DispercollU-53	40±1	6.0～9.0	50～600	5	45～55	60
DispercollU-54	50±1	6.0～9.0	50～400	5	45～55	60

上述水性聚氨酯胶粘剂在使用前必须加入增稠剂增稠至黏度 5000mPa·s 左右，以改善涂刷性能，并添加 3%～5%的水性脂肪族多异氰酸酯交联剂以提高耐热性能。

我国水性聚氨酯的研制始于 20 世纪 80 年代，主要用作涂饰剂，21 世纪初才开始鞋用水性聚氨酯胶粘剂的研制。水性聚氨酯胶粘剂的粘接强度可以达到溶剂型聚氨酯胶粘剂的水平，但其渗透性和涂刷性不如溶剂型，而且水的挥发不如有机溶剂快，如掌握不好，很容易出现质量问题，因此对刷胶的均匀性和干燥效果提出了更加严格的要求。同时水性聚氨酯胶粘剂的价格还比较高，尽管它的固含量高，同样质量的水性胶可以成型 2～3 倍数量的鞋（与溶剂胶对比），但目前使用仍不普遍，主要在出口高档旅游鞋和浅色皮鞋上使用。

（3）应用聚氨酯胶粘剂的注意事项

① 被粘物表面要进行干燥清洁处理，皮革表面要磨出纤维毛茬，被粘物表面应刷两遍聚氨酯胶粘剂，并用红外灯干燥（50℃）。

② 使用聚氨酯胶粘剂时，操作室要求通风，温度在 15℃以上。室内水汽太大或温度太低会使胶膜结皮，内部溶剂挥发不掉，降低粘接强度，因此在夏天雨后及寒冬尤其要注意。

③ 胶粘剂按应用要求密封存放，要严防水及水汽，严格防火，冬季还要注意防冻。

5.5.2.4　SBS 胶粘剂

SBS 是由苯乙烯（S）、丁二烯（B）在催化剂作用下通过阴离子共聚而成的三嵌段共聚物。其内部结构呈现微观相分离的态势，如图 5-4 所示。三嵌段结构中两端是硬 PS 区域，中间是软聚丁二烯（PB）区域。硬聚苯乙烯（PS）区域分散于软 PB 区域中，起着物理交联点和增强粒子的作用，赋予 SBS 硫化橡胶性能。SBS 加热至 160～230℃时开始流动，冷却后聚苯乙烯增强粒子重又形成，具有热塑性。因此 SBS 兼具硫化橡胶和塑料两种特性。SBS 在很多有机溶剂中有很高的溶解度和快速的溶解性，而且抗拉强度高，永久形变小，低温性能优异，粘接力大，同其他树脂和添加剂的相容性好，所以适宜于

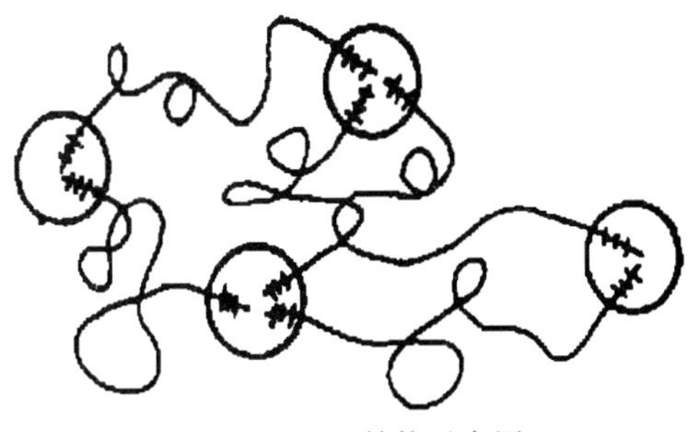

图 5-4　SBS 结构示意图

作胶粘剂。同时SBS胶粘剂解决了SBS基材难粘的问题，不需添加硫化剂、交联剂等助剂。

（1）SBS胶粘剂配方的确定

① SBS基料的选择：SBS按分子结构可分为线型和星型两种。线型聚合物相对分子质量较小，黏度较高，星型聚合物相对分子质量较大而黏度低，一般选用线型SBS结构为宜。另外，还要考虑苯乙烯、丁二烯的相对含量，苯乙烯与丁二烯相对含量对其性能影响较大。苯乙烯含量高时，胶液黏度变小，强度高，粘接力大，但弹性差，耐寒性差；丁二烯含量高时，胶液黏度大，韧性大，但粘接强度低，耐热性差。在选用时应综合考虑，一般作为鞋底胶粘剂用的SBS，其S∶B以30∶70为宜。

② 溶剂的选择：凡溶解度参数和聚苯乙烯、聚丁二烯相近的各种溶剂均能溶解SBS，如甲苯、环己烷、卤代烷等。从保护环境和产品成本考虑，可选用120#工业溶剂汽油和醋酸乙醇混合溶剂，汽油∶乙醇＝70∶30为宜。

③ 增黏树脂的选择：SBS与多种增黏树脂均有较好的相容性。为了提高SBS胶粘剂的粘接力，必须加入各种增黏树脂。加入的各种增黏树脂分别与SBS中的聚苯乙烯相中的聚丁二烯相相结合，加入芳香族树脂如香豆酮茚树脂，以及以苯乙烯为基料的各类树脂，都与聚苯乙烯相相结合。松香类树脂、聚萜烯树脂一般与聚丁二烯相相容，但使用单一的树脂，不管是和哪一个相结合的均达不到预期的效果，而使用混合树脂效果显著，用量以SBS为100份计，增黏树脂用量应为100～200份。

④ 稳定剂的选用：SBS聚合物中有双键存在，贮存和加工过程中易被氧化。加入稳定剂可以延缓这个过程。一般橡胶用的胺类、酚类稳定剂对SBS也有效。但胺类污染重，酚类污染小，对热、氧老化有较好的防护作用。从材料来源和价格等因素考虑，可选用264（2,6-二叔丁基-4-甲基苯酚）作为热稳定剂，稳定剂的用量一般为1～2份即可。

（2）SBS胶粘剂的制备工艺

SBS胶粘剂的制备不需要捏炼，因为SBS产品本身呈屑状或颗粒状，而且与一般橡胶比较，相对分子质量较低，所以配料前不需捏炼也易溶解。

在配制SBS胶粘剂时，聚合物、辅料、溶剂等按配比一次加入，搅拌溶解即可。

胶粘剂中的聚合物、辅料等配合剂溶解、搅拌均匀即可使用，其粘接强度不受时间的影响。

（3）环境对粘接强度的影响

① 温度的影响：由于SBS胶膜的强度来自本身聚苯乙烯嵌段的可逆性物理交联，因而粘接强度对温度很敏感，SBS中的聚丁二烯的玻璃化温度为-70℃，所以这种胶粘剂低温性能良好。而聚苯乙烯相温度在60℃时物理交联已开始解体，因此粘接强度显著下降。

SBS胶粘剂耐低温性能好，而耐高温性能较差。所以该胶适合作为一般生活用鞋和棉鞋与冰鞋的外底胶粘剂，至于在炎热夏季的南方走在沥青路面上的鞋，该胶粘剂能否承受考验尚有待研究。

② 粘接强度与时间的关系：一般胶粘剂的粘接强度在48h后才能达到最大值；而SBS胶粘剂是热活化胶膜，在融熔状态进行粘接，一旦冷却后，其物理交联键即形成，因而在短时间内即可达到较高的粘接强度。

③ 温度和粘接：使用SBS胶粘膜剂能在任何空气温度条件下操作，其粘接强度基本

不受影响。

④ 抗油性：SBS 胶粘剂胶膜对汽油没有抵抗性，机油对 SBS 胶膜影响不大，完全能满足穿用要求。

⑤ 热老化：SBS 胶粘剂中因有双键存在，易热老化。实验表明，引入抗氧剂 246，加上胶膜处在帮底材的保护下，性能基本稳定。

（4）胶液的贮存

SBS 胶粘剂用易挥发的汽油和乙醇作为溶剂，胶液浓度随着时间增长而增加。贮存时间较长后，溶剂大部分或全部挥发，胶粘剂成为半固体或固体状干胶块。在这种情况下，只需按原胶粘剂配方比加入汽油与乙醇，重新搅拌、溶解，调整浓度，胶液仍与新配胶液一样透明，粘接强度不变。

（5）SBS 胶粘剂的特点

① 以 SBS 为基料加入混合增黏树脂和热稳定剂，用汽油、乙醇为溶剂所制得的溶剂型胶粘剂具有粘接力强，粘接速度快，达到最大粘接强度的时间短等特点，能满足制鞋生产的需要。

② 配制 SBS 胶粘剂，不用干炼机提炼 SBS 及其他助剂，操作简便。

③ SBS 胶粘剂为单组分胶粘剂，使用方便，贮存期长。

④ 在一般生活用胶鞋生产中，SBS 胶粘剂完全可以代替氯丁橡胶胶粘剂，其剥离强度可达到 70N/cm 以上。胶膜耐寒、耐曲挠性能良好。

⑤ SBS 胶粘剂除粘接天然皮革、硫化橡胶外，还能粘接合成革、纤维织物、橡塑底、仿皮底、SBS 底等多种材料，而且粘 SBS 底时无需事先卤化，可直接在鞋底上涂胶。

⑥ 缺点是活化温度偏高，耐热性偏低。

5.5.2.5　鞋用热熔胶

（1）热熔胶的特点

热熔胶是以热塑性树脂为基体，室温呈固态，加热到一定温度就熔化成液态流体的热塑性材料。在熔化时将其涂覆于被粘物表面，叠合冷却至室温则将被粘物连接在一起，具有一定的粘接强度。

热熔胶粘剂的主要优点：①粘接速度快，便于连续化、自动化高速作业，且成本较低；②无溶剂公害；③不需要干燥，粘接工艺简单；④产品本身为固体，便于包装、运输、贮存，占地面积小，使用方便；⑤有较好的粘接强度与柔韧性；⑥可粘接对象广泛，既粘接又密封；⑦光泽和光泽保持性良好，屏蔽性卓越。

热熔胶粘剂也存在一些缺点：①在性能上有局限，耐热性不够，粘接强度不够，耐化学药品性差；②需配备专门的设备如热熔枪等进行熔融、施胶，在使用上不方便；③胶接有时会受气候季节的影响。

对热熔胶基料聚合物进行改性可以提高热熔胶粘剂的耐热性和粘接强度。

热熔型胶粘剂的粘接作用是基于当热熔胶处于熔融状态时，其表面张力相当低，在被粘物表面容易产生润湿和扩散，而当热熔胶与被粘表面密切接触时，被粘面分子层的温度迅速升高，分子的热运动加速了胶粘剂与被粘物材料分子的相互扩散和交织。当整个粘接体系的温度逐步下降到使熔体凝成固态并具有足够的内聚力时，最终产生牢固的粘接。一般热熔胶的粘接是以范德华力和氢键为主的物理交联，其粘接强度随粘接时间增长变化不大。但对于交联型热熔胶如聚氨酯类，随着时间的增长，粘接强度还会逐渐增高。

(2) 热熔胶的基本组成

热熔胶通常以热塑性聚合物为基础，加入增黏剂、增塑剂、填料、稳定剂等辅料配合而成。

① 黏料：黏料是热熔胶的基料，其作用是保证粘接强度和胶的内聚力。可用作热熔胶粘剂基料的热塑性树脂或橡胶必须具备下列性能：加热时熔融灵敏，使用时黏度变化有规律；有一定的耐寒性与耐热性，加热时不易氧化、分解、变质等；有一定的强度和柔软性；粘接范围广泛，对被粘材料适应性广；无色或浅色，无臭，熔融时无拉丝性。常用的热熔胶基料有聚乙烯、聚丙烯、乙烯-醋酸乙烯酯（EVA）、聚酰胺、聚酯、聚氨酯等树脂和苯乙烯-丁二烯-苯乙烯（SBS）、苯乙烯-异戊二烯-苯乙烯（SIS）等弹性体。

② 增黏剂：主体材料在熔融时黏度高，对被粘物浸润性和初粘性不好，为改善主体聚合物的这些性能，提高它的粘接力，降低成本，改善操作性能，需要在主体材料中加入增黏剂。常用的增黏剂有松香及其衍生物、萜烯树脂、香豆酮-茚树脂、石油树脂等。

③ 蜡类：蜡类除能降低黏度外，还改善胶液的流动性、浸润性，改善耐热蠕变性、曲挠性以及熔融速度，提高粘接强度，降低成本，但用量过多则会降低强度。常用的蜡类有白石蜡（熔点 50～70）、微晶石蜡（熔点 70～100℃）、低分子聚乙烯蜡等，其中微晶石蜡成本较高，但它的柔韧性、粘接强度、热稳定性和耐寒性较白石蜡好，仅抗结块性比白石蜡差。

④ 抗氧剂：抗氧剂的作用是提高热熔胶的热稳定性。加入量一般不超过 2%，常用的抗氧剂有 2,6-二叔丁基对甲苯酚（BHT），含磷化合物以及硫代二丙酸酯等，两种或多种并用效果比单用好。

⑤ 填料：在热熔胶中还常常加入填料以降低成本，减少固化后体积收缩，提高耐热性和热容量，延长操作时间等。填料用量一般为 15%以下，加入过多会使胶的黏度增大太多，降低粘接力和初粘性。常用的填料有补强和非补强两种，如二氧化钛、硫酸钡、碳酸钙、氧化镁和氧化铝等，用以降低收缩率、降低成本和调节黏度等。

⑥ 增塑剂：增塑剂的作用是降低熔融黏度，加快熔化速度，提高柔韧性和耐寒性。用量一般不超过 10%，用量过多会降低胶的耐热性和粘接强度。常用的增塑剂有邻苯二甲酸酯、磷酸三甲苯酯等。

⑦ 着色剂：着色剂可赋予热熔胶所需要的颜色。如二氧化钛等。

(3) 制鞋常用的热熔胶

制鞋常用的热熔胶主要有乙烯-醋酸乙烯类、聚酯类、聚酰胺类、聚乙烯类和聚氨酯类等。

① 乙烯-醋酸乙烯酯共聚树脂类（EVA）热熔胶：EVA 是目前用得最多的热熔胶。其特点是对各种材料有良好的粘接性，柔软性和低温性好，而且 EVA 与各种配合组分的混溶性良好，通过配合技术可制成各种性能的热熔胶，在制鞋工业得到了很好的应用。

EVA 热熔胶是热熔胶中的最大品种，随着乙烯和醋酸乙烯比例的变化，EVA 的性能也有较大变化。在熔体指数一定的情况下，醋酸乙烯含量增加则弹性、柔软性、相容性、透明性和溶解性提高，熔点下降；若醋酸乙烯含量减少则性能接近低密度聚乙烯，即刚性、耐磨性、化学稳定性提高。

当EVA中醋酸乙烯含量在20%～35%（质量分数）时，树脂具有较好的粘接强度和韧性，与石蜡相混可以作为热熔胶胶粘剂，用于粘接塑料。如果在其中加入少量的酸，还能明显提高粘接强度。

EVA热熔胶基本配方（质量分数）如下：

EVA（含醋酸乙烯18%～40%）	20%～60%	增塑剂	0～20%
增黏树脂	20%～60%	填料	0～50%
蜡	0～20%	稳定剂	0～2%
抗氧剂	0.1%～1.0%		

常用的增黏树脂有松香树脂和石油树脂，此外古马隆树脂、萜烯树脂也可根据需要选用。抗氧剂一般选用带取代基的酚类化合物，如2,6-二叔丁基对甲酚（BHT）等。填料可采用碳酸钙、硫酸钡、二氧化钛和黏土等。增塑剂一般用邻苯二甲酸二辛酯。

EVA热熔胶的重要特点是价廉性优，其柔软性、弹性、耐低温性、耐候性、耐臭氧性和抗冲击性较好。这类胶对被粘材料的粘接性好，能保证粘缝高度互粘。在皮鞋制作中与聚酯热熔胶一样可粘外底、鞋跟、拉链及用于高频切焊等。由于EVA在130～190℃时表面张力低于聚烯烃的临界表面张力，故有利于聚烯烃材料的粘接，可用于粘聚乙烯、聚丙烯、聚氯乙烯、EVA、SBS等塑料鞋底。

② 聚酰胺热熔胶：聚酰胺分子中酰氨基团上的氢原子可同被粘物（皮草或纤维织物）上的羟基的氧原子形成氢键，因而具有较高的粘接强度。

与其他热熔胶相比，聚酰胺热熔胶粘接强度高，柔韧性、耐热性、耐介质性都好，对木材、金属、陶瓷、布匹及酚醛树脂、聚酯树脂、聚乙烯等都有良好的粘接性能。

制鞋工业使用的聚酰胺主要是以植物为原料的不饱和脂肪酸二聚体与二元胺缩聚而成的低相对分子质量聚酰胺。用于配制热熔胶的聚酰胺的相对分子质量为1000～9000，通常控制在3000～6500。随着相对分子质量增大内聚强度和粘接力都有明显提高，但熔点却变化不大，软化点范围特别窄，这些性能有利于聚酰胺制备热熔胶。配制聚酰胺热熔胶一般不加增黏树脂，可加少量的增塑剂和石蜡以增大熔融流动性。

常用的品种有高温（125～200℃）、中温（95～200℃）和低温（85～160℃）三种软化点的产品。如HA-1胶软化点温度为(110±5)℃，用于皮革折边的粘接，还能喷涂在合成的主跟、包头等材料上，以便于粘接；HA-3胶软化点温度为(180±10)℃，专用于皮鞋绷楦。

聚酰胺型热熔胶与聚酯型热熔胶相比较，前者在熔融状下相对黏度小，流动性好，更便于喷涂和粘接，能制成条状、块状或颗粒状，用于制鞋工艺如部件折边，绷前尖、腰窝和后帮，涂布热塑主跟等。聚酰胺热熔胶配方见表5-13。

表5-13　聚酰胺热熔胶配方

配方	组分/份				软化点/℃	用途
	二聚亚油酸	癸二酸	乙二胺	己二胺		
配方一	1	—	1	—	110～120	制帮折边
配方二	0.8	0.2	0.8	0.2	170～180	绷楦
配方三	0.8	0.1	0.9	0.1	145～155	调节性能

③ 聚酯热熔胶：聚酯类热熔胶在制鞋工业中被广泛使用，它具有粘接强度高、韧性

大、硬化速度快等优点，几乎可用于制鞋过程中所有需要粘接的工序，适合采用喷涂、涂刷、挤压等操作方法。

用于制造热熔胶的线性聚酯是由二元醇和二元羧酸或二元羧酸的衍生物经过缩合或酯交换反应而制得。常用的二元酸为各种苯二甲酸及其酯类，二元醇为乙二醇或丁二醇，可用金属氧化物及盐类催化缩聚反应。调整二元羧酸中的对苯二甲酸和间（邻）苯二甲酸的用量比可获得固化速度和软硬程度不同的热熔胶。

与 EVA 和聚酰胺热熔胶相比，聚酯热熔胶具有较高的熔点，这对制鞋的某些过程是不利的。为此可加入低熔点材料，通常是一些热固性树脂，如酚醛缩合物、脲醛树脂和三聚氰胺-甲醛树脂等，用量为 5%～20%。这些热固性树脂加热时至少能部分与聚酯互溶，且能很快被加热流动，能够快速润湿并渗入到被粘材料的表面。

生产中也有将聚酯和聚酰胺在催化剂存在下共热进行大分子链交换而制得兼具两者优点的聚酰胺型聚酯（聚酯-酰胺）。聚酯热熔胶中还可加入增塑剂、增强剂、填料等改性助剂。

④ 聚氨酯热熔胶：聚氨酯热熔胶是以热塑性聚氨酯树脂为主料，室温下为固体，加热至一定温度就熔化成流动体的热塑性材料。

作为热熔胶粘料的聚氨酯树脂，通常是由末端为羟基的大分子二元醇、二异氰酸酯和扩链剂（如低分子二元醇）为原料制成的具有软性链段和硬性链段的线型热塑性树脂。为了改善胶膜的物理性能，也可通过机械共混加入一些不会参与反应的热塑性塑料和橡胶。

因聚氨酯热熔胶在浸润性、熔体黏度、粘接强度等方面均很理想，可直接作为热熔胶使用。鞋用聚氨酯热熔胶产品有条状、片状、粉状等多种可供选择，可用于鞋帮与鞋底粘接及大底、后跟、包头、内衬等部件的粘接。但总的来说，没有聚酯热熔胶用得多。

⑤ 聚乙烯热熔胶：聚乙烯制作热熔胶使用较多的是高密度聚乙烯（HDPE），也有采用低密度聚乙烯（LDPE）与聚醋酸乙烯机械共混制作热熔胶。

聚乙烯属于低表面能材料，因而粘接强度较低，但由于其价格低廉，来源较广，在制鞋工业中也有应用，但大多是用于复合胶鞋和运动鞋的衬里布。聚乙烯基本上都是采用低温冷冻技术制成粉状，单独撒粉或再制成浆料涂布上浆，这实际上等同于服装用热熔衬布。

制鞋工业中还使用一些热熔胶如聚丙烯酸酯类，但总用量都很少，此处就不再一一介绍了。

（4）热熔胶在制鞋中的应用

① 绷帮：绷帮就是将鞋内底钉在装有鞋帮的楦上，然后用胶粘剂使鞋帮与内底牢固粘接。绷帮所用的热熔胶要求粘接时间短，粘接强度高，通常采用聚酯型和聚酰胺类热熔胶，粘接过程在绷帮机上一次完成。热熔胶大多被预先制成直径 3～4mm 的胶条，经过特殊管线输送到帮脚和内底的粘接部位，加压数秒即可完成绷帮粘接操作。用聚酰胺热熔胶绷帮时，由于它与聚酯热熔胶相比在熔融状态下的相对黏度小、流动性好，便于喷胶，胶膜韧而不脆，且多余的胶可以反复使用。这类胶粘剂属于速凝型，固化快，粘接缝弹性高，几乎能与所有的鞋面、鞋里材料粘接，可以广泛地应用于天然皮革、人造革或合成材料的粘接。

② 粘大底：用于粘大底的热熔胶在制鞋工业所用的热熔胶中所占的比例最大。由于大底和鞋帮需要较高的粘接强度，所以一般使用结晶度高、内聚强大的聚酯热熔胶。使用

时，可先将聚酯热熔胶加热到熔融状态，使其具有足够的流动性，然后涂布到大底和鞋帮上；也可将预先制好的热熔胶条通过特殊输送装置挤压到大底和鞋帮上，热熔胶将迅速固化，使这些大底和鞋帮可以堆放而不会发生粘连。

③ 粘接主跟、包头：制鞋过程中，常需在鞋的前后两端衬以某些特殊材料，以保持鞋的特定形状，制鞋业称这两处内衬为主跟和包头。用热熔胶粘主跟和包头，可免去水基型和溶剂型胶粘剂必不可少的干燥程序，缩短生产周期。所用热熔胶主要是 EVA 和聚酰胺类。

此外，SBS 和聚氨酯等热熔胶也用于制鞋业。

由于热熔胶能明显地提高生产效率，其发展速度在各类胶粘剂中为最高。在美国有 70%的胶粘女鞋采用了热熔胶粘接。国内外在制鞋生产中，如制鞋帮、绷鞋帮、粘大底、制勾心、制作主跟及包头等工序以及制作鞋用材料中都在迅速推广应用热熔胶。

5.5.2.6　其他鞋用胶粘剂

(1) 糯米浆糊

糯米浆糊是在糯米粉内加入适量的水、少量的白矾，经过煮沸，搅拌成黏稠的物质。浆糊不但黏性很大，而且干燥后使部件坚硬牢固，因此在靴鞋生产中常用浆糊粘贴主跟、包头及其他部件。在正常的使用条件下，糯米浆糊有良好的粘接效能，但部件受到潮湿容易生霉。为了克服这种缺点，在浆糊内必须加入防腐剂（石碳酸或福尔马林），现在有些鞋厂仍在使用。

(2) 聚乙烯醇缩甲醛胶粘剂（107 胶水）

聚乙烯醇缩甲醛是由聚醋酸乙烯酯经水解制得聚乙烯醇，然后再由聚乙烯醇与甲醛进行缩化反应，得到聚乙烯醇缩甲醛。

缩醛的性质取决于聚乙烯醇的结构、水解程度、醛类的化学结构和缩醛化程度等。一般所用醛类的碳链越长，树脂的玻璃化温度越低，耐热性越低，但韧性和弹性提高，在有机溶剂中的溶解度也相应增加。溶解性也取决于结构中羟基的含量，缩醛度为 50%时可溶于水，配制成水溶液胶粘剂；缩醛度很高时不溶于水，而溶于有机溶剂中；聚乙烯醇缩甲醛能溶于乙醇和甲苯的混合溶剂中。

聚乙烯醇缩甲醛用于绷楦工序中粘接后跟、包头。过去，这一工序一直使用糯米浆糊，近年来为了节约粮食，许多鞋厂使用聚乙烯醇缩甲醛胶粘剂代替糯米浆糊。

聚乙烯醇缩甲醛属化学浆糊，制品不易发霉且无毒，黏度大，粘接力强，并使主跟、包头在涂胶后较长时间便于绷楦操作。绷楦时略加加热，缩醛胶受热变软；冷却时胶又变硬而使主跟、包头获得一定硬度。缺点是目前价格较糯米浆糊高。

(3) 聚氯乙烯树脂胶粘剂

一般是将聚氯乙烯溶解于四氢呋喃、环已酮和二氯甲烷等溶剂中，配制成胶粘剂，主要用于聚氯乙烯的粘接。

(4) 过氯乙烯胶粘剂

过氯乙烯胶粘剂又称 CPVC 树脂胶。如果用 10%的四氯乙烯溶液在 60～80℃下通入氯气，聚氯乙烯与氯作用后则得到过氯乙烯树脂。把过氯乙烯树脂溶解在醋酸乙酯、醋酸丁酯、氯苯、丙酮等有机溶剂中，就可以制得过氯乙烯胶粘剂。

过氯乙烯胶粘剂的化学性质比聚氯乙烯稳定，并有很好的粘接性能，耐化学药品、耐热、耐寒等性能较好，而且使用时干燥快，不用加填料，也可以预先在粘接部件上涂刷一层胶液，使用时刷一遍溶剂就可粘接。

过氯乙烯的主要用途是进行聚氯乙烯与皮革等其他各种材料的粘接，也用于各种皮件的粘接，制鞋工业在20世纪60年代曾用它作为主要胶粘剂，现在由于许多新的胶粘剂的出现，它在制鞋工业中已被逐渐淘汰。

参考文献

［1］ 李宝库，钮竹安．胶粘剂应用技术［M］．北京：中国商业出版社，1989.
［2］ 肖卫东，等．制鞋与纺织品用胶粘剂［M］．北京：化学工业出版社，2003.
［3］ 李淑云．鞋用胶粘剂［M］．北京：轻工业出版社，1983.
［4］ 向明等．热熔胶粘剂［M］．北京：化学工业出版社，2002.
［5］ 南京市总工会职工技协粘接协会．胶粘剂应用指南［M］．南京：江苏科学技术出版社，1986.
［6］ 关世伟．胶接接头破坏分析［J］．中国胶粘剂，2015，24（2）：57-58.
［7］ 白木，周洁．鞋用胶粘剂的回顾与展望［J］．世界橡胶工业，2002，29（6）：48-50.
［8］ 黄萍．鞋用胶粘剂及其进展［J］．广东化工，2000（1）：13-16.
［9］ 刘厚钧，等．鞋用聚氨酯胶粘剂［J］．聚氨酯工业，2008．23（3）：1-4.
［10］ 褚衡等．改性SBS鞋用胶粘剂的研究现状［J］．化学与粘合，2000（3）：134-137.
［11］ 杨明山．SBS胶粘剂的研究［J］．太原机械学院学报，1990，11（2）：57-62.
［12］ 宋国星．鞋用热熔胶的制备及其应用［J］．中国胶粘剂，1993，2（3）：25-28.

作业：

1. 什么叫胶？什么叫黏料？
2. 按胶粘剂的主要成分对胶粘剂分类。
3. 举例说明胶粘剂的组成。
4. 溶液型胶粘剂为什么多采用有机溶剂？常用的有机溶剂有哪些？
5. 粘接接头破坏形式有哪几种？用图表示，并分析出现每种破坏的原因。
6. 说明氯丁橡胶胶粘剂的组成、基本配方和特点。
7. 影响粘接强度的因素有哪些？
8. 如果要提高皮鞋的剥离强度，你认为在胶粘剂选择和应用中要采取哪些措施？
9. EVA、CPVC代表什么材料？
10. 热熔胶的特点是什么？

CHAPTER 6

第6章　鞋用织物、金属及其他材料

【学习目标】

1. 了解鞋用织物的概念、分类和特性。
2. 了解鞋用织布的性能。
3. 了解鞋用缝纫线的选择、鞋带编织的特点。
4. 了解常用鞋辅料的品种及作用。

【案例与分析】

案例：在一次鞋材展览会上，看到一个展位上展示的材料质地和图案很新颖，我就好奇地走了过去。初步交流后得知该公司是第一次参加鞋材展，因为公司的产品是布艺沙发面料，为了将产品用于制鞋工业，扩大产品的应用范围，就参加了这次鞋材展。经过进一步交流，得知两天来只有人来看样品、询问材料的情况，还没有人向他们索取样品，而且公司之前没有与鞋业有过接触，也没有用自己的产品制作过鞋子。

分析：不同的产品，对加工所用材料有不同的要求，这是大家都知道的。本案例向我们提出了一个问题，用于做布艺沙发的织布能否直接用于做鞋面材料。事实上，鞋和沙发是两类功能不同的产品，对材料的要求一定有所区别，一般是不适宜互换使用的。例如，鞋与人的皮肤会直接接触，而沙发一般不会直接接触人的皮肤；鞋在人行走过程中会承受较大的张力，而沙发上的人基本上是处于静态，所受张力要比鞋小很多。所以，布艺沙发面料能否直接用于制作鞋子，需要根据鞋用织布的要求对其性能进行检测。

6.1　鞋用织物

6.1.1　概述

织物是纤维的集合体材料，是把纤维有序或无序地集合在一起制成较大、较薄的平面状物体。鞋用织物包括鞋面布、里布、衬里布、条带、鞋带、缝纫线等，最近几年发展起来的合成涂层织布、复合织布、层压材料及微孔材料等新材料对改善鞋的穿用性能和外观质量都起到了十分重要的作用。

目前，鞋面布绝大多数是合成纤维织布，也可采用合成纤维与棉纤维混纺织布，少量使用棉织布。尤以涤纶、尼龙等纯合成纤维织布为多，这类织布不仅有很好的综合性能，而且能保证有良好的穿着性能，被认为是理想的鞋用织布。用这类合成纤维织布制成的鞋舒适、自然，符合人们的心理需要。

随着人们对鞋用织物，尤其是对鞋面织布结构和性能质量要求的不断提高，轻便、柔软、透气、吸湿，具有杀菌、防裂、隔热、保暖、防火、防臭等多功能的鞋越来越受市场青睐，如耐水的轻质尼龙布用于时装鞋、保健鞋、足球鞋和回力鞋；经氟树脂处理的帆布使鞋子具有不沾水、不沾油、不易污的特点；经过防臭防霉处理的织布可用于做鞋内衬。

鞋用辅助纺织品的性能和质量对鞋的内在、外观质量也有十分重要的影响。鞋用辅助纺织品也广泛应用合成纤维织物，例如，鞋的沿条和条带采用纯涤纶、尼龙纺纱或合成纤维混纺纱织造或编织，使其具有成本低、强度高、耐磨损和外观醒目等优点，与合成纤维织布的帮面穿用性能相匹配。缝纫线对鞋帮和鞋底起着缝合、连接、定型和装饰等作用，其性能质量的好坏，与鞋类产品的质量、外观、性能、生产效率和经济效益等方面有密切关系，目前，耐高温涤纶长丝缝纫线、高速缝纫线、透明尼龙线、光敏缝纫线、黏合耐磨尼龙线、防静电缝纫线、阻燃缝纫线等已广泛应用于缝制各类鞋。

传统的鞋用棉织布的鞋衬里逐渐被新型的纺织材料所代替，聚丙烯和聚醚纤维长丝织布越来越多地被用作鞋衬。非织造布因其具有良好的缝合性和对鞋楦的黏附性，是很有前景的内衬材料。

6.1.2 鞋用织布

6.1.2.1 织布的分类

织布是纺织产品的大类名称，可根据织布加工方式、用途、使用原料、织布组织、外观色泽、后整理和纱线系统等进行分类。

（1）按织布的加工方式分类

按织布的加工方式不同，可以分为机织布、针织布、非织造布等。

① 机织布：又称梭织布，主要由经纱、纬纱按照一定的交织规律在织布机上织制而成。

② 针织布：分为经编针织布和纬编针织布，编织成的产品分为针织坯布和针织成型两类，是通过手工或者机器将纱线弯成线圈，再通过一定的编织规律将线圈一个一个串套连接起来而制成的织布。

③ 非织造布：又称无纺布，是继机织、针织之后的一种重要纺织品，应用较为广泛，它有厚的絮片状、薄纸状、毛毯状、真皮结构状、传统的纺织品状，因为形态和传统纺织品相似，也称“布”。主要由一定取向或织机排列组成的纤维层或由该纤维层与纱线交织，通过机械钩缠、缝合或化学、热黏合等方法连接而成的织布。

（2）按织布的用途分类

织布可以应用于服装、生活用品、床上用品、工业用品等领域，根据它的详细应用领域，分为可做内衣、外衣、衬里、帽子、鞋袜等的衣着用织布；可做毛巾、浴巾、枕巾、手帕、床上用品等的卫生用织布；可做窗帘、床上用品、罩布等的装饰用织布；可用于农业、工业等产业的帆布、塑料布、绷带、包装以及体育、医药、帐篷等产业用的织布等四类。

（3）按织布原料分类

一种纤维、两种纤维或多种纤维组合均可作为织布的原材料，根据原材料种类的不同，织布又可以分为纯纺织布、混纺织布和交织织布三种。

① 纯纺织布：经纬都是同种纤维的织布叫作纯纺织布，可选择天然纤维或合成纤维作为原材料。如可做细布、府绸、卡其、华达呢等的棉织布；可做麦尔登、凡立丁、女士呢等的毛织布；可做绫、罗、绸、缎、纱等的丝织布；可做夏布、麻布、麻帆布等的麻织布；可做涤纶、锦纶等的化纤织布；可做石棉防火织布、玻璃纤维织布等的矿物性纤维织布；可做金属筛网等的金属性原料织布。

② 混纺织布：由两种或两种以上不同种类的纤维混纺成纱后织成的织布叫作混纺织布。如人造化纤与毛、人造化纤与涤纶等混纺织成的凡立丁、花呢等，黏纤分别与锦纶、涤纶、毛纤维混纺织成的黏锦、涤黏、毛黏等混纺织布，涤纶分别与腈纶、棉纤维混纺织成的涤腈、涤棉等混纺织布等。

③ 交织织布：经、纬纱线不同或者一组长丝、一组短丝交织而成的织布叫作交织织布，这种织布经纬方向的物理力学性能往往不同，如棉经毛纬的棉毛交织布、毛丝交织的凡立丁、丝棉交织的线绨等。

（4）按织布组织分类

按照织布表面呈现的纹理特点也就是织布组织和编织的复杂程度可以分为基本组织织布、变化组织织布和复杂组织织布三种。

基本组织织布有机织布和针织布的平纹织布、罗纹织布等；变化组织织布由基本组织变化而来但仍带有基本组织的某些特点；复杂组织织布的组织具有比较复杂的规律织布结构与性能。

（5）按织布的色泽分类

鞋用织布可以根据设计风格选用不同色彩、纹样的纺织品，按照织布呈现出的色泽可把织布分为本色织布、漂白织布和染色织布。直接从织机上取下来未经加工处理的织布叫作本色织布，又称原色织布、坯布。纱线经过漂白后织成织布或坯布经过漂白后得到的织布叫作漂白织布。本色织布染色、纱线染色后织成的织布（色织布）、印花织布等叫作染色织布。

（6）按后整理方式分类

为了增加织布外观的丰富性，织布从织机上取下后要进行后整理，按照整理的方式不同，分为一般整理织布和特殊整理织布两种。经过漂白、丝光、染色、印花等的操作叫作一般整理织布；经过防燃、防蛀、防水、防静电整理后的织布叫作特殊整理织布。

（7）按纱线系统分类

按纱线系统可分成环锭纺织布和转杯纺织布；根据原棉加工系统的不同，用精梳棉纱织成的织布称为精梳织布，选用较好的棉花为原料；用粗梳棉纱织成的称为粗梳织布。对于毛织布则分为精纺织布和粗纺织布；对于机织布根据其经纬所用的纱线不同，可分为柔软轻薄的单纱织布、悬垂性差的半线织布、厚实硬挺的全线织布、外观丰富的花式线织布和光泽明亮的长丝织布。

6.1.2.2 织布的制造

鞋类产品外观要求众多，这就需要有各种各样的织布。织布在加工过程中选用机织、针织、编织、非织等多种生产方式，结合传统纺织染整加工、涂层、层压、三维制造等加工方法，生产出外观各异的织布，其中平面织布需求量最为广泛。

织造生产的主要方法有机织、针织和编织。不同的方法可以生产出不同结构和性能的织布。机织布、针织布和编织布结构如图 6-1 所示。

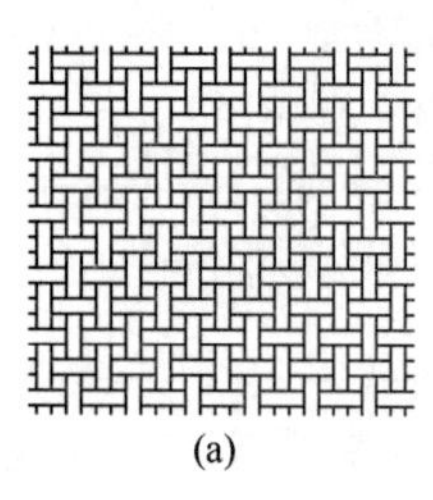
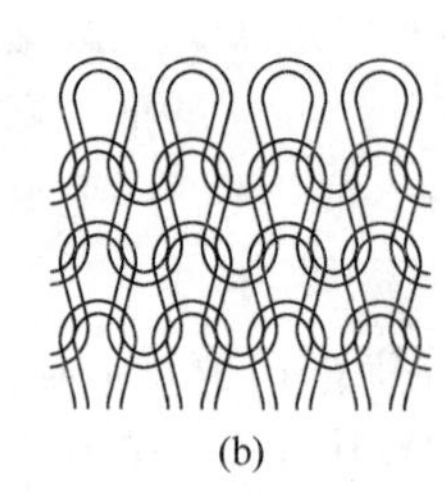
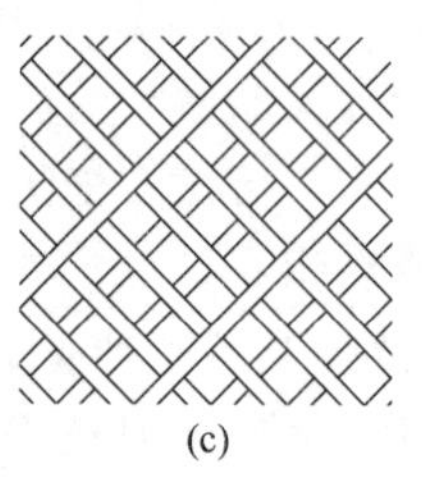

图 6-1 机织布、针织布和编织布
(a) 机织布 (b) 针织布 (c) 编织布

(1) 机织

由经线与纬线相互交织而形成的织布叫作机织布。其中平行于布边的纵向纱线叫作经线，垂直于布边并横跨布宽方向的纱线叫作纬线，在织机上进行织造加工。随着现代产业用纺织品的发展，织布也从二维织布发展到平面三向机织布和三维立体机织布。立体机织布与普通机织布相比，织布交织纱线的方向数不同，织布的厚度不同（立体织布较厚，层数可多达几十层），织布内纱线曲折情况不同，织布形状的复杂程度不同，纤维状态不同（立体织布多用不加捻的长丝，常采用高强度、低伸长、耐高温的碳纤维、芳纶纤维、玻璃纤维、硼纤维等）。

① 平面织布：二维织布或者说普通机织布，根据用途不同设计出不同的织布结构，以满足各种产业用纺织品的要求。它的生产通常是在剑杆织机、片梭织机、喷气织机、喷水织机等自动化程度非常高的现代机织设备上进行的，装备了各种先进的自动化装置，使织造过程向全自动化方向发展。机织布中的经线与纬线相互交织的规律和形式称为织布组织。织布组织对机织布的性能影响很大，其中最基本的一类是原组织，分为平纹组织、斜纹组织、缎纹组织 3 类，简称三原组织。平面织布具有窄幅、中幅、宽幅三种常见幅宽。

平纹组织织成的平纹织布交织点多，经、纬纱结合紧密，质地坚牢，手感较硬，正反面外观效应相同，如平布、府绸、凡立丁、夏布等。织造过程中，由于经纬纱频繁交织，经纱受到的摩擦较大，经、纬纱屈曲较大，如果纱线较硬，织布承受外力时易产生应力集中，容易撕裂。平纹组织机织布如图 6-2 所示。

斜纹组织织成的斜纹织布交织点较少，浮线比较长，手感松软，品种多，但坚牢度不如平纹布，具有正反面之分，如斜纹布、冲服呢、华达呢等，性能则介于平纹织布与缎纹织布之间。斜纹组织机织布如图 6-3 所示。

图 6-2 平纹组织机织布

图 6-3 斜纹组织机织布

缎纹组织有经面缎纹组织和纬面缎纹组织两种，缎纹组织织成的缎纹织布组织点最少，浮线长，质地松软，布面平滑，富有光泽，悬垂性好，它的表面经（纬）线较长，正反面之分明显，如直贡呢、横贡呢等。缎纹组织机织布如图 6-4 所示。

在三元组织上进行变化与配合，可设计提花织布、小提花织布、起绒织布等多种花样，如提花布、小提花织布、平绒、灯芯绒等。

平面三向机织布各向同性，不存在普通织布的抗拉、抗剪切等薄弱环节，因为它由三个互成 60°角（2 根经纱，1 根纬纱）的纱线所构成。平面三向机织布结构如图 6-5 所示。

图 6-4　缎纹组织机织布

图 6-5　平面三向织机物结构示意图

② 三维立体机织布：为了丰富织布的设计，除了平面二维织布外，还可以让织布的厚度产生变化，设计出不同的织布肌理，这就是三维立体机织布。制造时采用两组纱线（经、纬纱）交织，在织布长度、宽度、厚度三个方向上排列纱线。生产时可以借用传统机织方法和设备，但一般须加装某些专用机件，生产出多种结构的三维立体机织布，如蜂窝状织布、“T”形梁织布等。

蜂窝状骨架可以由多层织布连接构成，每层织布一般采用平纹组织来简化织造工艺，每层间的连接采用方平或重平组织来减少经纬纱在编织过程中的摩擦。纬纱垂直于圆环、经纱平行于曲折状部分。通过调节蜂窝基本单元的尺寸，即可改变纬纱的布置与排列，其织布结构与制品形状如图 6-6 所示。

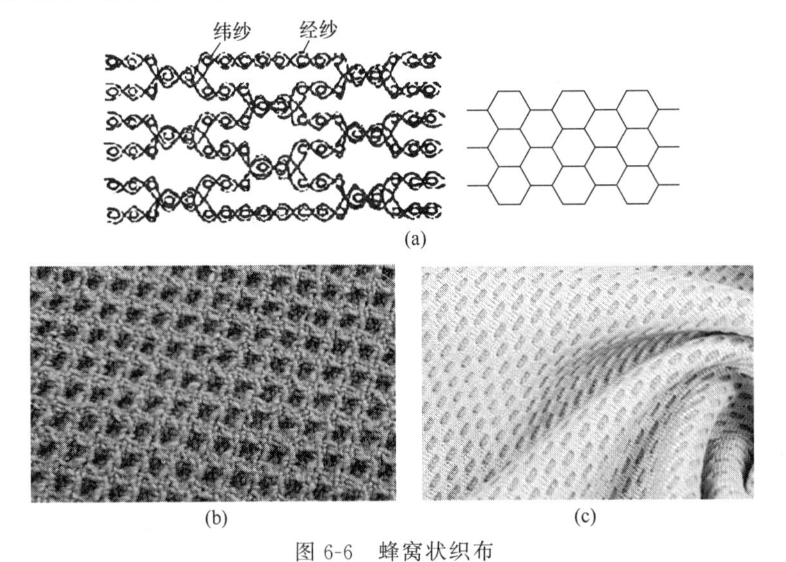

图 6-6　蜂窝状织布

（a）蜂窝状织布结构截面图（b）蜂窝呢面料（c）蜂窝涤纶面料

[注：图（a）中垂直于图面的为纬纱，平行于图面呈曲折状的为经纱]

“T”形梁织布由3组相互垂直的纱线交织面成，沿水平方向的为纬纱，沿垂直方向的为缝经纱，与图面垂直方向的为地经纱。3组纱线通过正交配置保持纱线在织布中的伸直状态，可以最大限度地发挥纤维强力、提高构件刚度、减少构件承力时的变形。“T”形梁的结构尺寸由织布中的纱线根数、密度、线密度等因素确定。“L”形梁、“U”形梁等织布与“T”形梁的织制方法相似。“T”形梁织布结构与制品形状如图6-7所示。

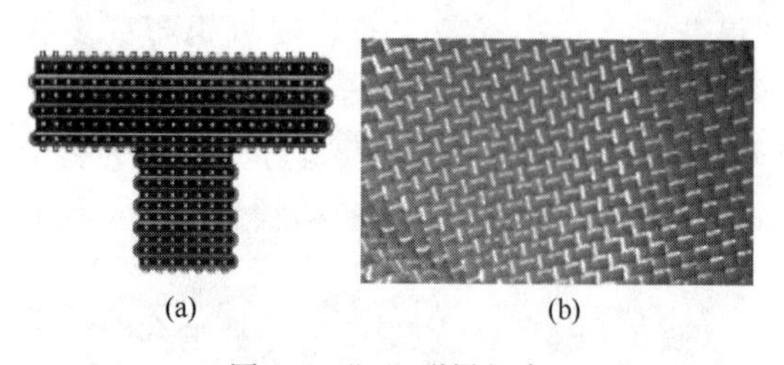

图6-7 “T”形梁织布
(a)“T”形梁织布结构截面图 (b)“T”形梁织布面料

(2) 针织

针织布是指将纱线制成线圈，再将线圈连接起来而成的织布，是另外一种将纱线编织成织布的方法。针织布和机织布相比，机织布结构更为细致紧密，保形性好，而针织布结构较为蓬松、柔软、保暖，具有更好的弹性，但结构不及机织布稳定，容易变形。针织和机织两种方法都可以生产各种坯布，经裁剪后缝制成各种纺织品。针织布应用广泛，多个工业领域均可用到，如工业用的滤布、高压管等，医疗领域的人造血管、外科用纱布等，建筑领域的土工布等。

针织布的基本组成单元叫作线圈，线圈的基本形态如图6-8中深色部分所示。线圈的纵行数和横列数直接影响织布经纬密度，密度越小，织布越蓬松。其中线圈圈柱覆盖于圈弧上的一面是织布正面，线圈圈弧覆盖于圈柱上的一面是织布的反面。

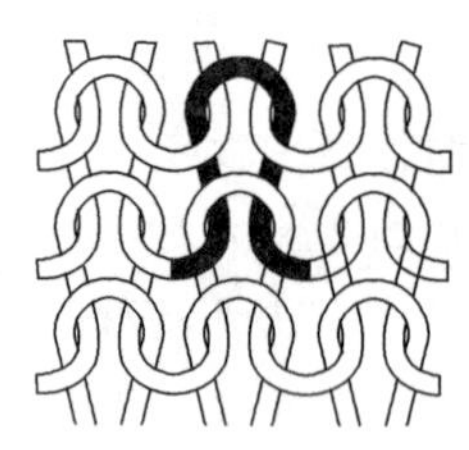

图6-8 单面平针组织（反面）

根据纱线在编织过程中的运动方向，分为经编和纬编，相对应的织布为纬编针织布和经编针织布。

① 纬编针织布：纬编针织布是以一根或几根纱线为原料，在纬编针织机上沿针织布的纬向弯成线圈使之相互串套而形成的针织布。使用的织机为纬编圆机和纬编横机两大类。纬编针织布的特点如下：a. 组织结构设计变化灵活多样；b. 延伸性大，当织布受到外力时，很容易变形；c. 在纱线断头时，会形成织布的纵向脱散；d. 弹性恢复性好，不易有褶皱并有好的褶皱恢复性，在横列方向有特别好的拉伸性能；e. 能够编织三维立体织布，整体性好，具有很强的产品适应性；f. 生产效率高。

纬编针织布包含单向纬编针织布和双向纬编针织布，结构如图6-9所示。单向纬编针织布纬向延伸性较好，但有卷边现象，易脱圈损坏，不适用于鞋帮的加工与穿用。双向纬编针织布结构稳定性增加，具有和机织布类似的性能和风格，而且可采用的纱线种类大大扩大，几乎不受限制，可以根据需要赋予织布各种花色、风格和性能。

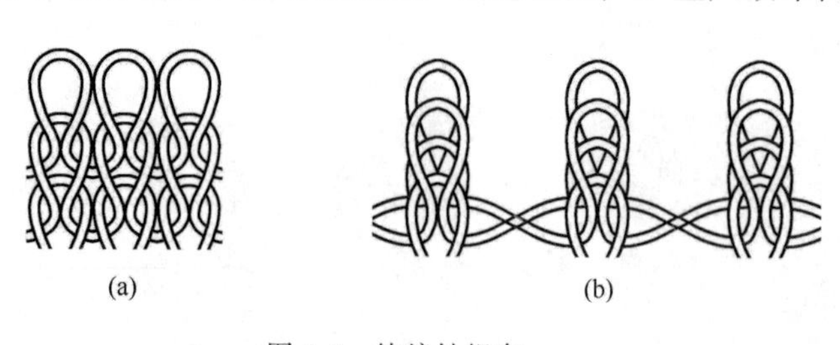

图6-9 纬编针织布
(a) 单向纬编针织布 (b) 双向纬编针织布

② 经编针织布：经编针织布是一组或几组平行的纱线在经编针织机上沿针织布的经

向弯成线圈使之相互连接而形成的针织布。使用的织机为单针床经编机和双针床经编机，其中单针床经编机较为常用。经编织布的主要特点有：a. 组织结构设计变化灵活多样；b. 延伸性大，当织布受到外力时，很容易变形；c. 弹性恢复性好；d. 不易脱散；e. 宽幅结构；f. 生产效率高。

经编针织布包含单向经编针织布、双向经编针织布和多向经编针织布，结构如图6-10所示。单向纬编针织布横、纵向具有一定的延伸性，依然存在卷边现象。双向纬编针织布厚实耐用，保形性好，线圈不易脱散，是比较理想的鞋材料。多向经编针织布是在双向经编针织布基础上，再加入一组对角线纱线，并且可根据强度要求多层叠加。纱线多次屈曲，每组纱线力学性能被充分利用，整体结构更优，使得多向经编针织布的性能具有设计性，适用于更多行业。

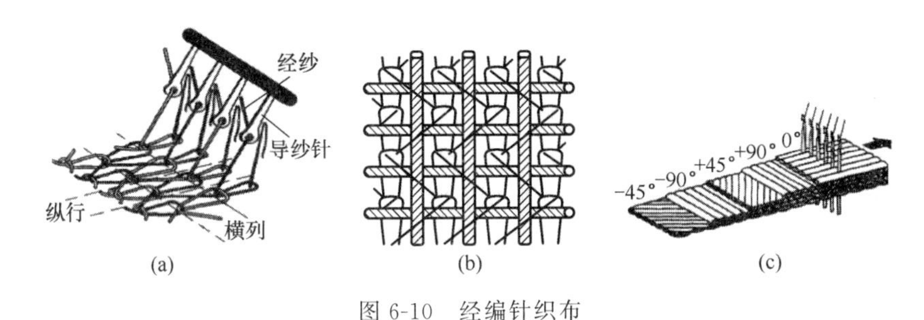

图 6-10　经编针织布

（a）单向经编针织布　（b）双向经编针织布　（c）多向经编针织布

（3）编织

将多根纱线或纤维束按照设定轨迹进行规律性的交叉、交织形成织布的方法叫作编织。使用该方法织出的织布叫作编织布，编织方法有圆形编织和矩形编织。根据编织布的厚度不同，又分为二维编织和三维编织。织布厚度超过纱线或者纤维束直径的 3 倍就叫作三维编织。编织手段多样，属于一次成型品，可直接使用，主要用于生产绳、带、管等织布，在鞋类产品中可生产鞋用带。

① 二维编织：二维圆形和矩形编织是由一定数量的纱线进行对角交叉形成。最常见的二维编带设计如图 6-11 所示。圆形编织由两组纱线按照一定规律上下沉浮交织而成，编织截面为圆形。矩形编织是圆形编织的特例，即截面为矩形。二维编织机如图 6-12 所示。

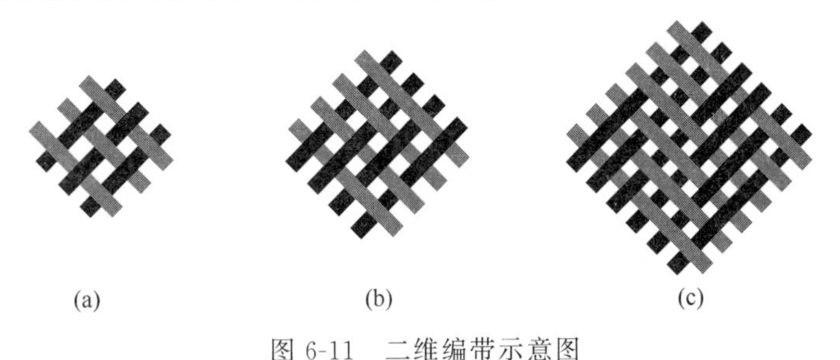

图 6-11　二维编带示意图

（a）菱形编带　（b）普通编带　（c）赫格利斯编带

② 三维编织：使用三维编织方法编织出来的织布较厚，织布不分层，整体物理力学性能好。利用不分层的特点，可以将多种功能的层整体编织，用简单的编织方法生产复杂编织布，是多功能复合材料的主要加工方法，近些年来发展迅速。三维编织是由多个纱线

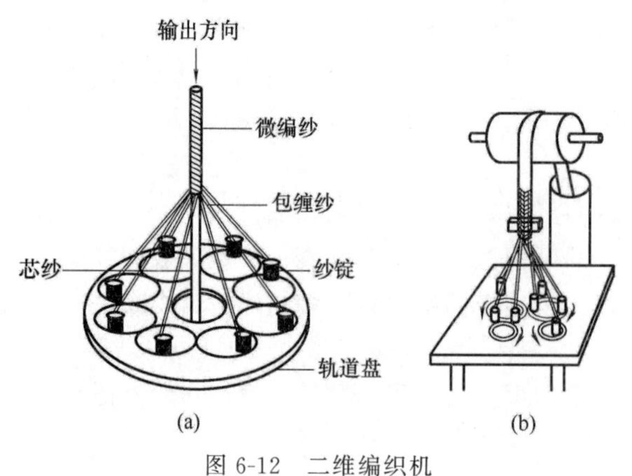

图 6-12　二维编织机
（a）二维圆形编织机　（b）二维矩形编织机

系统相互缠绕或正交交错编织而成，主要分为四步编织和两步编织两种。

三维编织织布能适应更多产品的需求，具有较高的强度、较好的抗损坏性、较低的生产成本，可应用于电线、电缆，还用于运动物品的增强结构，如网球拍、滑雪板、飞织鞋面等。

（4）非织造布

非织造布是一种有别于传统织布和纸类的纤维制品，也被称为无纺布、无纺织布，是由纤维、纱线或长丝使用物理机械或化学方法处理后使之黏合或结合而成的薄片状和毡状的结构物，具有生产效率高、速度快、成本低等特点而被广泛应用于纺织行业。因为造纸工艺与非织造布加工工艺相似，为了区分非织造布和纸，规定原材料中至少有50%以上的纤维长径比大于300或者长径比大于300的纤维质量超30%且密度大于0.4g/cm^{3}的属于非织造布，否则为纸。

制造工艺主要分为准备纤维、纤维成网、纤维网结合、烘干、后整理、卷装等六大步骤，常见加工方法有干法、纺丝黏合法、射流喷网法、针刺法、湿法、薄膜挤压法等。

非织造布的性能指标较多，鞋类常用的性质包括厚度、质量、断裂强度、断裂伸长率、撕裂强度、耐磨性能、顶破性能、缩水率、缝合强度、弯曲刚度等，主要用来检测鞋用非织造布的蓬松性、保暖性、耐磨损性、延伸性、抗撕裂性、耐磨损坏性、缠结牢度、缝合牢度、柔软性等。

（5）涂层、压层

为了增加机织布、针织布、编织布、非织造布等多种纺织品的使用范围，可以使用涂层、压层的方法改变或者提高纺织品的各项性能和外观造型。

① 涂层：为了增加纺织品的性能，通过直接涂层、转移涂层、凝固涂层等工艺方法将聚丙烯酸酯、聚氯乙烯、聚氨酯、聚乙烯、天然橡胶和合成橡胶等涂层剂覆盖在纺织品上，形成一种新的复合物，也叫涂层织布。这种复合物不仅具有原制品的性能，还有覆盖层的性能，可作为底布的织布或作为骨架，起到抗撕裂和稳定尺寸的作用。涂层剂在成膜后，起着保护底布和赋予表面特性的作用（如防止水分渗透、耐化学药品侵蚀等）。

② 压层：压层就是把片状材料一层层地叠合，通过加压黏结成为一体。压层织布是通过焰熔法、压延法、热熔法、黏合剂法等工艺方法将一层以上的织布（或非织造物）黏结在一起，或将织布与其他软片状材料黏结在一起，形成兼有多种功能的复合体，也叫压层织布，又称复合织布、黏合织布、叠层织布。压层纺织制品可用于层压水泥袋、医疗用布、防水透湿雨衣、座椅包布、保暖鞋面、防护用品等。

6.1.2.3　织布在鞋类产品中的应用

鞋靴制作对织布有着严格的质量要求，既要满足穿着要求，也要满足外观的时尚性要求。鞋靴用织布包括面料、里料、衬里等。

（1）鞋用织布性能要求

① 鞋面织布：鞋面织布指在鞋面上用的布料。为了符合加工和实际穿着过程的要求，鞋面织布在使用前必须对它的成型性、相对密度、耐磨性、断裂强度、收缩率、卫生性能等进行检测。

a. 成型性能：指织布在加工过程中经受绷楦受力时不破裂，帮部件形状不改变，脱楦后鞋帮形状不改变。评价鞋面织布成型性的指标是横收缩性、伸长率、剩余伸度。织布在某方向拉长时，能够在横方向上直线缩小的性质叫作横收缩性，在绷帮过程中可减少褶皱。织布断裂时长度增加的百分比叫作伸长率，可以保证绷帮工序的正常进行，保障鞋靴实际穿着过程中的弯折受力不折断。织布断裂后 1h 的长度增长百分数叫作剩余伸度，剩余伸度不可过大，否则鞋靴在穿着过程中容易受力变形。

b. 相对密度：是鉴定织布质量的重要标准，指在 10cm 长度以相同密度紧密排列的纱线数量。相对密度越小，织布越柔软、稀疏。鞋面织布要有适宜的密度，如经纱的相对密度为 80%～90%，纬纱的相对密度为 60%～70%。密度过小，织布强度不够，易松散；密度过大，不利于绷帮。

c. 耐磨性：在耐磨试验机上进行测试，摩擦结果用样布磨断纱或磨出小洞所需的摩擦次数表示，也可用摩擦一定次数后断裂强度的变化表示。经纬纱配置得越均匀，耐磨性越好；经纬纱交错点越多，织布的耐磨性越小。耐磨性越好，穿着过程中鞋帮面损坏概率越低。

d. 断裂强度：是检验织布质量的又一重要标准，指拉断织布所需的力。断裂强度的大小可以表示织布的耐用程度，但对于不同种类的织布来说，耐用程度还需要综合考虑伸长率、耐磨性等。织布断裂强度指拉断 5cm 宽布条所需要的力，试验布条的有效长度规定棉织布为 20cm，毛织布为 10cm。

e. 收缩性：指织布受潮后缩小尺寸的性能，鞋面织布收缩会改变鞋面部件形状和尺寸。测定棉布缩水率，需要在布样距边沿至少 5cm 处剪下 22cm×22cm 的方形布块，距方形布块边缘 2cm 处按经线和纬线各缝三对白线，测定每对线间的距离。如图 6-13 所示。将方形布块经过处理后对缩水率进行计算。

$$缩水率=\frac{水洗前距离-水洗后距离}{水洗前距离}\times 100\%$$

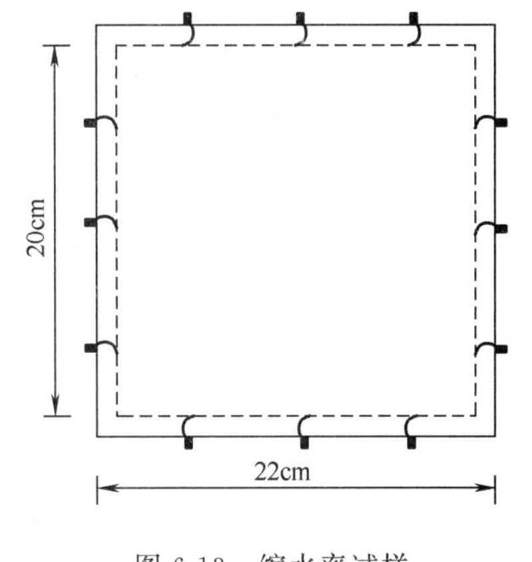

图 6-13　缩水率试样

f. 厚度：织布厚度对使用性能有较大影响，如冬天的防寒靴要求织布厚并且结实，夏天的运动鞋要求织布薄而透气。测试织布的厚度需要使用厚度计进行测量。

g. 导热性：指的是传导热能的性能，织布的导热性由纤维种类、空气含量、织布厚度、后整理方法等决定，其中纤维的导热性是影响织布导热性的基本因素。麻织布导热性最大，丝织布导热性次之，棉织布导热性较小，毛织布的导热性最小。导热性越小，织布越保暖，如冬天穿的鞋子，需要选用导热性较小的织布来提升保暖性。

h. 织布透气性：指织布允许气体通过的性能，是卫生性能重要的组成部分。脚在正常情况下，会从皮肤排出汗液、二氧化碳等，为了脚部的健康，要求鞋用织布能够将这些气体扩散到空气中，并将外界新鲜空气调换进来，以此保证脚部舒适的环境。

i. 织布吸湿性：指它吸收外界水分的能力以及向周围空气放出水分的能力。鞋用织布还应具备良好的吸湿性和放湿性，以保证脚部舒适环境。织布吸湿性按照吸湿、放湿速度排序，丝织布最快，然后是棉、麻、毛；按照吸湿量排序，顺序为毛、麻、棉。

② 鞋里织布：鞋里织布一般选用原色帆布或白平布。主要是用来保护脚部在穿着过程中免受鞋面毛里以及缝纫线的摩擦，增加鞋靴的定型性能和鞋面强度，吸收脚部汗液保证鞋内部的卫生性。

制鞋绷帮时，里布和帮面一样要受力，因此鞋里布的造型性能、断裂强度等要求与鞋面织布相同。穿鞋时，里布遭到摩擦、弯曲、拉长、汗液等作用，要求鞋里织布的抗张强度、耐磨性、卫生性能要相对好一些。因为里布在鞋靴内部，较为隐蔽，所以外观要求较低，允许织布上存在不影响质量的瑕疵。

③ 鞋用织布的外观要求和疵点：鞋用织布外观要求是颜色均匀，颜色耐摩擦、耐水洗与日晒后褪色和变色。其中纱的疵点、织造疵点、染整疵点是影响织布外观质量的因素。纱的疵点指纱的各种毛病，包括原料不好和纺织问题两种。常见纱疵点有松紧纱、竹节纱、大肚纱、羽毛纱、油污纱、粒结、杂质等。常见的纺织疵点有纬缩、缺经、密路、蛛网、缺纬、云织、跳纱、折痕、脱纱、未漂白、油污、条花、染色不匀等。

(2) 鞋用织布保管要求

织布保管是一项复杂而细致的工作，任何织布都不能存放于露天货场，以防止织布受潮发霉、日晒变色，应放置于库房保管。库房要保持干燥通风，保持温度在15℃左右，相对湿度在60%左右，并注意虫害、烟火等。对于色布保管要更加注意，要纺织日晒变色、高温变脆。

(3) 鞋用织布的种类

可以选择符合鞋用织布性能要求的织布作为鞋用布料。常见鞋用布料有帆布、混纺布、绒（布）类、仿麂皮织布、部分针织布、部分毛织布、网眼布、复合织布等。

① 鞋用帆布：帆布是一种较粗厚的棉织物或麻织物。因最初用于船帆而得名。一般多采用平纹组织，少量的用斜纹组织，经纬纱均用多股（2～18股）线。帆布通常分粗帆布和细帆布两大类。染色后的细帆布为漂染帆布。

a. 鞋面帆布：多为细帆布，布身细洁、平整结实、坚固耐磨。漂白或染色后做胶鞋、运动鞋帮面；漂染帆布用作单鞋、布棉鞋帮面。

b. 鞋里帆布：多为平纹组织，一般是不需染色的本色布，透气性好、防滑。强度低、价格便宜的本色帆布可用作胶鞋和运动鞋的中底布和后跟布。

c. 双层鞋用帆布：是一种将鞋面和鞋里交织成一体的制鞋专用帆布，表面紧密，结构稳定，不易起皱，透气性好，丰满挺括，穿着舒适，常用作布面胶鞋、运动鞋、旅游鞋等鞋的面料。

② 鞋用平布：用维纶和棉维混纺的织布，综合了维纶结实、耐磨、耐化学性能好和棉纤维吸湿、透气性好的性能，提升了混纺布的性能，是鞋用平布的主要布料种类之一。

棉维混纺布，规格为50维/50棉，结实、耐穿，吸湿性能好，穿着舒适，紧密厚实，耐酸、耐碱、耐日晒、耐霉、耐蛀、耐腐蚀，易于贮存、保管和洗涤，与橡胶的黏合性好。棉维混纺平布，根据其粗细程度可用作布鞋的鞋面布、鞋帮里、底面布、鞋垫布以及平布鞋的底沿条等；棉维混纺帆布可做皮鞋护跟。

维纶平布也是鞋用面料的另一种产品。鞋面用维纶布还有斜纹布、帆布、黑冲服呢等。

另外，还有适用于制作鞋面的直贡、罗缎、牛仔布等，用作滚条、纽扣布的羽绸等。

③ 鞋用绒布：绒布类织布主要有灯芯绒、绒布、天鹅绒等。灯芯绒可做鞋面，但要有衬里布并且不能高温加工，以防止变形，可分为原色灯芯绒、色织灯芯绒、大提花灯芯绒、小提花灯芯绒等。灯芯绒具有绒条凸起、丰硕饱满、手感细软柔和、色泽鲜明、似呢绒毛料、质地厚实、耐磨、保暖好等特点。绒布可做衬里，分为单面绒布（平纹组织）和双面绒布（斜纹组织），呈现出手感松软、保暖性好、吸湿性强、穿着舒适等特点。天鹅绒是表面具有绒圈或绒毛的单层起绒类织布，可做面料，绒圈或绒毛浓密耸立，光泽柔和，质地坚牢、耐磨，穿着轻巧、柔软、舒适。金丝绒是由桑蚕丝和黏胶丝交织的经起绒的丝织布。绒毛浓密耸立、比较长，绒面富有光泽，华丽柔软。芝麻绒是单面拉绒色织布，表面绒毛短密均匀，手感柔软，保暖性比较好。

④ 鞋用仿麂皮织布：对织布表面进行炼漂、起毛、染色、磨毛等操作得到的纺织品，仿麂皮织布有良好的皮革感，保暖、透气、挺括，有机织布和针织布两大类。目前国产针织麂皮的外观和手感已经达到或近似天然麂皮的效果。

⑤ 鞋用针织布：鞋用针织布松软，弹性好，手感好，透气性好，经过后整理后，织布挺括，有弹性，花色品种丰富、新颖，广泛用于制作鞋帮面、鞋里。但有脱散性的缺点。纬编针织布常用作鞋面和鞋里，如雨鞋夹里；经编针织布常用作鞋面。

⑥ 鞋靴用毛织布：鞋靴用毛织布主要指以全毛、毛混纺和纯化学纤维织成的织布，又称为呢绒。全毛、毛混纺毛织布手感柔软，光泽滋润，富有弹性，有比较好的吸湿性和拒水性，耐脏耐用，舒适保暖，但易虫蛀。

礼服呢可做高档布鞋；仿羔皮、仿羊皮可做衬里；骆驼绒是冬季防寒鞋的理想材料；毛毡可做保暖衬里、护跟、鞋垫等；平面毡、代革毡可做鞋辅料。

⑦ 鞋靴用网眼布：鞋靴用网眼布分为机织、针织两类。经编网眼布是一种有规律网眼的针织布，结构疏松，有一定的延伸性和弹性，透气性好，孔眼分布均匀对称，有棉纱织造的经编网眼布和涤长丝织造的经编网眼布两类。

⑧ 鞋靴用复合织布：鞋靴用复合织布是将鞋靴帮面、中间衬料和里布复合在一起的鞋靴材料，按照复合技术可分为火焰复合织布、热熔点状复合织布、丙烯酸酯和聚氨酯溶剂的复合织布类。由复合物制成的鞋帮提高了鞋靴质量和制鞋生产率，整体性强，轻便柔软，透气透湿性好，耐穿耐用。鞋靴用火焰复合织布是理想的鞋用纺织材料之一。

（4）鞋用织布应用技术的发展

当前，随着科技的发展，鞋用织布不仅可以用于制作帮部件，还可以直接作为完整的鞋帮材料如针织成型鞋，目前以生产飞织运动鞋为主，如图 6-14 所示。

运动鞋帮面需要以质轻、护脚、款式多变来满足消费者的舒适性要求和个性化要求。传统制鞋要经过打板、下裁、缝制等工段，劳动效率底，生产成本高。而针织成型鞋低碳环保，轻薄透气，加工快速，生产成本低，通过经纬材料的变化，实现鞋面花样、颜色、

图 6-14　飞织运动鞋

款式的多变，满足消费者对个性时尚的要求。针织成型鞋的鞋帮面要实现良好的耐磨性、撕裂强度、耐折性、鞋面挺阔性，才能满足实际穿着的需要。通常选用涤纶、锦纶和丙纶等长丝纱线，设计出单色、双色、提花等品种，还可以通过对纤维进行改性赋予鞋面材料抑菌、产生负氧离子、远红外纤维发热等特殊性能。

针织成型鞋材包括经编成型和纬编成型两种。经编成型鞋材工艺发展迅速，产量高，生产效率也高。目前市面上流行的经编单层成型鞋材多在 RSJC5/1 经编机上采用 4 把梳栉编织而成，鞋面立体感强，提花效果清晰，但无网孔效应，透气性较差。经编新型双层成型鞋材能够形成双色、多色、镂空、透孔或实心等效果，通常在 RDPJ4/2 经编机上编织成型，能够形成双色、多色、镂空、透孔或实心等效果，鞋面效应丰富，透气性好，层次分明，具有双层结构。经编三维立体鞋面织布由表层、间隔层和底层组成，在 RDPJ5/1 经编机上编织而成，鞋面花型丰富多变，透气、导湿等物理力学性能良好，具有防震功能。

纬编成型鞋材工艺，又可分为横编和圆纬编。横编成型鞋材能真正做到一次成型，组织结构包括空气层集圈组织、加强筋组织、透气孔洞组织、标记定位孔洞组织、包覆性罗纹组织等。圆纬编成型鞋材刚刚起步，机器结构复杂，生产效率比横编稍高。纬编成型鞋材透气、透湿性能较经编鞋材更为优良，制鞋流程短，节约材料，减少劳动成本，鞋舒适合脚，质轻，柔软性好，硬挺，耐磨性好。

6.1.3　鞋用非织造布

（1）缝编仿毛皮

通常以收缩腈氯纶、有光无收缩腈氯纶为原料，采用纤网、底布毛圈型编法非织造工艺生产加工。生产的缝编仿毛皮、仿山羊皮，毛皮形态逼真，摸起来手感柔软，有良好的蓬松度，并且在加工和穿着过程中不易变形，价格较低，可用作保暖鞋里。

（2）非织造仿麂皮

选用复合型短纤维作为原料，通过铺网、层叠成纤维网再进行针刺后形成三维络合构造物，继而磨面起毛、染色。这种非织造布质地柔软，保暖性好，透气，吸湿性好，耐洗，耐穿，尺寸稳定，不霉、不蛀、无臭味，色彩鲜艳，外观高雅，立体感强，可用作鞋面材料。

（3）针刺呢

针刺呢类似于粗纺呢绒，是废毛与化学纤维的混纺纤维通过针刺、黏合工艺制成的产品。成品拉伸强度大，耐磨性好，手感较硬，呢面的光滑度、弹性、保暖性与呢绒相同。

（4）无纺黏合绒

也叫无纺绒，属于保暖材料。选用腈纶等中长纤维作为原料，通过饱和浸渍真空吸液黏合法制成。无纺绒弹性大，不老化断裂，吸收水分后易干燥，便于裁剪和缝制，可用作冬季鞋靴的鞋里保暖层。

（5）热熔絮棉

也叫定型棉，属于保暖材料。选用涤纶、腈纶等纤维作为主要材料，通过开松混合、成网、热熔定型等工序，将适量丙纶、乙纶等低熔点纤维作为热熔絮棉黏合剂制成的产品。热熔絮棉比棉絮轻柔，有一定的抗拉强度，便于裁剪、缝制，可洗涤。

(6) 喷浆絮棉

也叫喷胶棉，属于新型保暖材料。选用中空或高卷曲涤纶、腈纶等喷浆絮棉纤维作为原料，通过开松、混合、成网、喷黏合剂和干燥等工序，用液体黏合剂黏结成纤维网。喷胶棉蓬松性比热熔絮棉高，弹性好，手感柔软，耐水洗，保暖性良好。

(7) 缝编鞋内衬料

选用黏胶纤维为纤网原料，涤纶长丝作为缝编纱，通过纤网型缝编法制成。这种材料柔软，耐磨性好，可用作运动鞋内衬。

(8) 鞋帽衬

选用维纶、落棉、苎麻作为原料，通过浸渍黏合法或热轧法制成。鞋帽衬挺括，各向同性，弹性好，便于多层开剪，价格低廉，可用作鞋帽里衬。

(9) 合成面革

选用纤度细、收缩性大的涤纶纤维作为原料，通过开松、梳理、成网、针刺、预收缩等工序制成坯布，再经过浸渍聚氨酯树脂、涂布、整理而制成。合成面革透气、透湿性好，厚薄均匀，下料方便，密度小，易于保养，适合连续化生产。

(10) 合成绒面里革

选用多种化学纤维作为原料，经过梳理、成网、合成针刺、热定型制成非织造布。将非织造布作为底基，再经过浸渍熨压、磨整等工艺制成。合成绒面里革理化性能近似天然皮革，透气性好，绒毛均匀纤细，手感柔软丰满，色泽鲜艳，可用作皮鞋、凉鞋里料。

(11) 合成革主跟、包头硬衬

以具有热收缩性的合成纤维为原料，经开松、梳理、成网、针刺和热收缩工艺后制成坯布，再经浸渍合成树脂液、干燥、后整理等工序制得的片状硬衬材料。这种材料具有厚薄均匀，下料方便，生产率高，有一定的硬度和弹性，抗水性良好等特点。制鞋厂用它裁料、定型制成鞋包头、鞋主跟，使皮鞋穿后不易走样。

(12) 合成鞋内底革

选用具有热收缩性的合成纤维作为原料，通过开松、梳理、成网、针刺和热收缩等工序制成坯布，再经过浸渍合成橡胶或合成树脂为主的黏合剂以及后整理等工序而制得。这种材料轻柔舒适，耐磨，厚薄均匀，延伸率一致，下料方便，适合连续化生产，主要用作各种皮鞋的内底或皮革制品的内衬材料。

(13) 药用鞋垫

选用维纶、涤纶、棉、麻等纤维作为原料，通过针刺、热熔法或针刺浸渍黏合法制成非织造布基材，再浸渍药液后冲压而成。这种材料具有抗菌、抑汗等功效，可以用作去除脚癣、多汗症等的保健品。

6.1.4　鞋用缝纫线

缝纫线主要是指缝合纺织材料、塑料、皮革制品和缝订书刊等用的线，应具备可缝性、耐用性及外观质量好的特点。缝纫线是加工行业的重要耗材，其发展技术直接关系到许多产品质量的好坏。

鞋靴用缝纫线主要用来缝合帮部件以形成完整帮套，具有实用与装饰双重功能。对于不同品种的鞋靴，对缝纫线的选用要求也不一样。缝线质量的好坏，不仅影响缝纫效果及加工成本，也影响成品外观质量。所以我们要对缝纫线性能、质量、种类、规格进行了解。

6.1.4.1 缝纫线的种类

缝纫线主要按照原料进行分类，分为天然纤维缝纫线、合成纤维缝纫线、混合缝纫线三大类。

常用缝纫线有 202、203、402、403、602、603 等几种型号。前两位数字代表纱的支数，支数越高，纱就越细，第三位数字代表该缝纫线是由几股纱并捻而成。例如：403 就是由 3 股 40 支纱并捻而成。

（1）天然纤维缝纫线

主要包括棉缝纫线和蚕丝线。

棉缝纫线是指以棉纤维为原料制成的缝纫线，分为无光线（或软线）、丝光线和蜡光线。棉缝纫线强度高，耐热性好，适于高速缝纫与耐久压烫，但弹性和耐磨性较差。

蚕丝线是指用天然蚕丝制成的长丝线或绢丝线，光泽度好，强度、弹性和耐磨性能均优于棉线。

（2）合成纤维缝纫线

主要包括涤纶缝纫线、锦纶缝纫线、维纶缝纫线、腈纶缝纫线。

涤纶缝纫线是指由涤纶长丝或短纤维制成的缝纫线，强度高，弹性好，耐磨，缩水率低，化学稳定性好，但熔点低，在高速缝纫时易熔融，堵塞针眼，导致缝线断裂。

锦纶缝纫线是指由纯锦纶复丝制成的缝纫线，分长丝线、短纤维线和弹力变形线三种，应用最多的是锦纶长丝线。它的伸长率大，弹性好，断裂长度是同规格棉线的 3 倍。

维纶缝纫线是指由维纶纤维制成的缝纫线，强度高，线迹平稳，主要用于缝制厚实的帆布、家具布、劳保用品等。

腈纶缝纫线是指由腈纶纤维制成的缝纫线，主要用作装饰线和绣花线，染色鲜艳。

（3）混合缝纫线

主要包括涤棉缝纫线和包芯缝纫线两类。

涤棉缝纫线是指由 65％的涤和 35％的棉混纺制成的缝纫线，兼具涤和棉的优点，既保证强度、耐磨、缩水率的要求，又能克服涤不耐热的缺陷，适用于高速缝纫。

包芯缝纫线是指以长丝为芯线，外包覆天然纤维制成的缝纫线。缝纫线的强度由芯线决定，耐磨性与耐热性由外包纱决定，适用于高速缝纫。

6.1.4.2 缝纫线的性能要求

缝纫线至少要能形成线缝和确保线缝的各种穿用性能及使用条件。还需要对缝纫线的物理化学性能进行检验，包括弹性、断裂强度、柔软性、可曲挠性、耐磨性、捻向、捻度、伸长率、缩水率、光滑度、均匀度、吸湿回潮率、耐热性、色牢度、耐腐蚀性、模量等。只有检验合格的缝纫线，才能使用，否则会对鞋靴成品的质量产生不良影响。

（1）断裂强度和弹性

断裂强度是影响缝纫效果的重要因素，鞋靴的缝纫线大部分暴露在表面，受摩擦损伤多，受张力较大，对缝纫线的强力要求较高。但鞋类在穿着使用过程中，缝纫线的断裂不能早于鞋靴的弃穿时间，所以缝纫线的使用寿命、可靠性和安全性要高于鞋靴本身。

缝纫线的弹性大小将会直接影响到缝纫效果，弹性是指纱线受外力作用发生变形后的恢复能力。缝纫线要有良好的弹性，使缝针在反复穿刺过程中能承受变形，以防断线。但弹性不能太大，否则会发生跳针。

（2）柔软性、可挠曲性、耐磨性

良好的柔软性、可挠性、耐磨性可以使缝纫线在缝纫时能紧贴织布，保持线迹平整。暴露在外的缝纫线要不断经受摩擦，故也需要耐磨性。各种线的耐磨性优劣为锦纶＞涤纶＞维纶＞棉。

（3）捻向、捻度

捻向、捻度直接影响缝纫效果。捻度是指在单位长度的纱中纤维所捻成的回旋数，纱的强度主要由捻度决定，一般捻度大强度也大。加捻可以提高缝纫线的强度，如捻度太小，缝纫线强度不够，会断线；捻度太大，容易出现跳针、绞结、线迹不良等现象。捻向分为Z捻（反手捻）和S捻（顺手捻），在捻度相同的情况下，S捻的直径比Z捻线大4%～10%，我国制鞋生产中使用Z捻线稍多一些。

（4）缩水率、伸长率

缝纫线要求缩水率低、伸长率适度。鞋靴穿着后需要进行水洗，所以缝纫线的缩水率要与织布基本相同。缝纫线在缝纫过程中要受力变形，需要有一定的伸长率，涤纶缝纫线的断裂伸长率一般应在12%～16%。

（5）光滑度、均匀度

缝纫线的圆整度、光洁度、均匀度会对高速缝纫过程产生影响，为了减少缝纫线与缝针针眼的摩擦，要求缝纫线细度均匀、表面光滑，细度不匀率应控制在10%以内。如果缝纫线上有粗节或结头，会造成缝纫过程中出现断线、断针等现象。

（6）吸湿回潮率

缝纫线的吸湿和回潮影响缝纫线的柔软性。吸湿性较大的话，会产生湿针，使机针穿刺材料时有困难。回潮率要合适，否则易引起霉变，如棉无光线回潮率在10%，棉蜡光线与木芯线为13%。

（7）耐热性

缝纫线在缝制中由于摩擦和往复伸长而发热，为了提高缝纫线的耐热性，一般采用硅油或硅蜡对缝纫线进行整理，同时也提高了缝纫线的平滑性、柔软性。

（8）模量

在这里指的是缝纫线的拉伸弹性模量。其值越大，缝纫线在一定应力作用下发生的弹性变形越小。因此，缝纫线的模量高而且结实时，线圈形成效果不好，容易产生跳针、缝线缩拢等现象；缝纫线的模量低而且柔软时，线圈形成方向不易固定，容易产生跳线。

（9）色牢度

缝纫线颜色应与缝制材料一致，色牢度要高，使用深色线时色差要掌握在深于布料标样一个等级。使用颜色测量仪器测量耐光色牢度（试样变色和贴衬织布沾色）和耐摩擦色牢度（干摩擦和湿摩擦色牢度）。

（10）耐腐蚀性

缝纫线可能会承受各种侵蚀，一般合成纤维缝纫线比天然纤维线的耐腐蚀性好。缝纫线耐酸性的顺序是涤纶线＞维纶线＞锦纶线＞棉线；耐碱性的顺序是维纶线＞棉线＞锦纶线＞涤纶线；耐老化性能的顺序是涤纶线＞维纶线＞棉线＞锦纶线。

6.1.4.3 鞋用缝纫线的选择

（1）缝纫线品种选择

目前国内制鞋生产用线基本上是根据各自现有条件和经验来选用缝纫线。如棉织布做鞋帮的应选用棉线或涤纶线；化纤织布和化纤混物做鞋帮的应选用合成纤维线；皮鞋及革制品宜选用蚕丝线和合成纤维长丝线，如涤纶长丝线。国外皮鞋等鞋用线多用化纤线取代天然纤维线，如德国皮鞋用缝纫线以涤纶线为主，约占 90％，锦纶线仅占 10％；法国皮鞋用缝纫线锦纶线占 95％。由于涤纶线的优点多于锦纶线，国外普遍应用涤纶线。

① 棉缝纫线：包括棉丝光线、棉蜡光线和棉无光线。棉丝光线着色性好，主要用于布胶鞋帮面、帮底和布单鞋帮面缝制等。棉蜡光线强力、光滑度和耐磨性较好，主要用于缝制布面胶鞋、布鞋、皮鞋、皮靴、拼接毛皮里、缝制鞋垫等。棉无光线主要用作布棉鞋和布单鞋的纳鞋底用线等。

② 蚕丝缝纫线：主要用来缝制皮鞋、皮靴、皮服和皮革制品，如缝制皮鞋、皮靴的帮面等。

③ 麻缝纫线：包括麻线和亚麻线，鞋类主要使用麻线。麻线强力大，伸长率很小，吸湿排湿快，耐磨性能高，主要用于皮鞋、皮靴、布鞋的缝制，如皮鞋的缝内线和缝外线，布鞋的纳鞋底、缝皮鞋沿条等。

④ 涤纶缝纫线：包括涤纶短纤维线（涤纶线）和涤纶长丝线（涤长丝线），优点显著，使用范围正在逐步扩大，目前已较广泛地代替棉缝纫线。涤纶缝纫线主要用于缝制各种布胶鞋的鞋帮面，用作皮鞋和运动鞋的装饰用线或底线等。

⑤ 维纶缝纫线：包括维纶短纤维线和维纶长丝线。维纶短纤维线主要用于缝制胶鞋、布鞋和运动鞋的帮面和箱包等；维纶长丝线主要用于缝制皮带和皮革制品，但用量较少。

⑥ 锦纶缝纫线：多是锦纶长丝线，主要用作皮鞋、皮靴的缝纫用线和缝埂线等。

⑦ 涤棉包芯线：以强度高于涤长丝线的线作为芯线，能适应 4500r/min 以上的高速缝纫要求，但价格较高。目前有少量用于高档皮鞋和皮革制品等。

⑧ 涤棉混纺线：多是 65％的涤纶和 35％棉花混纺制成的线，主要用于布鞋帮面的缝制，其用途与涤纶线基本相似。

（2）缝纫线规格选择

不同类型的鞋靴缝制质量要求不同。线的粗细和合股数等规格的选择应根据缝制材料的密度、厚薄、质量等而确定。

在缝制中，如果线的规格选用不合理，会直接影响到缝制效果；如缝制皮鞋鞋帮时，如缝纫线太细，会影响线缝强度或针线不匹配产生跳针。通常鞋用织布或材料越厚，选用的缝纫线就越粗，且面线应稍粗于或近似于底线。

6.1.5 织带

织带是鞋靴的辅料之一，品种很多，起到实用性和装饰性的作用。织带的质量、颜色、款式应与鞋靴款式相匹配，以提升鞋靴的整体效果。

6.1.5.1　织带的分类

织带通常有三种分类方法。一是按收缩性分为弹性织带、刚性织带（无弹性带）。二是按用途分为服装辅料带、鞋帽辅料带、箱包辅料带、安全/功能带、吊装捆绑带、装饰/礼品带、其他类织带。三是按常用材质分为涤纶带、锦纶带（尼龙带）、丙纶（PP）带、（涤）棉带、氨纶带、其他带等。

6.1.5.2　鞋用织带

（1）鞋带

皮鞋等各种鞋款在口门位置进行结扎的带形织布叫作鞋带。鞋带属于编织布大类中的管状织布，有圆带与扁带之分。根据鞋款种类的不同，使用的鞋带也有差异，有皮鞋带、胶鞋带、毛皮鞋带、足球鞋带、旅游鞋带、球鞋带等品种。

国内鞋带采用的原料大部分是棉纱线，也有少量锦纶、涤纶、维纶或维纶、涤纶与棉混纺纱线。用合成纤维纺纱或合成纤维与棉混纺纱编织的各种鞋带，其性能有较大的提高。维纶、涤纶和棉混纺纱织成的鞋带强度高，耐磨性、摩擦性好，打结后不易滑脱松结，同时颜色更为鲜艳，受到穿用者的欢迎。为了防止鞋带两头纱线松散，会采用鞋带头包扎，鞋带头有铁皮头和塑料头两种，颜色多样，多为黑色、咖啡、蓝色、米色、天蓝色、驼色、白色等。鞋带长度一般为 35～100cm，根据鞋的种类和用途，鞋带长度也可以小于 35cm 或大于 100cm。

（2）线带

由双股棉线采用经纬编织得到的薄型单层带织布叫作线带，属于斜纹组织。线带结构较紧密，平整度和牢度较高，带身柔软，包括鞋口带、后跟条带、线带、松紧带等。

鞋口带指专供鞋帮口滚边用的薄型单层带状织物，主要采用 28tex×2、28tex×3、14tex×2（tex 表示纱线线密度，×2 代表两股纱）等规格棉线编织而成，少量采用涤纶、锦纶、维纶与棉混纺纱线编织而成。后跟条带指在后跟起加固作用的条带，多用于运动鞋、胶鞋。线带指经纬线均采用双股棉线织成的单层带状织布，常用作童鞋滚边。松紧带指镶织有弹性材料的扁平带状织布，质地紧密，带身较厚，带面平整，手感柔软，弹性好，是部分鞋类的配套辅料。

（3）松紧布

松紧布指用棉纱与橡胶丝交织而成的双层弹性带织布，最初在织布机上制得，宽度大于松紧带，所以叫作松紧布。松紧布的主要原料是棉纱、黏胶丝和橡胶丝，由一组橡胶丝和经、纬线按一定规律交织而成，宽度一般为 4.0～15.2cm，主要用作松紧鞋的辅料，装接于布鞋、皮鞋的鞋帮两侧或布鞋背上，如男士舌式鞋（图 6-15）、切尔西靴（图 6-16）等。

（4）锦纶搭扣带

锦纶搭扣带是由锦纶勾面带和锦纶圈面带（绒带）组成的配套带织布，又名锦丝粘扣带、锦丝起绒搭扣带，俗称尼龙搭扣。锦纶搭扣带黏合力强。采用锦纶长丝作为原料，由平纹组织与线圈组织组成。锦纶搭扣带带面平整，带的宽度有 15、20、25、30、40、50、100mm 等规格，可替代扣子、拉链、带子等作为鞋类、服装等的连接材料。

图 6-15　男士舌式鞋

图 6-16　切尔西靴

6.2　鞋用金属辅助材料

金属辅助材料主要有各种钉类、勾心、掌铁、钎扣、金属饰件等。

6.2.1　钉类

鞋靴常用的有圆钉、橡皮钉、秋皮钉、螺丝钉、卡钉、铜鼓钉、运动鞋钉等。

6.2.1.1　圆钉

圆钉也叫铅丝钉。钉帽为圆形、平头，钉尖为锥形。圆钉常用在钉内底、绷帮、钉盘条、钉鞋跟等工序，起到临时或永久固定的作用。圆钉以英寸（in）或者毫米（mm）为单位，并按照长度命名，常用的有三分钉（9.5mm）、四分钉（12.7mm）、寸钉（25.4mm），如三分钉用来钉盘条和小掌面，四分钉用来钉堆跟、钉掌面，寸钉用来钉鞋跟。圆钉根据长度分为 8、10、12、14、16、19、26mm 共 7 种规格。需要注意的是进口的绷帮机还不适应国产的鞋钉。

6.2.1.2　橡皮钉

橡皮钉也叫沉头钉，钉杆粗壮，钉帽较厚，橡皮钉适用于钉橡胶鞋跟和在后跟上钉各种后跟铁。橡皮钉在橡胶跟内产生比较大的挤压作用，钉帽被钉在橡胶内，不易脱出。为了加固鞋跟与鞋底的结合，鞋钉往往被打透，脱楦后再将鞋腔内的钉尖捶倒，称为盘钉。橡皮钉的规格也根据全长度而定，常见的有 13、16、18、19、22mm 等规格。

6.2.1.3　秋皮钉

秋皮钉也叫圆帽平钉，钉帽直径比圆钉大，钉杆呈四棱形。秋皮钉经防锈处理后颜色发蓝。秋皮钉被打入橡胶等材料后，钉杆的四条棱线有较大的抗拔作用，钉尖易弯曲，能与皮革等材料牢固结合。其规格也根据全长度而定，有 13、16、19mm 等规格，其中 13mm 秋皮钉用来钉后垫，19mm 秋皮钉用来钉掌面。

6.2.1.4　螺丝钉

螺丝钉钉杆上有螺纹，分为木螺钉和鞋用螺钉两类。一般跟高在 40mm 及以上的鞋跟都需要使用螺丝钉。常用螺丝钉的规格为 22mm 长，钉杆粗 4.3mm，帽径 5.5mm，帽厚2.4mm。机器钉跟时一般不用螺丝钉。

6.2.1.5　卡钉

卡钉也叫扒锯钉，外观呈U形，也叫U形钉。使用时类似于订书钉，由于使用方便，常用于制鞋生产流水线上，用于钉内底、帮脚和固定勾心、固定外底、钉掌面与跟面等操作。卡钉两脚的长度为9～10mm、12～13mm，也可进行调节变化。制作卡钉的钢丝呈圆形和扁形。圆形钢丝的规格是以号数来表示的，号数越大钢丝的直径越小。绷帮时一般使用23～25号钢丝的长钉，钢丝直径在0.5～0.6mm。钉跟面常用14～18号钢丝的长钉，长钉直径在2.0～1.2mm。

6.2.1.6　铜鼓钉

铜鼓钉是一种用钢材制作的钉子，与圆钉相似，但钉帽呈鼓起的圆形，圆滑美观。铜鼓钉常用于高档皮鞋皮底掌面的钉合，起紧固、装饰美化作用。铜鼓钉要保存在滑石粉内，防止受潮生锈。

6.2.1.7　运动鞋钉

运动鞋钉是特殊用途的鞋钉，在专项运动鞋上起到防滑的作用，如速跑鞋钉、跳高跳远鞋钉、足球鞋钉、高尔夫鞋钉等。

6.2.2　勾心

勾心用冷轧钢条冲压而成，具有一定的硬度和弹性，是使用在鞋底腰窝部位起到支撑、稳固作用的底部件，安装在内底和半内底之间。一般运动鞋、平底鞋、坡跟鞋不用勾心。在低跟鞋中，除去钢勾心还可以使用竹勾心和其他材料制成的勾心。在中高跟鞋中，勾心两端有用来固定的钉眼。为了鞋靴的穿用性，要选择符合行业标准的勾心，勾心一般安装在内底分踵线上，前端距跖趾部位宽度线5～7mm，后端距底后跟端点25mm左右。

勾心的规格常用“号”来表示，号不同，长度也不同。男鞋勾心，小号为115mm，中号为120mm，大号为125～130mm。女鞋勾心，小号为105mm，中号为110mm，大号为115～120mm。

6.2.3　钎扣类（鞋眼、拉链等）

鞋钎扣类指在装配过程中起连接、加固、防护、美化作用的各种金属材料，有鞋钎、四合扣、铆钉、鞋眼圈、拉链、金属装饰件等。

6.2.3.1　鞋钎

鞋钎是既起到连接作用，又起到装饰作用的金属件，由铝质、钢质、铜质的薄板冲压而成，也可在表面镀层，增加美观性。鞋钎有长方形、圆形、椭圆形、三角形等多种外形，包括有钎针和无钎针两种类型，有钎针鞋钎主要是连接作用，无钎针鞋钎主要用于装饰。

6.2.3.2　铆钉

铆钉是起补强作用的金属件，有铆盖和铆心两部分，由薄铝板或铜板经机械挤压而成。铆钉多用于前后帮口门接头处的补强，根据材料的厚度选择铆钉的尺寸。

6.2.3.3 四合扣

四合扣是既起到连接作用又具有开闭功能和装饰美化作用的金属件，由扣盖、扣心、扣托、扣碗四个单独的部件组合而成。四合扣由铜质或钢质薄板挤压而成，装配时需要使用专门的工具。

6.2.3.4 鞋眼圈

鞋眼圈是起防护作用的金属件，材质多为铝或铜，装配于鞋眼孔上，保护鞋眼不被拉豁、拉变形。鞋眼圈分为鞋眼套、鞋眼钩、鞋眼环三种类型。鞋眼套为圆筒形，尺寸大小由圆孔直径决定。矮腰鞋的鞋眼套内径多为（3.5±0.2）mm；棉鞋、劳保鞋的鞋眼套内径多为（4.5±0.2）mm；靴类的鞋眼套内径多为（5.0±0.2）mm。鞋眼圈高度为5～7mm，为了安装牢固，选用时鞋帮的厚度不要超过眼圈高度的1/2。

鞋眼钩与鞋眼套大体相似，是在鞋眼套的基础上将鞋眼圈演变成鞋眼钩，系鞋带时将鞋带绕在鞋眼钩上，不用穿入鞋眼内，节省了系鞋带的时间，多用于靴类。鞋眼环与鞋眼钩相似，是将鞋眼钩演变成鞋眼环，系鞋带时要把鞋带穿入鞋眼环内。

6.2.3.5 拉链

拉链是起连接作用的部件，有开闭功能，分为金属拉链和尼龙拉链，通过啮合作用连接上下链齿。如出现卡顿，可在链齿上打蜡。

6.2.3.6 金属装饰件

金属装饰件是起美化作用的金属件，也可用树脂扣件代替。根据鞋靴款式的不同，装饰件的规格、尺寸、造型、花色有较大变化，一般安装在鞋上较为明显的部位。

6.2.3.7 钢包头

包头指皮鞋前端的补强材料，一般为天然底革、浸胶无纺布等材料，但对于某些功能性鞋款，如机械、矿山工作鞋，需要使用具有防砸功能的钢包头。我国采用低碳钢板经退火加工、冲压成型而制成。

6.2.3.8 加固鞋底金属片

有些鞋款为了防止过早地磨损鞋底，常用一些金属部件加固鞋底，主要有前掌铁、后跟铁、钢圈几种。

6.2.4 其他辅料

6.2.4.1 垫底心材料

鞋类生产中垫底心也叫填底心，指的是在外底与帮脚结合之前将绷帮后的底面进行填齐垫平的处理，起到使外底的表面光滑平整的作用。需要进行填底心操作的鞋款主要是皮鞋，对于一些低档皮鞋，往往会省料这一步骤，但会出现鞋底凹凸不平的状况，影响穿着舒适性，可见填底心操作的重要性。模压鞋和注射鞋属于一次成型鞋，底心部位由胶料代替。早期生产线缝鞋时常用沥青软木材料垫底心，有防水、防湿、绝缘、质轻、弹性好等优点。现阶段生产线缝沿条鞋时使用塑料垫片，塑料垫片使用方便，耐腐蚀性较好。胶粘鞋使用的底心主要有水胶拌锯木屑底心，氯丁胶拌胶末、皮末底心，氯丁胶拌黏合碎皮块底心等几类。硫化鞋使用的底心常用再生胶中底代替，降低了成本。

6.2.4.2 防霉防蛀材料

皮革材料的基本组成单位是蛋白质，蛋白质是细菌、真菌等的主要食物来源，因此皮鞋在保管过程中需要使用防霉剂和防蛀剂。

（1）防霉剂

在存储、保管鞋类时需要注意防止出现鞋靴的霉变现象，加入防霉剂是一个不错的方法。生霉是由于在合适的养分、温度和湿度条件下产生了霉菌。在生产皮革和皮鞋的后期阶段要控制皮革含水量在 14%～18%，尤其在较为潮湿的夏季，还要借用防霉剂来防止霉变。

常用的防霉剂主要有苯酚、对位硝基酚、环氧乙烷。苯酚也叫石碳酸，为白色针状或无色晶体，可溶于水、乙醇、冰醋酸、甘油及二硫化碳中，对皮肤有强烈的灼伤作用。对位硝基酚也叫硝基苯酚，为黄色晶体，溶于乙醇、乙醚、碱溶液和二硫化碳中，对皮肤有刺激作用，在生产鞋油和染色水时，为了防止霉变需要加入对位硝基酚防霉剂。环氧乙烷也叫氧化乙烯，是气相灭菌法的主要材料，常温时为无色气体，有乙醚或氯仿的气味，溶于水、乙醇和乙醚，有毒，大量吸入会引起中毒，危及生命，具有长时长效的灭菌能力，适用于远销产品。

（2）防蛀剂

鞋靴在保管期间也易被虫蛀和被其他微生物侵蚀，尤其是由毛皮、毛织布、毛纤维等天然材料制成的鞋，因此在保管期间需要加入防蛀剂。

常用的防蛀剂主要有卫生球和樟脑丸。卫生球是由精萘制成的球状产品，白色，常温下可升华，具有强烈的特殊性气味，对身体有害，现已不作为民用产品。樟脑丸由樟脑制成，樟脑是从樟树叶子中提取的有机化合物，樟脑丸为无色透明固体，有清凉香味，容易挥发，作为防虫蛀材料可代替卫生球。

6.2.4.3　包装材料

为了在运输和销售过程中保持鞋靴的完整清洁，便于保管，需要对鞋靴进行包装。在包装上还可以进行品牌的宣传，提高产品的知名度。常用的包装材料有纸类、塑料类等，分为内包装材料和外包装材料两种。根据产品等级、用途不同，选用不同的包装材料。

（1）内包装材料

对每双鞋进行的包装，叫作内包装。用印刷有商标、说明、型号、厂名等标志的透明塑料袋进行包装，保持鞋的洁净，适用于长途运输。用透明度高的成型塑料盒进行包装，增强外观的诱惑力，适用于各种礼品鞋。用纸张、塑料、无纺布、织布等材料制作成的提兜进行包装，并印刷标志，可起到移动广告的作用。用纸板做成的鞋盒进行包装，鞋盒的大小要适当，并印有鞋号、型号、颜色、生产单位、产品名称、质量等级与商标等内容。用鞋内支撑材料进行包装辅助，防止鞋在运输保管过程中受到挤压变形，常用有纸团、气包式鞋撑子、瓦片式鞋撑子、支撑式鞋撑子等。用鞋盒内衬垫材料进行包装辅助，防止鞋子之间摩擦，常用绵纸、丝绒、发泡聚苯乙烯衬垫等。

（2）外包装材料

外包装又叫大包装，指若干内包装产品集中装置在一个大的包装箱内，目的是方便运输，主要使用瓦楞纸箱，少量使用木箱。包装箱的大小由实际情况而定，销往国外的一般每箱 12 双，销往国内的每箱有 20、25、30、50 双不等。如遇到较为潮湿的水运，还需要添加防潮纸或者防潮剂。

参考文献

[1] 刘让同，李亮，焦云，等. 织物结构与性能 [M]. 武汉：武汉大学出版社，2012.
[2] 《中国鞋业大全》编委会. 中国鞋业大全（上）材料·标准·信息 [M]. 北京：化学工业出版社，1998.
[3] 熊杰. 产业用纺织品 [M]. 杭州：浙江科学技术出版社，2007.
[4] 顾平. 织布组织与结构学 [M]. 上海：东华大学出版社，2010.
[5] 晏雄. 产业用纺织品 [M]. 上海：东华大学出版社，2018.
[6] 周永凯，王文博. 现代实用鞋靴材料学 [M]. 北京：中国轻工业出版社，2014.
[7] 王文博. 实用鞋靴材料 [M]. 北京：化学工业出版社，2014.
[8] 高士刚. 鞋靴材料 [M]. 北京：中国轻工业出版社，2012.
[9] 杨汝楫. 非织造布概论 [M]. 北京：纺织工业出版社，1990.
[10] 简晚霞，等. 针织成形鞋材生产技术现状 [J]. 纺织导报，2017 (10)：70-72.
[11] 战登瑞. 国际鞋用纺织品的发展 [J]. 产业用纺织品，1995 (4)：11-13.
[12] 邢凤霞. 缝编法非织造布在制鞋业中的应用 [J]. 化纤与纺织技术，2009 (2)：31-33.
[13] 战登瑞. 鞋用缝纫线的选择 [J]. 制鞋科技，1994 (5)：30-34.
[14] 刘志美. 缝纫线的研究现状及分类应用特点 [J]. 内江科技，2015 (07)：54-55.
[15] 张志娟，钱晓明. 新型非织造布鞋材的应用与研究 [J]. 非织造布，2007 (4)：34-39.

作业：

1. 机织布、针织布、编织布、非织造布各有什么特点？如何区分？
2. 为了提高鞋用织布外观及性能，可采用什么方法？具体怎么做？
3. 鞋用织布性能要求是什么？
4. 常见鞋用织布的种类有哪些？
5. 常用的鞋类非织布有哪些？特点分别是什么？
6. 鞋用纤维类辅助材料主要有哪些？
7. 缝纫线的种类有哪些？鞋用缝纫线的选择标准是什么？
8. 织带的分类方式是什么？鞋用织带都包含哪些？
9. 常用的鞋钉有哪些？
10. 鞋用勾心有哪些规格尺寸？
11. 举例说明鞋钎扣有什么作用。
12. 胶粘鞋常用的垫心材料有哪些？防腐剂和防蛀剂有什么不同？常用的内包装材料有哪些？
13. 鞋靴用辅料主要有几大类？为什么要使用这些辅助材料？

第7章 鞋用修饰材料

【学习目标】

1. 了解鞋面修饰的概念、修饰材料的要求和分类。
2. 了解鞋面修饰理论。
3. 了解鞋用修饰材料的组成和作用。

【案例与分析】

案例：某高校鞋类设计与工艺专业的一名学生在完成个人毕业设计作品过程中，发现在市场上找不到符合自己色彩要求的皮革鞋面材料，不甘心放弃设计方案，因而甚为困惑。这时，老师向他推荐了一位专门进行高档皮鞋表面处理的企业师傅。双方经过沟通，师傅认为学生的设计要求可以通过使用化工材料对成鞋表面进行修饰加工来实现，并给学生介绍了市场上现有的哪些修饰材料可以选用。学生听后思路大开，立即去市场买了皮鞋鞋面材料，制作出成鞋。然后在企业师傅的帮助下用鞋面修饰材料实现了自己的鞋产品设计目标。看到自己精心完成的作品，该学生不仅对自己信心大增，而且体会到了鞋面修饰材料的神奇作用。

分析：在本案例中，解决的问题实质上是如何调整成品皮鞋的鞋面外观效果。就像人们平时在脸上进行化妆一样，对鞋面也可以进行化妆，从而改善鞋面的外观。只是由于化妆对象的特点不同，所用的化妆材料性能也会有所不同。我们知道，用于皮鞋的帮面材料是天然皮革，属于蛋白质高分子材料，可以使用一些能与蛋白质高分子材料产生结合作用的化学物质对其进行修饰，赋予皮鞋帮面各种各样的色彩、光泽、手感、效应等。但考虑到鞋面的性能特点，用于皮鞋帮面修饰的材料应该和天然皮革产生牢固的结合，使得修饰效果具有牢固性和持久性。

7.1 概述

鞋是人们重要的使用及装饰商品，随着人们对美的追求及不同场合的需要，鞋的表面修饰日益被鞋厂及穿着者所重视。

7.1.1 鞋表面修饰的作用

皮鞋在制作过程中，由于会受到摩擦、碰撞、挤压等机械作用或者经过针线缝合、标注尺寸等操作处理，在鞋表面常常会留下生产加工的痕迹。例如表面有污染，光亮度不够好，颜色不均匀，针孔易进水，有残留画线等，对成鞋品质有明显的影响，有时还需要对鞋的外观色彩进行调整和美化。鞋的表面修饰也称制鞋后处理或者鞋面整饰，是指通过专门的处理方法，让一系列化工材料在皮鞋表面发生化学作用，最终在鞋面上形成修饰层，从而达到易清洁、遮盖鞋面轻微缺陷、改善鞋面材料手感、美化鞋面色彩、提高成品使用价值等目的。

7.1.2 鞋用修饰材料应满足的要求

作为鞋用修饰材料，应达到以下要求：

① 应赋予皮鞋表面色泽美观、大方、均匀、清晰的外观或独特的风格。

② 应该与皮鞋表面结合牢固，不易脱落。

③ 应该与鞋面革的延伸性相适应，耐曲挠，否则会出现散光。

④ 皮鞋在穿着使用过程中，难免会与水或溶剂接触，因此要求涂层要有一定的耐水、耐溶剂性。

⑤ 具有良好的耐老化性。后处理修饰层的老化指的是在热、光、水、汽、气候变化等长期或反复作用下（比如曲挠）所引起的性质变化，表现为发硬、脆裂或发黏、变色等，以至皮鞋无法使用或使用寿命缩短。

⑥ 修饰层应有一定的力学强度以经受一定的碰撞、挤压、延伸或弯曲等外力作用。

7.1.3 鞋用修饰材料的分类和组成

（1）鞋用修饰材料的分类

根据使用目的，鞋用修饰材料可以分为清洁剂、填充剂、光亮剂、油蜡剂、调色剂、防霉剂、消光剂、抛光剂、鞋油、鞋跟漆等。

根据分散介质，鞋用修饰材料可以分为水性处理剂、油性处理剂。

根据化学组分，鞋用修饰材料主要可以分为成膜剂、颜料、染料、蜡（包括填充蜡、抛光蜡、擦皮蜡、烧焦蜡等）、表面活性剂等。

根据功能作用，鞋用修饰材料主要可以分为成膜剂、着色剂、溶剂、手感剂、防腐剂、分散剂等。

当然，绝对独立的分类是没有的，这几种分类方法之间是互相交叉、互相渗透的。例如，高分子聚合物在成膜剂中具有重要的贡献，同时也可以增强涂层光亮度，因而也是光亮剂的主要成分；蜡在手感剂中又具有重要的贡献，因而是手感剂的主要成分。

（2）鞋用修饰材料的主要组成（图 7-1）

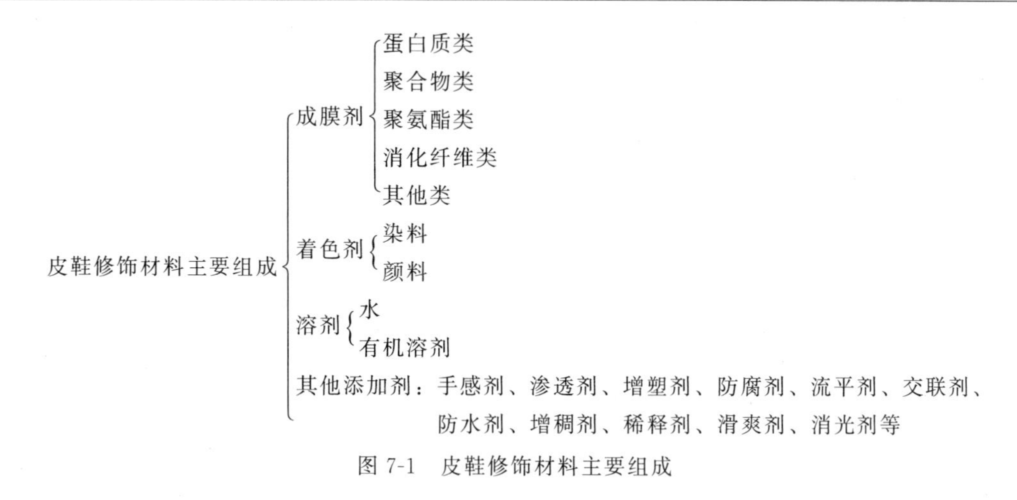

图 7-1　皮鞋修饰材料主要组成

7.1.4　鞋面皮革的表面特性

鞋面皮革是由胶原纤维经过复杂的空间网络结构编织而成的天然蛋白质高分子材料，其表面特性既有化学特性，又有物理特性。从鞋面皮革表面与修饰材料互相黏合的角度考虑，化学特性主要指皮革表面的带电荷性和可润湿性，物理特性主要指皮革表面的粗糙度。

（1）皮革表面的带电荷性

皮鞋表面修饰所用的涂膜材料大多是阴离子性的。如果皮革表面带阳性电荷，例如，将皮革表面的 pH 降低，或者采用阳离子性材料进行处理，则可以提高修饰材料与皮革表面的黏合力。如果皮革表面带阴性电荷，例如，将皮革表面的 pH 升高，或者采用阴离子性材料进行处理，则需要先用阳离子性材料进行预处理，然后再用阴离子性材料进行修饰；或者直接用阳离子性修饰材料进行修饰。

也就是说，当皮革表面与修饰材料的电荷相反时，修饰用的涂膜材料与皮革表面的黏合力会增强。很显然，这种黏合力的增强是通过化学作用力来实现的。

（2）皮革表面的粗糙度

当皮革表面有一定的粗糙度时，假如修饰材料能渗入皮革表面凹陷处并将其中的空气取代，则修饰材料在其固化后就能依靠机械咬合作用牢牢地镶嵌在皮革表面的凹陷处并固定在皮革表面，因此，提高皮革表面的粗糙度有利于增加皮革表面与修饰材料之间的黏合力。粗糙度的增加也能增加修饰材料与皮革表面的有效接触面积，从而增加修饰材料与革表面的黏合力。

（3）皮革表面的可润湿性

皮革表面的可润湿性是由皮革表面的张力决定的。一般的处理方法均会使皮革表面获得良好的可润湿性，从而为修饰用涂膜材料在皮革表面的铺展奠定良好的基础。如果在这之前对皮革表面进行特殊处理，例如，用含硅、含氟、含蜡等材料进行处理，便会使皮革表面张力降低，提高其防水性，但是这会降低水性修饰材料在皮革表面的铺展。在这种情况下，就需要调整鞋面修饰用材料的组分，以提高修饰材料与革表面的黏合力，例如添加有机溶剂、交联剂，选用流动性好、黏合力强的成膜材料等。

7.2 鞋面修饰材料

7.2.1 成膜剂

在皮鞋修饰剂的组成中，成膜剂的主要作用是在皮鞋表面形成均匀而透明的薄膜。这种薄膜不但自身可以和皮鞋表面牢固的黏着，而且还可以将皮鞋修饰剂中的着色物质等其他组分同时黏结在皮革表面。目前，皮鞋修饰剂中常用的成膜剂有聚合物类、聚氨酯类、硝化纤维类和蛋白质类等。其中，硝化纤维类主要用作光亮剂，蛋白质类成膜剂单独使用的几乎没有，经常与其他成膜剂混合使用。聚合物类和聚氨酯类是最常用的成膜剂。这些成膜剂因其分子结构不同而具有不同的性能特点。

7.2.1.1 聚合物类

聚合物类成膜剂也称乳液类或乳胶类成膜剂。包括以下几种：

（1）丙烯酸树脂

丙烯酸树脂又称聚丙烯酸酯乳液，是以丙烯酸酯和甲基丙烯酸酯为基础的乙烯基型衍生物（如酯、腈、酰胺等）的共聚物。所谓乳液，是两种不相溶的液体系，其中的一种分散在另一种中，最简单的例子是油和水。剧烈摇动混合这两种液体时，一种呈很细微的珠滴分散到另一种溶液中。在这个系统中，通常是连续相（分散介质）量较多，而分散相量较少。常用的丙烯酸树脂是以水为分散介质的乳液，乳化剂有阴离子型、阳离子型和非离子型表面活性剂。

早在 1936 年，丙烯酸树脂乳液即开始作为皮革涂饰剂的成膜物。

① 丙烯酸树脂的分类：根据生产方式，可以将丙烯酸树脂分为乳液聚合类、悬浮聚合类、本体聚合类和溶剂法反应类。乳液聚合类树脂固体含量一般是 40%～50%，相对分子质量大，生产工艺控制要求高，环保。

根据成膜机理，可以将丙烯酸树脂分为热塑性丙烯酸树脂和热固性丙烯酸树脂。热塑性丙烯酸树脂在成膜时没有交联反应；热固性丙烯酸树脂的结构中带有官能团，可以与其他类型的树脂搭配使用，在成膜时与所加入树脂（如环氧树脂、聚氨酯树脂等）中的官能团发生交联反应，形成网状结构。

根据分散介质类型，可以将丙烯酸树脂分为油性丙烯酸树脂和水性丙烯酸树脂。油性液状丙烯酸树脂一般固体含量为 30%～80%，当固体含量大于 60%便可称为高固含丙烯酸树脂，拥有低 VOC 等特点，较为环保。水性丙烯酸树脂一般分为水性乳液型丙烯酸树脂和水性固体丙烯酸树脂。水性乳液型丙烯酸树脂也就是一般所说的丙烯酸乳液。水性固体丙烯酸树脂是一类具有改变乳液流变性能或具有乳化功能的大分子表面活性剂，在提供硬度、光泽、流平性、干燥速度及耐水性方面远远优于常规表面活性剂。在国内生产较少，主要应用在印刷行业的光油和油墨中。

② 丙烯酸树脂涂膜的特点：对于热塑性丙烯酸树脂而言，因其一般为线型高分子化合物，可以是均聚物，也可以是共聚物，涂膜具有以下优点：a. 保光、保色性良好、黏合力强；b. 耐水、耐酸、耐碱性良好；c. 耐磨、抗老化性能优良；d. 涂层光亮、色彩多样，丰满性和平整性明显，整体较美观；e. 使用方便；f. 价格便宜。

热塑性丙烯酸树脂的缺点：对温度较为敏感，存在着“热黏冷脆”的缺点，这是由丙烯酸树脂的结构特点决定的；耐溶剂性不好等。

对于热固性丙烯酸树脂而言，具有以下特点：a. 保光、保色性良好，黏合力强；b. 耐水、耐酸、耐碱性强，耐溶剂性优异；c. 涂膜光亮、丰满、坚硬、柔韧；d. 耐磨、耐划性优良；e. 耐候性好；f. 耐黄变。

③ 丙烯酸树脂在成鞋修饰中的应用：在成鞋修饰时，整饰材料以涂膜的形式附着于鞋面，不应该对皮革表面材料的物理力学性能产生较大的影响，例如耐曲挠性、延伸性、耐水性、耐光性等，这些性能与修饰材料中的成膜剂性能有很大关系。丙烯酸树脂是鞋面修饰材料中使用最普遍的成膜剂之一，由于其涂膜的性能与其反应单体种类、聚合物中未酯化的游离羧基以及游离丙烯酸的存在形式有关，所以单体的选择和聚合反应过程的控制很重要。表 7-1 列出了几种普通单体聚合物分散体及其应用在皮革上的涂膜的性质。

表 7-1　　丙烯酸树脂在皮革上所得涂膜的性质

丙烯酸树脂乳液	性质				
	耐曲挠性	热塑性	耐水性	耐光性	耐溶剂性
聚丙烯酸甲酯	好	高	好	很好	溶解于酯、丙酮
聚丙烯酸乙酯	很好	很高	好	很好	溶解于酯、丙酮
聚丙烯酸丁酯	极好	很高	很好	很好	溶解于酯、丙酮
聚丙烯酸	差	差	高 pH 时可溶于水	很好	用碱水可溶解成黏稠溶液
聚丁二烯	好	相当高	好	变黄	在丙酮和芳香族溶剂中膨胀
聚丙烯腈	硬	中等	好	好	相当好
聚苯乙烯	相当硬	中等	很好	好	好

结合表 7-1 中所列的丙烯酸树脂涂膜性质可以知道，作为皮革底涂用的丙烯酸树脂，一般多为聚丙烯酸乙酯为主的乳液，也有用丙烯酸丁酯和丙烯酸甲酯的共聚物，还有用丙烯酸丁酯-丙烯腈的共聚物。后者不仅适合作底层涂饰，也可用于深色皮革上层涂饰。涂饰中层多用中等硬度的丙烯酸树脂乳液。

用于鞋面修饰的丙烯酸树脂一般是热塑性的。为克服热塑性丙烯酸树脂乳液“热黏冷脆、不耐溶剂”的缺陷，改善其耐候性能，可以对丙烯酸树脂进行改性。例如，可以加入适宜的单体与丙烯酸类单体进行多元共聚或接枝共聚，也可加入适宜的交联剂，以便将丙烯酸树脂的线型结构改变为适度的网状结构，从而提高成膜的耐热性及耐溶剂性。针对不同皮革产品的要求，可以选择不同的改性剂，例如，用丁二烯改性的丙烯酸树脂具有很好的黏合性和遮盖性，用偏二氯乙烯改性的丙烯酸树脂具有很好的黏合性、强度和耐磨性，用有机硅、有机氟等聚合物改性的丙烯酸树脂涂饰剂具有防水、防油污的特性，用聚氨酯改性的丙烯酸树脂具有优良的综合性能。

市场上的皮鞋美容专用皮革化料——意大利芬尼斯 CAS-02 特种树脂，即为聚丙烯酸综合树脂，具有成膜柔软、弹性好、光泽自然、手感舒适、高温不黏、低温不裂等优良特性，适用于高中档光面皮革修饰。使用时参考用量为：1 份色膏+(4～5)份 CAS-02 特种树脂，直接喷涂。

（2）聚氨酯

① 聚氨酯的种类：

根据含羟基聚合物的结构，聚氨酯可以分为聚醚型和聚酯型两类。

根据溶剂的性质，聚氨酯可以分为溶剂型和水乳型两类。

② 聚氨酯涂膜的特点：在聚氨酯涂膜中，除含有一定数量氨基甲酸酯键以外，还含有酯键、醚键、不饱和油脂双键、缩二脲键和脲基甲酸酯键等。因此，聚氨酯成膜剂具有多种优异性能，归纳起来主要有：a. 薄膜耐腐蚀、耐油、耐溶剂、耐老化、耐热、耐寒；b. 薄膜具有良好的力学性能，耐摩擦、耐曲挠；c. 薄膜具有很好的柔软性和弹性，具有较好的透气性；d. 薄膜光洁平滑、黏合力强、易于保养、耐有机溶剂；e. 可与多种树脂并用。

不足之处在于：a. 原材料成本高，有毒；b. 溶剂型聚氨酯喷涂时有刺激性气味，有一定的污染，要有通风除尘装置；c. 以芳香族异氰酸酯为原料制得的聚氨酯薄膜耐光性差；d. 大多数品种耐水性差。

③ 聚氨酯在成鞋修饰中的应用：在鞋面皮革涂饰材料中，溶剂型聚氨酯是最先开发出来的一种聚氨酯类成膜剂，其成膜性能优良。但由于有机溶剂的成本高，毒性大，并且存在发生火灾的危险，所以其应用受到限制。

水乳液型聚氨酯成膜剂以水为分散介质，成本较低，无环境污染，使用安全，易保管和贮存。其涂膜具有如下优点：a. 高光泽，高耐磨性，高弹性，对皮革黏合力强；b. 耐曲折，耐摩擦，柔软、丰满而富有弹性；c. 耐寒、耐老化；d. 耐水、耐化学药品、耐溶剂；e. 涂层薄，真皮感强，粒纹清晰、细腻、滑爽，无树脂感。

缺点：a. 延伸率较小，易发脆；b. 易发生黄变，不适宜用于白色鞋面皮革修饰；c. 对鞋面皮革的通透性有一定影响，用于顶层修饰时不如溶剂型聚氨酯成膜剂的修饰效果好。

（3）丁二烯聚合物树脂

① 丁二烯聚合物的分类：以丁二烯类单体（如丁二烯、苯乙烯、2-氯-1,3-丁二烯等）为主要原料的聚合物或以丁二烯类单体为主，与其他乙烯类或丙烯酸酯类单体共聚而得到的高聚物，常称为丁二烯聚合物树脂。

根据丁二烯树脂乳液的成膜特性，可将其分为两大类：a. 成膜柔软而富有弹性的树脂。这类树脂常用作底层的成膜剂，涂层与皮革表面黏着力强，固定性好，延伸性大，填充性好；b. 硬而弹性较小的树脂。这类树脂常用于中、上层涂饰，以提高涂层的硬度、耐磨性等。

② 丁二烯聚合物的特点：由于其高度的不饱和性，除易进行化学改性外，还容易固化。升高温度可自动氧化达到固化，也可加入金属催干剂在室温下固化成膜。升温固化也可以加入或不加入游离基引发剂。固化后，成膜具有高度的耐水和耐化学药品性、优良的电绝缘性和高度的热稳定性。

③ 丁二烯聚合物在鞋面修饰中的应用：作为鞋面修饰材料的成膜剂之一，丁二烯聚合物树脂具有以下优点：a. 具有良好的填充性；b. 能够遮盖皮革本身的缺陷；c. 薄膜有极好的耐寒性、压花成型性；d. 薄膜有良好的耐磨性、耐曲挠性、耐刮性和黏合性。

（4）橡胶乳

① 橡胶乳的种类：橡胶乳又称乳胶或胶乳，分天然胶乳和合成胶乳两种：天然胶乳含胶量 30%～40%（浓缩的含胶量 60%～70%）；合成胶乳含胶量 20%～40%（浓缩的含胶量 60%～75%）。

② 橡胶乳的特点：胶乳是无数运动中的橡胶粒子分散在水相中的乳状液，胶粒一般带负电荷，水乳液的相对密度为 1.02，胶乳易酸化变质而引起凝固，保存温度过低也会冻结失效。

合成胶乳属于聚合物类成膜物质，如丁腈胶乳即是由丁二烯与丙烯腈为单体合成的高分子聚合物的水分散体，外观与丙烯酸树脂相似，所成的薄膜强度高，耐高温、耐油性及化学稳定性好，但耐弯曲性及抗撕裂性较差。常见的合成胶乳有丁苯胶乳、氯丁胶乳等。

③ 橡胶乳在成鞋修饰中的应用：作为鞋面修饰材料的成膜剂之一，橡胶乳可用于鞋面皮革底层涂饰，并通过添加扩散剂以提高其乳液的稳定性。橡胶乳也用作制造再生革、合成革、定型化学片等其他鞋用材料的黏合剂。

7.2.1.2　蛋白类

蛋白类用于皮革涂饰由来已久，主要采用天然蛋白材料（如酪素、血朊、虫胶、毛蛋白、蚕蛹蛋白、胶原溶解产物等）和改性蛋白（如改性如酪素）。

酪素是从牛乳中提炼出来的动物蛋白，也是皮革涂饰中应用最广泛的一种蛋白黏合剂。它的特点可概括如下：

① 薄膜与皮革黏合力强，不易因摩擦而脱落。

② 薄膜耐温性好。

③ 涂层卫生性能好，具有良好的透气性和透水汽性。

④ 涂层有较好的耐有机溶剂侵蚀的能力。

⑤ 以水为溶剂，使用方便，无毒、无污染，不易燃，操作安全。

⑥ 涂层光泽柔和自然、高贵，手感舒适。

⑦ 薄膜较脆硬，成膜性差，延伸性小，耐曲挠性比较差，容易产生散光、裂浆等现象。

⑧ 薄膜抗水性较差，不耐湿擦。

经过改性，改善了酪素的成膜性差、亲水性强等缺点。改性主要用丙烯酸树脂、已内酰胺和聚氨酯树脂。

用丙烯酸树脂对酪素进行改性，可以显著提高涂膜的柔韧性和延伸率，明显改善涂膜耐干湿擦的能力，酪素原有优点基本保持不变，只是耐热性能稍有降低。用已内酰胺对酪素进行改性，可以提高的成膜性能和抛光性能。用聚氨酯对酪素进行改性，可以增加成膜的拉伸强度和断裂伸长率，降低成膜的脆化温度和吸水能力。酪素的改性产品品种较多。

蛋白类成膜剂在皮革表面涂饰中的用途主要有两方面：a. 底层涂饰用作黏合剂。蛋白类材料具有良好的黏着性和离板性；b. 顶层涂饰用作光亮剂和手感剂。涂层光泽自然柔和、手感舒适、耐熨烫、可打光、卫生性能好。

7.2.1.3　硝化纤维

硝化纤维主要是作为光亮剂使用。皮革表面涂饰使用的硝化纤维有溶剂型和水乳液型，一般溶剂型硝化纤维成膜质量优于水乳型。在这里主要介绍溶剂型硝化纤维。

（1）溶剂型硝化纤维光亮剂的组成

① 硝化纤维：硝化纤维是纤维素与硝酸发生酯化反应的产物，可生成一硝酸酯、二硝酸酯及三硝酸酯。其氮含量分别为6.76%、11.11%及14.14%。应用于皮革表面涂饰的硝化纤维含氮量为11%～12%。含氮量低于10.5%的品种较难溶解；含氮量10.7%～11.2%的可溶于醇或混合溶剂；含氮量为11.2%～12.2%的则不能溶于醇类溶剂，但能溶于混合溶剂；含氮量高于12.2%的品种耐光及耐热性差，较易分解爆炸。硝酸纤维在溶剂中的溶解度越高，越有利于涂饰剂透明度的提高。

② 树脂：单纯用硝化纤维制成的涂饰剂，成膜的光亮度不高，黏合力较差，难以满足皮革表面涂饰的要求。加入适量的树脂可以大大改善涂膜的性能，如可以增加涂膜的黏合力，提高光泽度、耐候性、耐水性、耐湿热性、柔韧性等。

③ 溶剂：溶剂在涂饰剂中是挥发组分，最后挥发掉而不留在涂膜中。各种溶剂的溶解力及挥发度等因素对涂饰操作及涂膜的光泽、黏合力、表面状态等都有很大的影响。

硝化纤维为含氧高分子化合物，所以最易溶于酯、酮等含氧溶剂。醇类不能单独溶解含氮量为11.7%～12.2%的硝化纤维，但是它们具有潜在的溶解能力，在与酯、酮等真溶剂按一定比例配合时，他们能有同样甚至更大的溶解力。我们把醇类化合物称为硝化纤维溶剂的助溶剂或潜溶剂。不同醇的潜溶解力不同，如丁醇比乙醇要小些。稀释剂不能溶解硝化纤维，而能与溶剂、助溶剂混合使用起稀释作用，用它可降低成本。常用溶剂有甲苯、二甲苯和石油溶剂。

溶剂可分为低沸点溶剂（沸点100℃以下）、中沸点溶剂（沸点100～145℃）和高沸点溶剂（沸点145～170℃）。酯类溶剂中乙酸醇醚酯、戊酯、异戊酯、丁酯、异丁酯、异丙酯及乙酯应用最多。酮类溶剂对硝化纤维的溶解力一般优于酯类溶剂，如丙酮、甲乙酮、甲基异丁基酮、甲基异戊基酮以及环已酮等。另外还有醚醇类及酮醇类溶剂，如乙二醇乙醚、丙二醇乙醚及二丙酮醇等。

④ 增塑剂：硝化纤维所形成的涂膜，由于其分子链段上极性基团的作用力，使链段敛集而很少有活动余地，成膜的柔韧性差，受力时易脆裂。增塑剂的加入使得相邻大分子链段间的间距增大，相互作用力降低。增塑剂的极性基团也可以与大分子的极性基团相互作用，降低了大分子链间的作用力，使得涂膜的柔顺性增加，延伸率、黏合力、耐寒性等提高。

增塑剂有三种类型：

a. 油脂　主要是不干性油，如蓖麻油、氧化蓖麻油、环氧化豆油等；

b. 低分子化合物　如苯二甲酸酯、磷酸酯、己二酸酯、癸二酸酯、脂肪酸多缩乙二醇酯、氯化石蜡等；

c. 高分子树脂　如改性聚酯、不干性长油醇酸树脂和聚丙烯酸树脂等。

上述第二类增塑剂中的各种酯类往往是硝化纤维的溶剂，故称溶剂型增塑剂。酯类混溶性好，增溶效果好，缺点是使涂膜的强度下降幅度大，同时这类增塑剂用量过多易使涂膜发黏，且在涂膜中的持久性较差。第一类和第三类增塑剂不能溶解硝化纤维，故称为非溶剂型增塑剂，它们主要起增塑作用，对强度影响较小，并且不易挥发损失，但由于只是混合，与成膜物易分离。

（2）硝化纤维涂膜的性能

硝化纤维涂膜的性能不仅与所用材料有关，而且与配方的组成密切相关。

① 涂膜的光泽：单纯的硝化纤维涂膜光泽较差，需要靠加入树脂及增塑剂来提高光泽。树脂加入的比例越高，其光泽越好。适量使用溶剂型增塑剂也可以增加光泽度。醇酸树脂对光泽度的提高作用很大，丙烯酸酯树脂稍差。

② 黏合力：硝化纤维黏合力较差，添加醇酸树脂可以提高黏合力，通常使用不干性油醇酸树脂。添加比较柔软的、在侧链上有较多极性基团的丙烯酸酯及乙烯类树脂也可以提高硝化纤维的黏合力。

③ 硬度：硝化纤维本身具有较高的硬度、耐磨损性。加入树脂及增塑剂后能降低涂膜的硬度，但对涂膜的其他性能会产生一定的影响。加入长油度醇酸树脂有利于增加涂膜的弹性及柔韧性。加入油类增塑剂有利于提高涂膜的柔韧性及弹性，但对涂膜的延伸率提高不多。

④ 耐温性：通过添加中、长油度醇酸树脂、增塑性树脂或增塑剂可以调整硝化纤维涂膜的耐寒性。

硝化纤维光亮剂中溶剂的组成对涂饰操作和涂膜性能均有较大影响。在顶层光亮层的喷涂时常会遇到“发白”现象，这层白膜是由水分与硝化纤维涂饰剂混合造成的，当水分不能全部溶于挥发分溶剂时，就与成膜物质构成一层白色的乳状体。水分逐步挥发，乳状体被残留的溶剂所溶解，则白色涂层消失。但如果溶剂不足以消除白膜，则涂膜的连续相被破坏，出现“发白”现象。水分一方面是由于原料中含水量过高，或者是因为挥发是一个吸热过程，溶剂的快速挥发使喷涂物的表面上被带走很多热量，喷涂物表面温度下降，在一定条件下可以使周围空气中的水分凝结于物体表面与涂膜相遇。一般当气候湿热、空气水分含量高时，易出现“发白”现象。因此，挥发分溶剂配方应适当地控制勿使溶剂挥发过快，减少表面降温过快引起的水分凝结。

溶剂型硝化纤维用于皮革表面涂饰，所得涂膜光亮、耐油、耐干湿擦，有较高的坚牢度，但是溶剂型硝化纤维成本高，污染重。随着环保意识的加强，它的使用越来越受到限制。乳液型硝化纤维光亮剂则逐渐受到制革行业的欢迎，遗憾的是乳液型硝化纤维光亮剂的涂膜质量及乳液的性能还难以满足制革行业更高的要求，因而某些皮革的涂饰仍然采用溶剂型硝化纤维。

7.2.2　着色剂

在成鞋修饰时，着色剂的作用是赋予修饰层各种颜色。皮鞋表面修饰用的着色剂主要是颜料和染料。颜料包括无机颜料和有机颜料，不溶于水，对被涂物没有亲和力，必须借助于适当的成膜剂才能附着于被涂物表面。染料包括水溶性染料和醇溶性染料，它们作为成鞋修饰材料中的着色剂，主要作用是将成膜物质染成各种透明色泽，从而使鞋面涂层薄而透明，皮革粒面花纹清晰，色泽鲜艳，光洁自然，粒纹更加鲜艳突出。着色剂除了使涂层具有各种颜色外，还会对涂膜的性能产生影响。如金属络合染料，除了使涂膜具有颜色以外，本身还可与鞋面皮革纤维进行化学结合，使涂层的色泽更加坚牢，耐干、湿擦性能更好。

7.2.2.1　颜料

（1）颜料的性质

① 颜料的遮盖力与着色力：颜料的遮盖力是指颜料遮盖住被涂物的表面，使它不能

透过涂膜而显露的能力，颜料的遮盖力与折射率、结晶类型、粒径大小等有关。在已知的颜料中，金红石二氧化钛（TiO_2）的折射率最大，它和聚合物之间有最大的折射率差，因此是最好的白色颜料。有些颜料如二氧化硅、钛白粉等，折射率和聚合物相近，对遮盖没有贡献，称为体积颜料。若涂饰材料中含有空气，因为空气的折射率最小，它和聚合物与颜料都产生折射率差，因此有很好的遮盖效果。在黑板上用粉笔写字，碳酸钙（粉笔）对黑板有很好的遮盖力，就是因为其中含有空气。但如果将粉笔字弄湿了，就看不出白色了，因为此时水取代了空气，水的折射率和碳酸钙的相近。炭黑有很好的吸光能力，故也具有很好的遮盖力，利用人眼的弱点，在白色颜料中加入少量炭黑，能减少钛白的用量。

颜料的着色力是指其本身的色彩来影响整个混合物颜色的能力。着色力越大，颜料用量可以越少，可以降低成本。着色力与颜料本身特性相关，与其粒径大小也有关系，一般来说，粒径越小，着色力越大；一般有机颜料比无机颜料着色力高。颜料的分散情况对着色影响甚大，分散不良就会引起色调异常。

颜料的着色力与遮盖力无关，较为透明（遮盖力低）的颜料也能有很高的着色力。

② 颜料粒径大小与形状：颜料的最佳粒径一般应该为光线在空气中波长的一半，也就是 0.2～0.4μm。如果小于此值，则颜料失去散射光的能力，而大于此值则总表面积减少，使颜料对光线的总散射能力减少。实际上，颜料颗粒的粒径大致在 0.01μm（如炭黑）到 50μm 左右（如某些体积颜料），颜料通常是不同粒径颗粒的混合物。

颗粒的形状不同，其堆积与排列不同，从而会影响颜料的遮盖力、涂饰材料的流变性质等。例如，杆状的颜料具有较好的增加涂膜强度的作用，但也往往会戳出涂膜表面，从而会降低表面光滑度和光泽度，不过有助于下道涂饰剂的黏附。片状颜料有栅栏作用，可减慢水分的透过。

③ 颜料的毒性：铅颜料由于有毒性，其使用已受到严格限制。选择颜料时，必须注意其是否有毒性。

（2）颜料作为涂膜着色剂的特点

① 增加涂膜强度：一般来说，颜料与大分子间会产生次价力（范德华力、氢键等）。经过化学处理，这种作用力可以得到加强。颜料粒子的大小和形状对涂膜强度很有影响，粒子越细，对涂膜强度的增强效果越好。

② 增加黏合力：涂膜在固化时常伴随有体积的收缩，产生内应力，影响涂饰层的黏着。加入颜料可以减少收缩，改善黏合力。

③ 改善流变性能：颜料可以提高涂饰材料的黏度，还可以赋予涂饰材料以很好的流变性能。例如，通过添加颜料可赋予涂饰材料触变性能。

④ 降低光泽度：在涂饰材料中加入颜料，会破坏涂膜表面的平滑性，因而可降低光泽度。

7.2.2.2　染料

用于鞋面修饰的染料主要是金属络合染料。金属络合染料是偶氮染料与过渡金属生成的内络合物，根据染料分子与金属离子的配比，可以将金属络合染料分为 1∶1 型和 1∶2 型，用于鞋面修饰的一般是 1∶2 型金属络合染料。

金属络合染料作为鞋面修饰的着色剂，具有以下特点：

① 着色力好，坚牢度高，色泽耐干湿擦。

② 耐热、耐光、耐水，性能稳定。

③ 皮革表面色泽鲜艳明快。

④ 不溶于水，可溶于有机溶剂。

⑤ 遮盖力弱。

在鞋面修饰材料中，染料的商品形式一般为染料水，颜料一般为颜料膏。染料水的主要成分是金属络合染料和有机溶剂，颜料膏主要成分为颜料、酪素、硫酸化蓖麻油、苯酚、氨水和水。

7.2.3 溶剂

鞋面皮革涂饰用的溶剂主要有水及其他有机溶剂。对于水基性涂饰剂（水溶性的、乳液型的）可用水作为溶剂；对于溶剂型涂饰剂，则以有机溶剂为溶剂。有机溶剂通常为混合溶剂，其成分按成膜物质性能所需涂饰剂的相对挥发度而定，比较普遍采用的有机溶剂有丙酮、醋酸乙酯、甲苯、丁醇、醋酸丁酯、二甲苯、环己酮、二甲基甲酰胺等。溶剂的主要作用有以下几点：

（1）降低黏度

聚合物在良溶剂里的溶液比同浓度的不良溶剂的溶液黏度要低。黏度的大小和氢键关系很大，含有大量羟基和羧基的低聚物溶液，由于相互间的氢键作用，黏度可以很高，但加一些像环己酮这样的溶剂，可使黏度降低很多。

溶剂对涂饰材料溶解能力，也就是降低黏度的能力，一般以溶剂指数表示。

标准溶剂和被测溶剂是在等量条件下比较，溶剂指数大于1，则表示被测溶剂的溶解能力强。另外，溶剂也可以明显影响涂饰材料的表面张力，因而对涂饰性能影响很大。

（2）改进修饰剂修饰效果和涂膜性能

对溶剂型涂饰剂来说，通过控制溶剂的挥发速度，特别是控制混合溶剂中不同溶剂的挥发速度，可以改进涂饰剂的流动性，提高涂膜的光泽。选择合适的溶剂，可以改进对基材的润湿性而增加涂膜的黏合力等。

涂饰剂的溶剂挥发情况对涂膜性能影响很大。挥发过快，则湿膜的黏度增加太快，不利于流平，在烘干时容易爆泡；挥发过慢，则湿膜的黏度增加太慢，易导致流挂。

从溶液挥发快慢的角度考虑，选择溶剂时要平衡下列各种要求：

① 快干：挥发要快。

② 无流挂：挥发要快。

③ 无缩孔：挥发要快。

④ 流动性好、流平性好：挥发要慢。

⑤ 无边缘变厚现象：挥发要快。

⑥ 无气泡：挥发要慢。

⑦ 不发白：挥发要慢。

7.2.4 蜡

蜡是有机化合物的复杂混合物，不同的蜡具有不同的化学成分和物理性质。蜡不溶于水，但可被一些表面活性剂乳化。蜡在鞋面皮革修饰中是较为常用的材料，它具有改善皮革的手感、调节革面的光泽、改善粒面的细致程度、遮盖粒面轻微伤残、提高皮革防水性等特点。

7.2.4.1 鞋面皮革修饰用蜡的种类

根据来源，可以分为天然蜡、合成蜡和改性蜡。按存在形式，可分为乳化蜡和微粉蜡。

（1）天然蜡

天然蜡包含动物蜡、植物蜡和矿物蜡。

① 动物蜡：常见的动物蜡有虫蜡、蜂蜡、鲸蜡、羊毛蜡等。

虫蜡就是虫白蜡，特点为硬度大，性质稳定，不溶于水，易溶于苯和汽油等有机溶剂。虫蜡在皮鞋整饰中可作为皮鞋油的组分，也可用于制作手感剂、蜡乳液等。

蜂蜡为大小不一的不规则团块，呈黄色、淡黄棕色或黄白色，不透明或微透明，表面光滑，较轻，蜡质，断面为砂粒状，用手搓捏能软化，有蜂蜜样香气，味微甘。蜂蜡在皮鞋整饰中可作为手感剂、蜡乳液、鞋油、鞋蜡的组分。

鲸蜡是由抹香鲸头部提取出来的油腻物经冷却和压榨而得的固体蜡。精制品为白色，无臭，有光泽，相对密度 0.945～0.960（15/15℃），凝固点 41～49℃，溶于乙醚和二硫化碳等，主要成分是月桂酸、肉豆蔻酸和软脂酸的十六烷醇酯，用于制造皮鞋用皮革光亮剂、皮鞋油、鞋蜡。

羊毛蜡纯化后为羊毛脂，为淡黄色或棕黄色的软膏状物，有黏性而滑腻，臭微弱而特异。羊毛蜡在氯仿或乙醚中易溶，在热乙醇中溶解，在乙醇中极微溶解，在水中不溶，但能与约 2 倍量的水均匀混合。羊毛蜡可用于制造皮鞋油，优质羊毛蜡和绵羊油配合生产的皮鞋油，具有滋养皮革、使皮鞋不变形、不起皮并延长其使用寿命的作用。

② 植物蜡：植物蜡可以从一些植物的叶、茎、果实、草等中制取。这些蜡是作为植物的茎、叶覆盖层而存在的，其化学成分是高级脂肪酸及高级一元醇的脂类化合物，为高相对分子质量热塑性固体。植物蜡是植物的一种保护性介质，具有防止叶片中水分过多地蒸腾及微生物侵袭叶肉细胞的功能。

植物蜡大致有巴西棕榈蜡、小烛树蜡、米糠蜡、甘蔗蜡、月桂蜡、蓖麻籽蜡、西蒙德木蜡、漆蜡、小冠巴西棕蜡、花旗松蜡等几种，其中前 4 种产量较大。

巴西棕榈蜡是从巴西棕榈的叶及叶柄中得到的，为淡黄至淡褐色脆性固体，相对密度 0.996～0.998，熔点 80～86℃，碘值 5～14，其主要组成为蜂醇和蜡酸的酯。市售巴西蜡为不规则状体，颜色由黄到浅绿，质硬而脆，容易粉碎。

巴西棕榈蜡的特点是光泽好，硬度大，熔点高，有令人愉快的气味，可与其他蜡混合使用，即使加入量不多，也能提高涂层的光泽、硬度和熔点，所以是皮鞋光亮皮鞋油的常用原料。但是巴西棕榈蜡依靠进口，价格较贵。

③ 矿物蜡：矿物蜡主要是褐煤蜡，也叫蒙旦蜡或地蜡，它是用苯浸提褐煤制成的，主要含有化石树脂 15%～28%、蜡 50%～60%和沥青 20%～30%。蒙旦蜡性脆，其硬度接近巴西棕榈蜡，熔点较高，缺点是颜色深暗，杂质多，不易乳化。目前常用于深色皮鞋光亮剂、鞋油的制备。

石蜡也是一种常见的矿物蜡，其外观为白色或淡黄色，是近乎半透明的结晶体，无臭无味，触摸时稍有油脂感。其成分为多种烷烃的混合物，熔点 43.3～65.5℃。石蜡是炼制石油的副产品，通常由原油的蜡馏分中分离而得，须经过压蒸馏、减压蒸馏、溶剂精馏、溶剂脱蜡脱油、加氢精制、成型和包装等工艺过程。石蜡是制备鞋油、皮鞋光亮剂的主要原料。

在皮鞋整饰中常用的天然蜡性质见表 7-2。

表 7-2　皮鞋整饰常用天然蜡的性质

蜡种类	相对密度	熔点/℃	酸值/(mg KOH/g)	皂化值/(mg KOH/g)	碘值/(gI/100g)
蜂蜡	0.962	64	20	97.0	9.0
巴西棕榈蜡	0.999	83～85	4～8	74～84	13.5
蒙旦蜡	1.010～1.020	78～84	20～28.5	58～68	17.6
白蜡	0.926～0.970	80.5～83.0	0.2～0.5	80.4～91.6	1.4

（2）合成蜡

合成蜡具有固定的化学、物理性质，具备各种天然蜡的主要性质和许多超过天然蜡的突出优点。

合成蜡最初是用褐煤蜡制备的，如 S 蜡是用褐煤蜡经氧化制得的，P 蜡是用 S 蜡用经丁二醇酯化制得的。P 蜡的相对密度为 1.03～1.04，熔点为 102～106℃，酯化值为 113～120，酸值为 10～15，皂化值为 111～133.3。P 蜡的特点是熔点高，光泽好，硬度较大，颜色为乳白色，易乳化，可用于白色和浅色皮鞋光亮剂、蜡液、鞋油的制作原料。

目前，合成蜡的制备途径明显增加。例如，将高碳脂肪酸与高碳脂肪醇酯化，可制成高熔点白色至浅色的合成蜡，例如费-托蜡、聚乙烯蜡等。合成蜡在硬度、揩擦光亮度、针入度（针入度越大表示蜡越软；反之则表示蜡越硬）、吸油性能等方面具有突出的优点。

聚乙烯蜡具有无毒、无腐蚀性，硬度较大，软化点高，熔融黏度低的特点，在常温下具有良好的抗湿性、耐化学药品性、电气性能和耐磨、耐热性能，且润滑性、分散性、流动性好，可以与涂料、油漆、油墨等配合使用，能产生消光、分散光和光滑的效果，与其他种类的蜡及聚烯烃树脂有良好的相溶性。聚乙烯蜡经适度氧化后，具有一定的酸值，即成为氧化聚乙烯蜡，聚乙烯蜡及氧化聚乙烯蜡能与动物蜡、植物蜡、矿物蜡及多种合成蜡相混溶。聚乙烯蜡及氧化聚乙烯蜡均可用于皮鞋油的制备。

（3）改性蜡

改性蜡是介于天然蜡和合成蜡之间的一类蜡产品，通过对非极性蜡进行化学改性，引入—OH、—COOH、—CO、—COOR、—CONH、—$COCH_3$ 等基团，使蜡的溶解、乳化、颜料分散、润滑等性能都有了明显的改善，扩大了蜡的使用范围。主要的改性蜡有氧化蜡、酸化蜡、酯化蜡、酰胺蜡和皂化蜡。氧化石蜡是我国最早的改性蜡，用来生产混合脂肪酸、脂肪醇及皂。

在成鞋修饰中，改性蜡根据其性质特点具有不同的用途。

氧化蜡主要用来制备蜡乳液，用于制备上光剂、防水剂、柔软剂等。常见的氧化蜡有氧化石蜡、氧化微晶蜡、氧化聚乙烯蜡。

酯化蜡可以用作皮革上光剂、油漆添加剂等的组成材料。

酸化蜡可作为鞋面疏水、抛光剂等的组成材料。

酰胺蜡可用作鞋跟漆中颜料的分散剂。

皂化蜡具有良好的抗摩擦性、抗尘性、抗滑性、溶剂保持性、溶剂吸收性以及上光性等特点，因此广泛用作上光剂的组成材料。

7.2.4.2 蜡在鞋面修饰中的作用

蜡不溶于水，但可被皂片、三乙醇胺和一些表面活性剂如平平加等所乳化。乳化蜡作为添加剂主要用在皮鞋修饰中，其作用主要是：a. 掩盖皮革粒面的伤残及粗糙表面，蜡剂用量应适度，否则会造成流平性不佳及黏着性不良等问题；b. 改善鞋面皮革的手感和调节革面的光泽，如使鞋面皮革更柔软，具有滑爽、丰润的手感；c. 使鞋面皮革的粒纹、光泽自然，粒面细致。

（1）上光蜡

皮鞋上光蜡的主要成分为蜂蜡、松节油等，多为白色或乳白色，应用于皮鞋修饰中，可起到高增光、自然光、防水、改善手感等作用。

（2）手感蜡

手感蜡可赋予真皮产品滑感、柔感、油感、蜡感、黏感等。按应用效果常见的有蜡感剂、滑爽蜡等。蜡感剂是以天然蜡或合成蜡为原料的蜡乳液或是以蜡为主要成分的有机溶剂分散液。滑爽蜡通常是有机硅乳液和熔点高、硬度大的蜡乳液及其复配物，能赋予涂层舒适、滑爽的手感。手感蜡中以有机硅手感蜡效果最好，品种最多，应用最广，发展也最快。当前市场上 BASF 公司的手感蜡产品有 Corial Wax EG，Lepton Wax WN，Lepton Filler，Eukuesoloil Ground。美国 Rohm Hass 公司的手感剂 Additive2229 在较小的用量下就可使皮革表面具有较好的滑爽性和油润感，但该产品价格较贵。上海焦耳蜡业有限公司生产的皮革蜡感剂抗酸、抗碱、耐硬水、水溶性强、乳液稳定，可赋予皮革良好的干滑手感和增强抗划伤、防水、抗黏、防污等性能。

（3）填充蜡

填充蜡主要起填充涂层和改善涂层的手感、耐磨性、防黏性及增加光泽等作用，是修饰高档皮鞋的主要助剂，可使皮鞋表面光泽柔和自然，手感丰满滋润，提高皮鞋表面的耐磨性。

7.3 鞋底修饰材料

在成品鞋的后期整理中，需要用一些修饰材料对鞋底部件进行修饰，增加鞋底的平整度和光泽度，使鞋底颜色均匀一致。常用的鞋底修饰材料主要有染色水、蜡、硝基漆等。

7.3.1 染色水

染色水是皮革的染色剂，能够对鞋底面、鞋底边进行染色。染色水中也含有能形成光泽薄膜的干酪素，以及能增加薄膜防水性能的蒙旦蜡等。染色水中还需要加入染料，以便和鞋面颜色相衬托。染色水的颜色主要有黑色和红色。

（1）黑染色水

黑染色水也叫黑蜡水，主要用于涂饰底、跟、底边、跟边，使它们与面革有相同的色泽，并有一定的防水性。

(2) 红染色水

红染色水也叫作红蜡水，也是皮革的染色剂。皮鞋的底边、跟边经过砂光后，用红染色水着色，然后再进行烫蜡。

7.3.2　石花浆

石花浆是从石花菜中提取的一种植物胶。石花浆用于涂刷经过磨砂的底面、跟面，使其表面光滑。

7.3.3　白芨浆

白芨是多年生的草本植物，从白色的地下块茎中可以提取白芨粉。白芨浆主要用于涂刷经过磨砂的底面、跟面，使其表面变得光滑。

7.3.4　蜡

蜡是皮鞋修饰中不可缺少的材料，除了用于鞋面修饰外，还用于鞋底修饰。蜡在成鞋修饰中起到增强光泽、改善手感、减轻树脂发黏程度等作用。用于鞋底修饰的蜡包括天然蜡（动物蜡、植物蜡、矿物蜡）和合成蜡。

7.3.5　蜡饼

蜡饼是由各种蜡质材料制成的小圆饼，用于鞋底、鞋跟烫蜡，增加光泽和防水性能。制蜡饼的材料必须具有一定的渗透能力（例如石蜡），还应具有黏合能力，在皮革表面形成薄膜层（例如黄蜡），此外根据需要还加入染料。常用的蜡饼有白蜡饼、黑蜡饼、紫蜡饼三种。烫蜡一般使用白蜡饼，整饰使用带色蜡饼。

蜡饼主要成分配比：石蜡 70 份、硬蜡 14 份、川白蜡 10 份、黄蜡 2～4 份。配制黑蜡饼时还要加入石油沥青 2 份、油溶黑 2 份。

7.3.6　松香蜡

松香蜡主要用于麻线过蜡。过蜡后的麻线既能防潮又能防腐蚀。麻纤维过蜡后相互黏结在一起，提高了麻线的强度。

松香蜡主要成分配比：松香 90 份、石蜡 10 份。

7.3.7　油漆

橡胶大底、聚氯乙烯鞋跟等可通过喷涂油漆增加表面光泽、色泽饱和度以及表面平滑性。油漆由树脂、颜料、填料、溶剂和助剂等组成，分为底漆、面漆。一般来说，底漆具有丰满度好，遮盖力佳，气味低，喷涂数量多的特点；面漆具有流平好，硬度好，黏合力佳等特点。

参考文献

[1]　周永凯，王文博. 现代实用鞋靴材料学 [M]. 北京：中国轻工业出版社，2014.

[2]　《中国鞋业大全》编委会. 中国鞋业大全（上）材料・标准・信息 [M]. 北京：化学工业出版

社，1998.
[3] 周华龙. 皮革化学品 [M]. 北京：中国物资出版社，1999.
[4] 卢行芳. 皮革染整新技术 [M]. 北京：化学工业出版社，2002.
[5] 时伯军. 几种新型改性蜡的性能与应用 [J]. 精细石油化工，1998 (1)：44-48.
[6] 王晓云. 皮鞋上光剂用蜡 [J]. 上海涂料，2003 (2)：35-36.
[7] 王明娟. 皮鞋上光剂原料及配方技术进展 [J]. 日用化学工业，2001 (3)：48-50.

作业：

1. 成鞋表面修饰的概念是什么？有哪些作用？
2. 鞋用修饰材料应满足的要求是什么？分类和组成有哪些？
3. 鞋面皮鞋表面的特性是什么？与表面修饰有什么关系？
4. 鞋面修饰包括哪两个方面？
5. 鞋面修饰材料主要由哪些组成？主要特点是什么？
6. 常见的鞋底修饰材料有哪些？特点是什么？